高等学校基础化学实验系列教材

有机化学实验

第二版

赵剑英　胡艳芳　孙桂滨　邢令宝　主编

化学工业出版社

·北京·

本书共分七章，包括有机化学实验的一般知识；有机化合物的物理常数；有机化合物的分离和提纯；有机化合物的合成；有机色谱分离技术；天然有机化合物的提取；综合设计实验。全书有不同层次的合成和设计实验共46个，合成实验等附有红外、紫外或核磁谱图。书后附录列出了进行各类实验可能需要的参考数据，以便查阅。

本书可作为普通高校化学、化工、材料、药学、食品、生物、环境、农业等专业以及相近专业本科生的有机化学实验教材，也可供高等师范院校、高职高专学校的化学化工专业的师生使用。

图书在版编目（CIP）数据

有机化学实验/赵剑英等主编．—2版．—北京：化学工业出版社，2015.9（2017.1重印）
高等学校基础化学实验系列教材
ISBN 978-7-122-24706-3

Ⅰ.①有… Ⅱ.①赵… Ⅲ.①有机化学-化学实验-高等学校-教材 Ⅳ.①O62-33

中国版本图书馆CIP数据核字（2015）第167632号

责任编辑：宋林青　　装帧设计：关　飞
责任校对：吴　静

出版发行：化学工业出版社（北京市东城区青年湖南街13号　邮政编码100011）
印　　刷：北京云浩印刷有限责任公司
装　　订：三河市瞰发装订厂
787mm×1092mm　1/16　印张 $11\frac{3}{4}$　字数288千字　2017年1月北京第2版第2次印刷

购书咨询：010-64518888（传真：010-64519686）　售后服务：010-64518899
网　　址：http://www.cip.com.cn
凡购买本书，如有缺损质量问题，本社销售中心负责调换。

定　　价：22.00元　

高等学校基础化学实验系列教材编写指导委员会

有机化学实验编写委员会

主　　编：赵剑英　胡艳芳　孙桂滨　邢令宝

编　　者：董云会　孟　波　林伯群　丁慎德

　　　　　聂兆广　张　玮　赵海宁　陈　霞

　　　　　赵　义　刘　会　李忠芳

前　言

随着有机化学实验技术的不断发展和现代分析方法在有机化学领域的广泛应用，有机化学实验的教学内容、实验方法和手段在不断更新，特别是社会对人才培养的要求越来越高，原有的有机化学实验教材已远远不能满足和适应新世纪人才培养的需要。因此，我们根据教育部关于化学、应用化学、化工、医学、药学、冶金和材料等专业“有机化学”教学大纲中对“有机化学实验”部分的要求和教育部对国家级化学实验教学示范中心建设内容中对有机化学实验的基本要求编写了本实验指导书。在编写过程中参考了国内外出版的同类教材，吸收了山东理工大学和青岛大学近年来有机化学实验教学和教改的经验和成果，还充分考虑了当前我国普通高等院校化学基础课教学现状和不同学科专业对“有机化学实验”的不同要求，对教学内容进行了“精选”、“整合”和“创新”，强调对学生动手能力、创新思维、科学素养等综合素质的全面培养。《有机化学实验》是化学、化工、材料、食品和生物等各专业学生的基础实验课，其目的是使学生准确掌握有机化学实验的基本技能，培养学生实事求是的科学态度以及良好的科学素质，使学生既有善于分析和思考问题的头脑，又有勤劳能干会做实验的双手。

本书共有七章，包括有机化学实验的一般知识；有机化合物的物理常数；有机化合物的分离和提纯；有机化合物的合成；有机色谱分离技术；天然有机化合物的提取；综合设计实验。全书有不同层次的合成和设计实验共46个，合成实验等附有红外、紫外或核磁谱图。书后附录列出了进行各类实验可能需要的参考数据，以便查阅。

本书由赵剑英、胡艳芳合编第一章；胡艳芳编写第二章；丁慎德编写第三章；赵剑英编写第四章；邢令宝编写第五章；胡艳芳编写第六章；孙桂滨编写第七章，林伯群辅助部分校对工作；全书由赵剑英负责筹划和统稿，董云会教授为本书编写顾问。

参加本教材编写工作的还有：山东理工大学的孟波、李忠芳、赵义、陈霞、刘会等；青岛大学的林伯群、聂兆广、张玮、赵海宁等参与了实验方法探索、资料收集等工作。本教材在编写过程中，得到了山东理工大学和青岛大学有关领导和同行的大力支持，在此深表由衷的谢意。

由于编者水平所限，书中难免还有疏漏和不当之处，敬请读者批评指正。

编者

2015.6.1

寄语学生

有机化学是一门以实验为基础的学科。有机化学的许多理论和规律是从实验中总结出来的，同时又依据实验结果对其是否正确做出评价，所以有机化学实验在整个有机化学教学中占有极其重要的地位。本课程的主要目的是在实验原理的基础上，系统训练学生进行有机化学实验的基本技术和技能，精心培养学生独立从事有机化学实验的能力。希望你通过有机化学实验的学习，动手能力、综合分析能力及独立工作能力都能有所提高。

也许，当你走进实验室时，可能会感到脑子里一片混乱，不知如何着手，所以你应该先阅读本书的第一章“有机化学实验的一般知识”，了解有机化学实验课程的基本任务和具体要求，熟悉实验室的安全知识及一般仪器设备。然后通过基础实验，验证各类常见有机物的主要性质和鉴定方法，丰富你的感性认识，巩固和加深有机化学的基本知识；通过合成实验学会一些重要有机物的制备、分离和提纯方法，加深对典型有机反应的理解。通过实验学会正确观察实验现象、合理处理数据、准确描绘仪器装置简图、撰写实验报告、查阅化学手册，具备设计演示实验的初步能力，养成实事求是的科学态度和良好的实验习惯，提高分析问题和解决问题的能力。学生在平时的学习中要从以下几个实验环节中注意培养自己理论联系实际的作风，实事求是、严肃认真的科学态度与良好的习惯。

实验前，必须认真预习有关实验内容，复习有机化学教材中的有关章节，明确实验目的和要求，弄清原理和操作步骤，了解实验的关键及注意事项，订出实验计划并初步预测实验结果，做到心中有数。动手做实验前还应检查实验用品是否齐全，装置是否正确稳妥。

实验时，应严格遵循实验的基本操作规程，及时做好实验记录，凡是观察到的现象和结果以及有关的质量、体积、温度或其他数据，都应立即如实地写在记录本中。

实验完成后，应计算产率，将样品贴好标签，放到指定地方。要认真总结，完成实验报告，如遇实验结果和理论不符，应分析原因或重做实验，得出正确结论，努力提高分析、推理和联想的思维能力。

为了保证同学们的安全以及实验的正常进行，培养良好的实验作风，请遵守实验室规则并深入了解实验室安全知识。

目　录

第一章　有机化学实验的一般知识

第一节　实验室守则

有机化学实验中经常用到一些易燃、易爆的药品（如乙醇、苯和乙醚等）和腐蚀性的药品（如浓硫酸、浓硝酸、浓盐酸、烧碱等），实验过程中经常使用玻璃器皿、燃气、电器设备等。因此，在实验过程中要时刻注意安全问题，特别是对于刚刚接触有机化学实验的低年级学生，更要认真做好课前预习，了解所做实验中用到的物品和仪器的性能、用途及可能出现的问题和预防措施，并严格按照操作规程进行实验，确保实验的顺利进行。

① 熟悉实验室水、电、燃气的阀门以及消防器材、洗眼器与紧急淋浴器的位置和使用方法。熟悉实验室安全出口和紧急情况时的逃生路线。

② 掌握实验室安全与急救常识。进入实验室应穿实验服并根据需要佩戴防护眼镜。实验服要长袖和过膝，不准穿短裤、拖鞋或凉鞋进行实验。书包、衣物及与实验无关物品应放在远离实验台的衣物柜中。要保持实验室的良好秩序，不允许在实验室听耳机、打电话、吸烟或进食。

③ 实验前认真预习，了解实验目的、原理、合成路线以及实验过程可能出现的问题，查阅有关文献，明确各化合物的物理化学性质，最后写出预习报告。

④ 实验开始前先检查仪器是否完好无损（如玻璃器皿是否破裂，接口是否结合紧密，电器线路、接地是否完好等），装置是否正确。

⑤ 严格按照实验步骤进行实验，注意观察实验现象并如实记录。

⑥ 严防水银等有毒物质流失而污染实验室，破损温度计及发生意外事故要及时向老师报告并采取必要的措施；重做实验必须经实验指导教师批准；损坏仪器、设备应如实说明情况并按规定予以赔偿。

⑦ 保持实验室桌面、地面、水池清洁，废纸、火柴杆等杂物不要扔进水槽以免堵塞，废弃有机溶剂要倒入指定的回收瓶，废液及废渣不许倒进水池，必须倒在指定的废液缸中，实验开始前和结束后要清洁自己的实验台，离开时要将公用仪器摆放整齐。

⑧ 保持实验台整洁，取用试剂要小心，防止试剂洒在实验台上，洒落的试剂要及时处理；称量纸要预先准备好，称量后要将自己的称量纸带走，天平（或台秤）归零；防止皮肤直接接触实验试剂，否则应及时清洗。

⑨ 节约水、电、燃气及其他消耗品，严格控制试剂用量；公用仪器和试剂用完要放回原处，不得将实验所用仪器、试剂带出实验室。

⑩ 实验结束后，应将自己位置的实验台整理好，关闭水、电、燃气，认真洗手，实验记录交教师审阅、签字后方可离开实验室。值日生要做好清洁卫生工作，检查实验室安全，关好门、窗，检查水、电、燃气阀门，待老师检查同意后方可离开实验室。

第二节 实验室的安全常识

一、有机实验安全注意事项

有机化学实验除了实验中经常使用易燃、易爆、有毒和腐蚀性的药品以及易碎的玻璃仪器外，反应产生的副产物和性质尚不清楚的产物也存在较高的危险性。如果操作不当，有可能发生着火、爆炸、割伤、烧伤或中毒等事故。但是只要采取适当的防护措施，严格遵守操作规程，这些事故就可以不发生或少发生；即使发生事故，也能够及时得到妥善处理。因此，所有参与实验的人员都要掌握必要的安全常识并在实验过程中随时保持警惕，对实验室内的异常现象（包括声音、气味等）要保持警觉，及时查明原因并正确处理。

实验室的安全关系到每个人的生命安危，无论是刚进实验室的新同学，还是有多年经验的教师和技术人员，都要随时注意，麻痹不得。必须指出的是，对于安全性不确定的实验一定要做好防护工作，不允许存在任何侥幸心理。对实验内容的无知以及实验过程中的急躁情绪往往会酿成实验事故，危害自己和他人的安全。

进入实验室要做好个人的防护，建议穿白色实验服，便于及时发现沾上的药品，更好地起到保护作用。实验进行时应经常注意仪器有无漏气、碎裂，反应进行是否正常，蒸馏、回流和加热用仪器，一定要和大气接通。凡可能发生危险的实验，应采取必要的防护措施，在操作时应加置防护屏或戴防护眼镜、面罩和手套等。熟悉消防器材如石棉布、沙箱、灭火器以及急救箱的放置地点和使用方法。

二、事故的预防和处理

1. 预防事故的发生

实验中如果按照操作规程操作，多数事故是可以预防的。

① 实验中使用的有机溶剂大多易燃，如乙醚、苯、乙醇、丙酮等，不能用烧杯等敞口容器盛装，更不能直接加热易燃液体。装有易燃有机溶剂的容器不得靠近火源，数量较多的易燃有机溶剂，应放在危险药品柜内。而蒸馏乙醚或二硫化碳时应采用水浴加热，并远离火源。

② 易燃有机溶剂（特别是低沸点易燃溶剂）室温时具有较大的蒸气压，当空气中混杂的易燃有机溶剂的蒸气达到某一极限时，遇有明火即发生燃烧爆炸。有机溶剂蒸气都比空气的相对密度大，会沿着桌面或地面飘移至较远处，或沉积在低洼处；因此，切勿将易燃溶剂倒入废液缸内，用过的溶剂要设法回收。倾倒易燃溶剂应远离火源，最好在通风橱中进行。蒸馏易燃溶剂（特别是低沸点易燃溶剂，如乙醚）时，整套装置切勿漏气，接收器支管应与橡皮管相连，使余气通往水槽或室外。

③ 使用易燃、易爆气体（如氢气、乙炔等时），要保持室内空气流通，严禁明火并应防止一切火星的发生，如由于敲击、电器的开关等所产生的火花，有些机械搅拌器的电刷也极易产生火花，应避免使用。禁止在此环境内使用移动电话。

④ 常压蒸馏操作时，蒸馏装置不能完全密闭。减压蒸馏时，要用圆底烧瓶或吸滤瓶作接收器，不可用锥形瓶，否则由于受力不均可能发生炸裂。回流或蒸馏液体时应放沸石或在搅拌下进行，以防溶液因过热暴沸而冲出。若在加热后发现未放沸石，则应停止加热，待稍冷后再放，否则在过热溶液中放入沸石会导致液体迅速沸腾，冲出瓶外而引起火灾。不要用火焰直接加热烧瓶，而应根据液体沸点高低使用石棉网、油浴或水浴。冷凝水要保持畅通，

若冷凝管忘记通水，大量蒸气来不及冷凝而逸出，也易造成火灾。

⑤ 有些有机化合物遇氧化剂时会发生猛烈爆炸或燃烧，操作时应特别小心；存放试剂时，应将氯酸钾、过氧化物、浓硝酸等强氧化物和有机药品分开。金属钠、钾遇水容易起火爆炸，不能露置在空气中，应保存在石蜡或煤油中；用过的残渣必须及时回收，或用乙醇处理。

⑥ 开启存有挥发性药品的瓶塞和安瓿时，必须注意瓶内所盛物品的性质，充分冷却，然后开启（开启安瓿时需要用布包裹）；开启时瓶口须指向无人处，以免液体喷溅伤人。如遇瓶塞不易开启时，切不可用火加热或乱敲瓶塞。

⑦ 有些实验可能生成有危险性的化合物，操作时需特别小心。有些类型的化合物具有爆炸性，如叠氮化物、干燥的重氮盐、硝酸酯、多硝基化合物等，使用时需严格遵守操作规程。有些有机化合物如醚或共轭烯烃，久置后会生成易爆炸的过氧化合物，须特殊处理后才能应用。

⑧ 有毒试剂应根据其性质认真操作，妥善保管。实验室所用的剧毒物应由专人负责收发，并向使用者提出必须遵守的有关操作规程。实验后的有毒残渣必须妥善处理。在接触固体或液体有毒物时，必须戴橡皮手套，操作后立即洗手。

⑨ 在反应过程中可能生成有毒或有腐蚀性气体的实验，应在通风橱中进行。

⑩ 使用电器时，应防止人体与电器导电部分直接接触，不能用湿的手接触插头。为了防止触电，仪器装置和设备的金属外壳应连接地线。实验后应先切断电源，再将连接电源的插头拔下。

2. 实验事故的处理

如果操作不慎，造成实验事故，切不要惊慌，只要采取正确的处理方法，可以防止事故扩大，下面介绍实验室经常遇到的一些事故的预防及处理方法。

① 割伤是实验中最常见的事故之一。为了避免割伤应注意以下几点：玻璃管或玻璃棒折断时不能用力过猛，以防破碎。截断后断面锋利，应在小火上烧熔使之变圆滑；将玻璃管或温度计插入塞子或橡皮管中时，应先检查塞孔大小是否合适，再涂点水或甘油润滑后，用布裹住逐渐旋转而入，同时拿玻璃管的手应靠近塞子，否则易使玻璃管折断，引起严重割伤；打扫桌面上碎玻璃及毛细管时，要小心以避免划伤。发生割伤事故要及时处理，取出伤口内的玻璃碴，用水洗净伤口，用创可贴贴紧或涂以碘酒消毒后包扎，严重者要送医院治疗。

② 皮肤接触火焰或灼热物体（如烧热的铁圈、煤气灯管、玻璃管等）会造成灼伤，可涂以凡士林或烫伤膏，重伤者要请医生处理。如遇化学试剂灼伤，要根据不同情况采取不同的处理方法：因酸或碱灼伤时，应先用大量水冲洗，酸灼伤再用1%碳酸氢钠溶液冲洗，碱灼伤再用1%硼酸溶液冲洗，最后用水冲洗片刻，涂少量油脂；如酸引起的灼伤特别严重，应立即用水冲洗后用乙醇或2%硫代硫酸钠溶液洗至患处不再有黄色，再用甘油按摩，保持皮肤滋润；试剂溅入眼内，应立即用水冲洗15min，并尽快送医院治疗。

③ 着火是有机实验室内经常面临的危险。如发生着火事故，切勿惊慌，实验室起火一般是由少量溶剂引起的，刚开始很容易控制，只要处理得当，一般不会造成严重的危害。水一般不能用来扑灭有机物着火，因为有机物往往比水相对密度小，泼水后不但不会熄灭，有机物反而漂浮在水面上燃烧。少量溶剂着火，可用湿布或石棉布盖灭；如火势较大，首先要切断电源，关闭燃气开关，移开未着火的易燃物，然后根据易燃物的性质设法扑灭。油脂、电器及贵重仪器等着火时，要用二氧化碳灭火器灭火，灭火后不留痕迹，使用时应打开灭火器上

面开关，对准火源喷射，要注意手不能握住喇叭筒，以免冻伤。泡沫灭火器虽具有较好的灭火性能，但喷出大量碳酸氢钠和氢氧化铝，会给后处理带来困难。如遇金属钠着火，要用细沙或石棉布扑灭。衣服着火时，不要在室内乱跑，应就近用水扑灭或卧倒打滚，闷熄火焰。

④ 在实验时也可能发生爆炸事故，应引起高度重视。为杜绝事故，应注意下列几点：使用易燃易爆物（如乙炔、氢气、过氧化物、重氮盐等）或遇水易爆炸的物质（如钠，钾等），应严格按操作规程进行；浓硝酸、高氯酸和过氧化氢等氧化剂与有机物接触，极易引起爆炸，使用时应特别小心；有的放热反应过于猛烈，生成大量气体，可能引起爆炸，所以应根据不同情况，采取控制加料速度、冷冻或防护措施（如防护面罩、安全瓶等）；常压蒸馏或加热回流时，切勿在封闭系统内进行，并经常检查仪器各部分有无堵塞现象。减压蒸馏时，不得使用受压不均的仪器（如锥形瓶等），必要时要戴上防护面罩；发现燃气管、阀门漏气时，应立即关闭总阀门，打开窗户，并通知有关人员进行修理。

⑤ 化学试剂大多具有毒性，可引起急性或慢性中毒。产生中毒的主要原因是皮肤或呼吸道接触有毒试剂所引起。为了防止中毒，除了保持室内通风，勤洗手外，还要注意下列几点：称量任何化学试剂都应使用药勺等工具移取，不得用手直接接触，更不能触及伤口。若试剂沾在皮肤上应及时用水冲洗干净；处理有毒物质（如氰化物、汞化物、硫酸二甲酯、有机磷和生物碱等）和腐蚀性物质（如溴、卤化氢、硫酸和硝酸等）应在通风橱中进行，并戴上防护眼镜和橡皮手套；对沾染过有毒物质的仪器、用具以及因打破温度计而洒出的水银，要采取适当的方法及时处理。若出现中毒症状，应到空气新鲜的地方休息，严重者应及时送医院治疗。

第三节　有机化学实验的预习、记录与总结讨论

一、实验预习

有机化学实验课是一门带有综合性的理论联系实际的课程，同时也是培养学生独立工作能力的重要环节。每个学生都必须准备一本实验记录本，并编上页码，不能用活页本或零星纸张代替。不准撕下记录本的任何一页。如果写错了，可以用笔勾掉，但不得涂抹或用橡皮擦掉。文字要简练明确，书写整齐，字迹清楚。写好实验记录是从事科学实验的一项重要训练。在实验记录本上做预习、实验记录和总结讨论。实验完成后立即将实验记录本与产物（合成实验）一同交给教师评阅。

要达到实验的预期效果，必须在实验前认真地预习好有关实验内容，做好实验前的准备工作。实验前的预习，归结起来是看、查、写。

看：仔细地阅读与本次实验有关的全部内容，不能有丝毫的马虎和遗漏。

查：通过查阅手册和有关资料来了解实验中要用到或可能出现的化合物的性能和物理常数。

写：在看和查的基础上认真地写好预习笔记。

合成实验的预习笔记包括以下内容：

① 实验目的和要求。

② 实验原理和反应式（主反应，主要副反应）。

③ 主要试剂和产物的物理常数。

④ 原料用量（质量、体积、物质的量），计算过量试剂的过量百分数，计算出理论产量。

⑤ 正确而清晰地画出实验装置图（用铅笔作图并标明装置名称）。

⑥ 用图表形式表示整个实验步骤的流程。

⑦ 有必要时对将要做的实验中可能会出现的问题（包括安全和实验结果）要写出防范措施和解决办法。

理论产量及产率计算：有机化学反应中，理论产量是根据反应方程式计算得到的产物的数量，即原料全部转化成产物，同时在分离和纯化过程中没有损失的产物的数量。产量（实验产量）是指实验中实验分离获得的纯粹产物的数量。产率是指实验得到的纯粹产物的量和计算的理论产量的比值，即

$$产率=\frac{实际产量}{理论产量}\times 100\%$$

计算过程中应注意：

① 参加反应的物质有两种或两种以上者，应以物质的量最少的物质为基准来计算理论产量和产率。

② 不能用催化剂、引发剂来计算理论产量。

③ 有些反应某种产物以几种异构体形式存在时，产物的理论产量以各种异构体的理论产量之和计算，实际产量也是以各种异构体实际产量之和来计算。

二、实验记录

实验时应认真操作，仔细观察，积极思考，并且应不断地将观察到的实验现象及测得的各种数据及时、如实地记录在记录本上。实验记录应包括以下内容：

① 每一步操作所观察到的现象，如是否放热、颜色变化、有无气体产生、分层与否、温度、时间等，尤其是与预期相反或与教材、文献资料所述不一致的现象更应如实记载。

② 实验中测得的各种数据，如沸程、熔点、相对密度、折射率、称量数据（质量或体积）等。

③ 产品的色泽、晶形等。

④ 实验操作中的失误，如抽滤中的失误、粗产品或产品的意外损失等。

三、总结讨论

实验结束后，除了整理报告，写出产物的产量、产率、状态和实验测得的物性，如沸程、熔程、折射率等数据，以及回答指定的问题外，还要根据实验进行的情况，分析实验中出现的问题，整理归纳实验结果，写出自己实验的心得体会和对实验的意见、建议。通过讨论来总结和巩固在实验中所学的理论和技术，进一步培养分析问题和解决问题的能力，这是把直接的感性认识提高到理性思维阶段的必要步骤，也是科学实验中不可缺少的一环。

实验报告的的内容大致有如下几项，以乙酸乙酯为例。

实验××　乙酸乙酯的制备

1. 目的和要求

① 掌握酯化反应原理，以及由乙酸和乙醇制备乙酸乙酯的方法。

② 学会回流反应装置的搭制方法；复习洗涤、干燥、蒸馏等基本操作。

2. 反应式

主反应　$CH_3COOH+CH_3CH_2OH \xrightleftharpoons[\triangle]{浓\ H_2SO_4} CH_3COOCH_2CH_3+H_2O$

副反应
$$CH_3CH_2OH \xrightleftharpoons[170℃]{浓H_2SO_4} H_2C=CH_2+H_2O$$
$$2CH_3CH_2OH \xrightleftharpoons[140℃]{浓H_2SO_4} (CH_3CH_2)_2O+H_2O$$

3. 主要物料用量及计算

名称	实际用量	理论量	过量	理论产量
冰醋酸	15g 14.3mL 0.25mol	0.25mol		
95%乙醇	18.4g 23mL 0.37mol	0.25mol	48%	
浓硫酸	13.8g 7.5mL 0.14mol			
乙酸乙酯				22g

4. 实验装置图

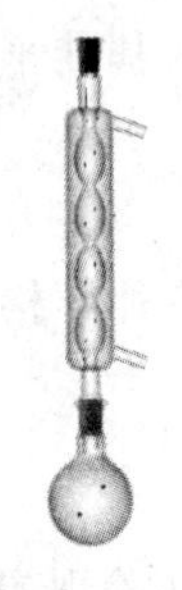
回流反应装置

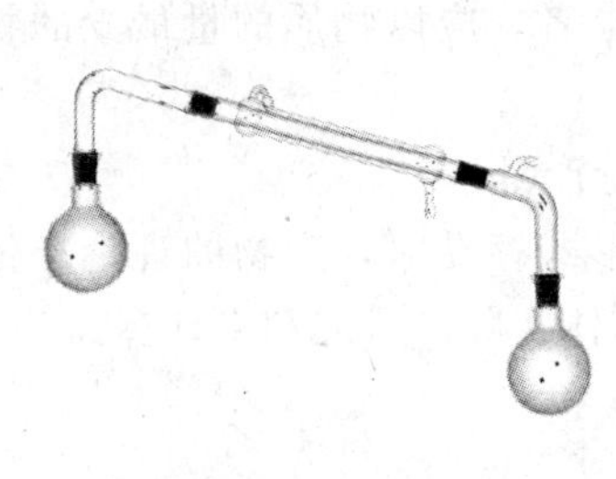
简单蒸馏装置

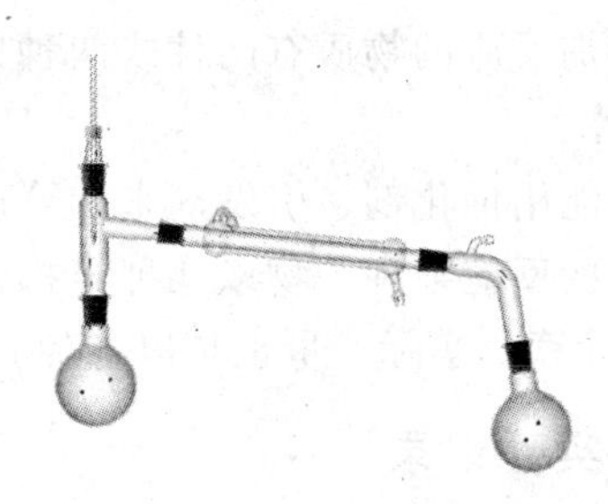
普通蒸馏装置

5. 实验步骤流程

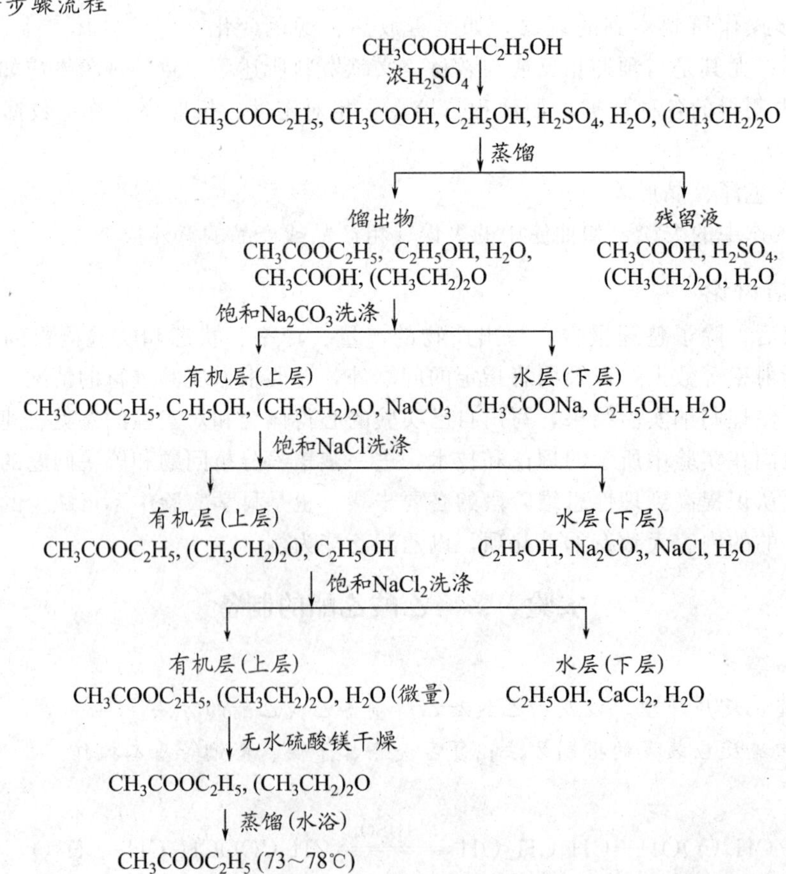

6. 实验记录

时间	步　骤	现　象	备注
8:30	安装反应装置		
8:45	圆底烧瓶中加入14.3mL冰醋酸、23mL95%乙醇，在摇动中慢慢加入7.5mL浓硫酸	所用试剂均为无色液体，混合后仍为无色，放热	
8:55	加入几粒沸石，装上回流冷凝管，水浴加热		
9:20		水浴沸腾，溶液沸腾，冷凝管内有无色液体回流	
9:50	沸腾回流0.5h后，稍冷	烧瓶内液体无色	
10:00	加入沸石，改为蒸馏装置，水浴加热蒸馏		
10:10		液体沸腾，收集馏出液至不再有液体蒸出	有机相蒸出
10:25	停止加热	烧瓶内剩余液体为无色，蒸出液体为无色透明有香味液体	
10:30	向蒸出液体中加入饱和Na_2CO_3，用pH试纸检验上层有机层	有气泡冒出，液体分层，上下层均为无色透明液体，用试纸检验呈中性	中和醋酸
10:45	转入分液漏斗分液，静置	上层：无色透明液体；下层：无色透明液体	有机相在上层
10:50	取上层，加入10mL饱和氯化钠洗涤	上层：无色透明液体；下层：略显浑浊白色液体	洗去碳酸根
11:00	取上层，加入10mL饱和氯化钙洗涤	上层：无色透明液体；下层：略显浑浊白色液体	
11:10	取上层，加入10mL饱和氯化钙洗涤	上层：无色透明液体；下层：无色透明液体	
11:15	取上层，转入干燥的锥形瓶，加入2g无水$CaCl_2$干燥30min	粗产物无色澄清透亮，$CaCl_2$沉于锥形瓶底部	
11:45	产物滤入50mL圆底烧瓶，加入沸石	无色液体	
11:50	安装好蒸馏装置，水浴加热		
12:05	收集73～78℃馏分	液体沸腾，70℃有液体馏出，体积很少，液体稍浑浊，73℃开始换锥形瓶收集，长时间稳定于74～76℃，升至78℃后下降	
12:25	停止蒸馏	烧瓶中液体很少	
	观察产物外观，称取质量	无色液体，有香味，锥形瓶质量31.5g，共43.2g，产品质量为11.7g	

7. 产率计算

$$产率=\frac{11.7}{0.25\times 88}\times 100\%=53.2\%$$

8. 主要物料及产物的物理常数

名称	相对分子质量	性状	折射率	相对密度	熔点/℃	沸点/℃	溶解度/g·(100mL溶剂)$^{-1}$		
							水	醇	醚
冰醋酸	60.05	无色液体	1.3698	1.049	16.6	118.1	∞	∞	∞
乙醇	46.07	无色液体	1.3614	0.780	−117	78.3	∞	∞	∞
乙酸乙酯	88.10	无色液体	1.3722	0.905	−84	77.15	8.6	∞	∞

9. 讨论

本次实验的产物产量和质量基本上合格。本次实验因为是采用回流反应法，并没有达到理论的120℃，所以对产量会有一定的影响；但是保证反应回流0.5h，加上蒸出有机物的过程实际上也是有利于反应的正向进行，所以总的来说反应产率还是可以的。

洗涤过程中因为多次洗涤，可能会给产品带来一定的损失。

相关步骤的衔接还不是很好，时间没有统筹安排好，如最后的蒸馏装置可以提前搭置好，洗涤操作还不是很熟练，今后要引起注意。

第四节　有机化学实验常用的玻璃仪器与设备

有机反应较为复杂，所用玻璃仪器的品种和规格较多，因此在实验前应注意仪器的选择与安装。较常见的玻璃仪器、金属用具和其他一些主要仪器设备分别介绍如下。

一、常用玻璃仪器

1. 标准磨口玻璃仪器

有机实验中通常使用标准磨口玻璃仪器，也称磨口仪器。它与相应的普通玻璃仪器的区别在于各接头处加工成通用的磨口，即标准磨口。内外磨口之间能互相紧密连接，因而不需要软木塞或橡皮塞。这不仅可节约配塞子和钻孔的时间，避免反应物或产物被塞子所沾污；而且装配容易，拆洗方便，并可用于减压等操作，使工作效率大大提高。

图1-1为常用的标准磨口玻璃仪器简图。通常标准口有10、14、19、24、29和34等多种编号，这些数字系指磨口最大端直径（mm）。

编号不同的磨口无法直接相连，但借助于两端不同编号的磨口接头（变径）则可使之连接，通常用两个数字表示变径的大小，如接头14×19，表示该接头的一端为14号磨口，另一端为19号磨口。半微量仪器一般为10号和14号磨口，常量仪器磨口为19号以上。

（1）使用标准磨口玻璃仪器时注意事项

① 磨口必须洁净，不得沾有固体物质，否则会使磨口对接不紧密，导致漏气甚至损坏磨口。

② 用后应立即拆卸洗净，否则，放置太久磨口的连接处会粘连，很难拆开。特别是蒸馏沸点较高液体后（如呋喃甲醇、苯胺等），蒸馏头与蒸馏瓶经常粘在一起。

③ 一般使用时磨口无需涂润滑剂，以免沾污反应物或产物，若反应物中有强碱，则应涂润滑剂，以免磨口连接处因碱腐蚀而粘连，无法拆开。对于减压蒸馏，所有磨口应涂润滑剂（如凡士林、真空脂等）以达到密封的效果。

④ 安装磨口仪器时，应注意整齐、端正，磨口要对齐，松紧适度。使磨口连接处不受歪斜的应力，否则仪器易破裂。

⑤ 洗涤磨口时，应避免用去污粉擦洗，以免损坏磨口。

（2）常用磨口玻璃仪器简介

① 烧瓶　有机反应一般在烧瓶内进行，在烧瓶外部往往需要加热或冷却，反应时间也较长。为了满足实验的需要，实验室有多种烧瓶以备使用，例如圆底烧瓶的瓶口比较结实耐压，在回流、蒸馏及有机反应实验中经常使用，梨形烧瓶适用于半微量操作；实验涉及搅拌和回流等较复杂操作时，应选用多口烧瓶，如两颈瓶、三颈瓶和四颈瓶。三颈瓶，又称三口瓶，中间瓶口可安装电动搅拌器，两个侧口装球形冷凝管、滴液漏斗或温度计等。若三颈瓶上再装一个Y形加料管就可以代替四颈瓶。以前常压蒸馏时常用蒸馏烧瓶，现在可由圆底

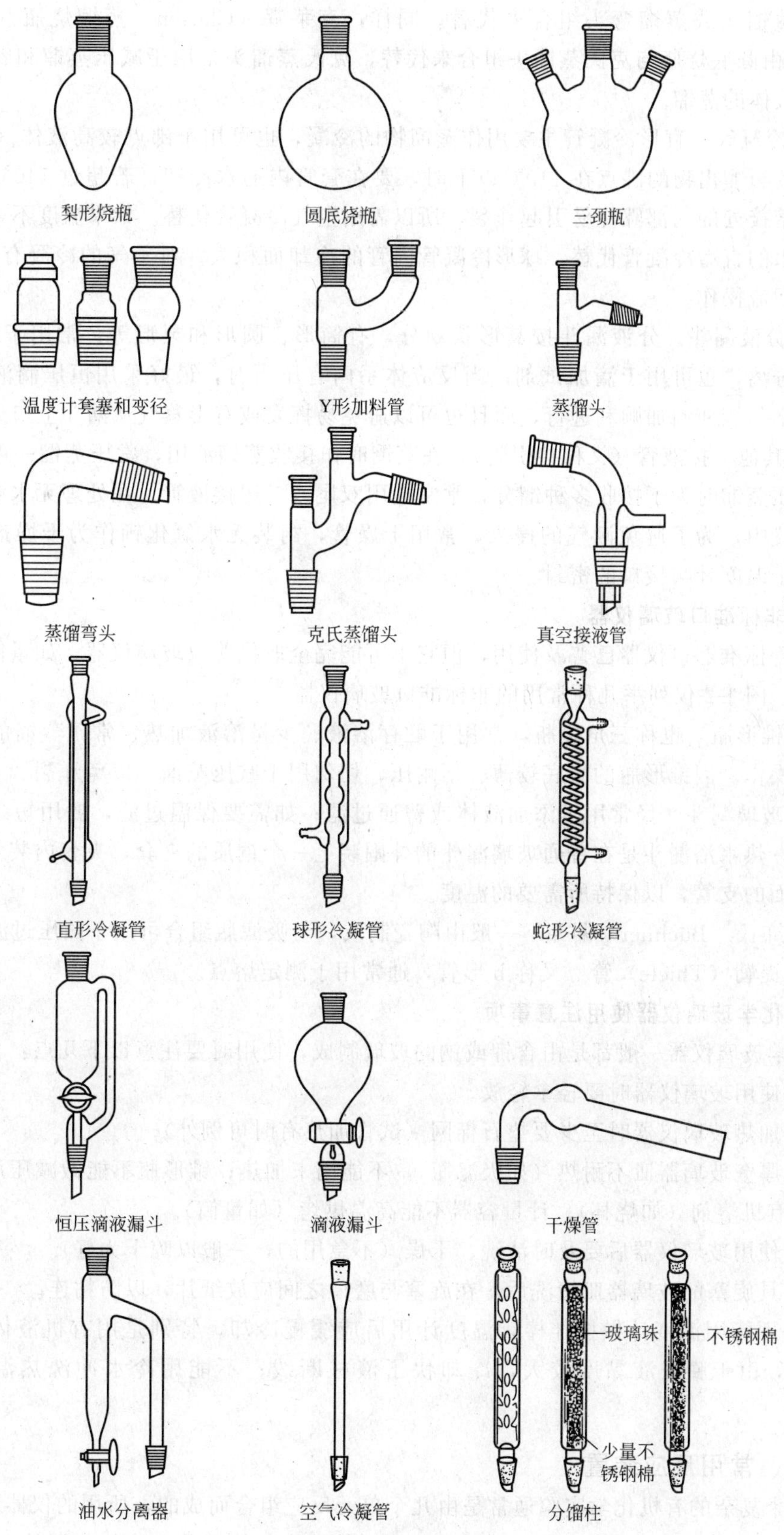

图 1-1　常用标准口玻璃仪器

烧瓶与蒸馏头或蒸馏弯头组合来代替。同样，克莱森（Claisen）蒸馏烧瓶（简称克氏烧瓶），可由圆底烧瓶与克氏蒸馏头组合来代替，克氏蒸馏头常用于减压蒸馏和容易产生泡沫或暴沸液体的蒸馏。

② 冷凝管　直形冷凝管主要用作蒸馏物的冷凝，也可用于沸点较高液体（超过100℃）的回流。当馏出物的沸点在140℃以下时，要在套管内通水冷却；若超过140℃，由于内管和套管熔接处的局部骤冷易引起炸裂，所以需用空气冷凝管代替。如果温度不是很高，也可用未通水的直型冷凝管代替。球形冷凝管内管的冷却面积大，对蒸气的冷凝有较好的效果，适用于回流操作。

③ 分液漏斗　分液漏斗按其形状划分，有筒形、圆形和梨形等，常用于液体的萃取、洗涤和分离，也可用于滴加试剂。当反应体系内有压力时，最好采用恒压滴液漏斗滴加液体，它不仅能使滴加顺利进行，而且也可以避免易挥发或有毒蒸气从漏斗上口逸出。

④ 其他　接液管（又称接引管），在蒸馏时作接收蒸馏液用，常压蒸馏一般用单尾接液管；减压蒸馏时为了接收多种馏分，常常选用双尾或三尾接液管。在处理无水溶剂或在无水反应装置中，为了避免潮气的侵入，常用干燥管，内装无水氯化钙作为干燥剂。温度计套管，用于温度计与接口的密封。

2. 非标准口玻璃仪器

尽管标准磨口仪器已普及使用，但它不可能完全取代普通玻璃仪器，如量筒、烧杯、表面皿等，图1-2仅列举几种常用的非标准口玻璃仪器。

① 锥形瓶　也称三角烧瓶，常用于贮存溶液、少量溶液加热、常压蒸馏的接收器以及重结晶操作，因锥形瓶的瓶底较薄、不耐压，切勿用于减压蒸馏，以免炸裂。

② 玻璃漏斗　经常用于添加液体或普通过滤；如需要保温过滤，要用短颈漏斗或热水浴漏斗，热水浴漏斗是在普通玻璃漏斗的外围装上一个铜质的夹套，夹套内装水，用燃气灯加热侧面的支管，以保持所需要的温度。

③ 布氏（Büchner）漏斗　一般由陶瓷制成，与吸滤瓶组合可用于减压过滤。

④ 提勒（Thiele）管　又称b形管，通常用于测定熔点。

3. 化学玻璃仪器使用注意事项

化学玻璃仪器一般都是由含钾或钠的玻璃制成，使用时要注意以下几点：

① 使用玻璃仪器时要轻拿轻放。

② 加热玻璃仪器时至少要垫石棉网（试管加热有时可例外）。

③ 厚壁玻璃器皿不耐热（如吸滤瓶），不能用来加热；锥形瓶不能做减压用；广口瓶不得存放有机溶剂（如烧杯）；计量容器不能高温烘烤（如量筒）。

④ 使用玻璃仪器后要及时清洗、干燥（不急用的，一般以晾干为好）。

⑤ 具旋塞的玻璃器皿清洗后，在旋塞与磨口之间应放纸片，以防粘连。

⑥ 不能用温度计做搅拌棒，温度计用后应缓慢冷却，特别是用有机液体做膨胀液的温度计，由于膨胀液黏度较大，冷却快了液柱断线；不能用冷水冲洗热温度计，以免炸裂。

二、常用反应装置

一个复杂的有机化学实验通常是由几个单元反应组合而成的，所用的仪器装置也相对比较固定，常用的单元反应装置有回流、蒸馏、精馏、气体吸收、滴加、搅拌、气体发生等，

图 1-2 常用非标准口玻璃仪器

使用时可根据具体的反应要求做适当的调整。

1. 回流装置

有机化学实验常用的回流装置主要由烧瓶与回流冷凝管构成，如图 1-3(a) 所示。回流冷凝管一般用球形或蛇形，如果回流的液体沸点较高，也可以用直形冷凝管。回流加热前应先加入沸石；在有搅拌的情况下，可不用沸石。根据瓶内液体沸腾的程度，可选用电热套、水浴、油浴、石棉网等加热方式；回流的速度应控制在液体蒸气浸润不超过两个球为宜。如果回流过程要求无水操作，则应在球形冷凝管上端安装一干燥管防潮，如图 1-3(b) 所示。如果回流过程中会产生有毒或刺激性气味的气体，则应添加气体吸收装置，如图 1-3(c) 所示。如果实验要求边回流边滴加反应物，可以改用三口烧瓶或在冷凝管和烧瓶间安装 Y 形加料管，并配以滴液漏斗，如图 1-3(d) 所示。

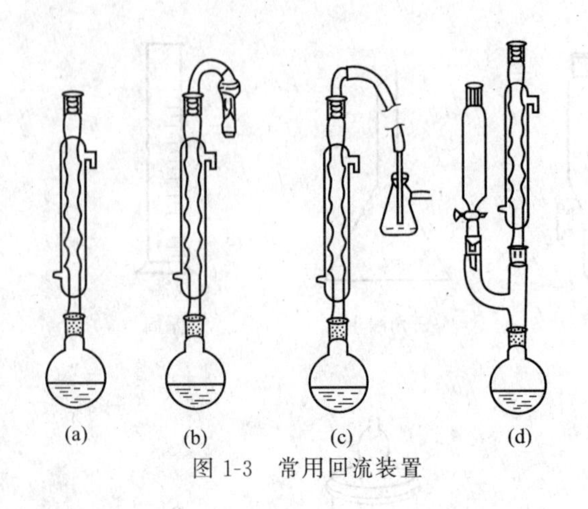

图 1-3　常用回流装置

2. **蒸馏装置**

蒸馏是分离两种以上沸点相差较大的液体的常用方法，蒸馏能分离沸点相差 30℃以上的两种液体，分离沸点相差更小的液体要采用精馏的方法；另外蒸馏还经常用于除去反应体系中的有机溶剂。图 1-4 是最常用的蒸馏装置。如果蒸馏过程需要防潮，可在接液管处安装干燥管。如果蒸馏沸点在 140℃以上，则应改用空气冷凝管进行蒸馏，否则使用水冷却可能会由于温差过高而使冷凝管炸裂。为了蒸除大量溶剂，可将温度计换成滴液漏斗。由于液体可由滴液漏斗中不断地加入，同时也可调节滴入和流出的速度，因此可避免使用较大的蒸馏瓶。

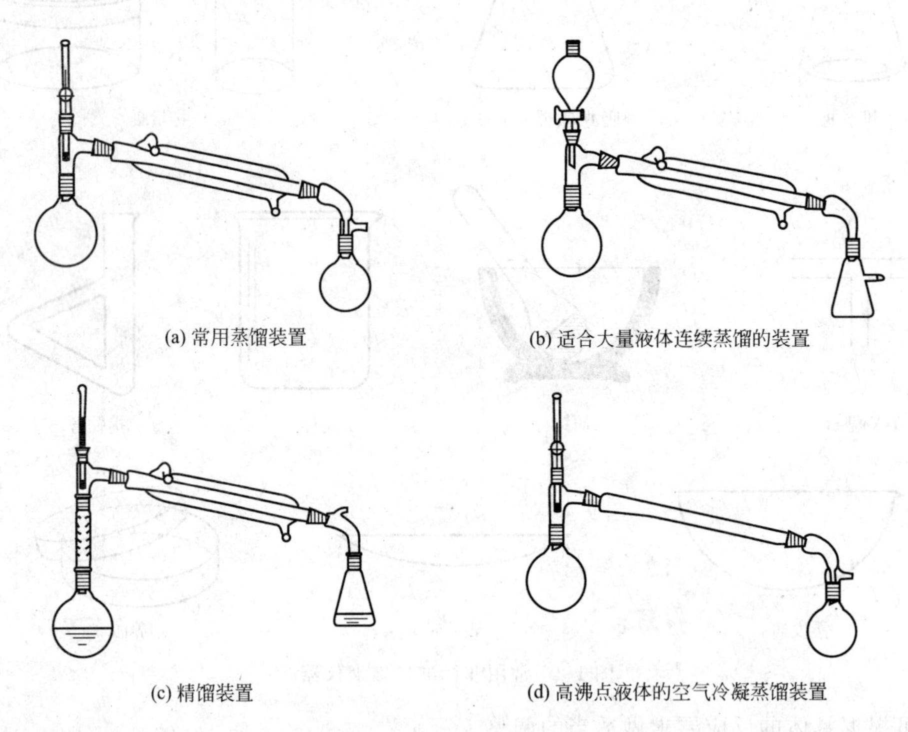

图 1-4　常用的蒸馏装置

3. **气体吸收装置**

气体吸收装置用于吸收反应过程中生成的有刺激性和有毒的气体（例如氯化氢、二氧化硫等）。图 1-5 中（a）和（b）可作少量气体的吸收装置。图 1-5(a) 中的玻璃漏斗应略微倾斜，使漏斗口一半在水中，一半在水面上，保持与大气相通，但要保证漏斗不会全浸入水中，做到既能防止气体逸出，又能防止水被倒吸至反应瓶中。若反应过程中有大量气体生成或气体逸出很快时，可使用图 1-5(c) 所示装置。水自上端流入（可利用冷凝管流出的水）抽滤瓶，在恒定的水面稳定溢出，粗的玻璃管恰好伸入水面，被水封住，以防气体进入大气中。

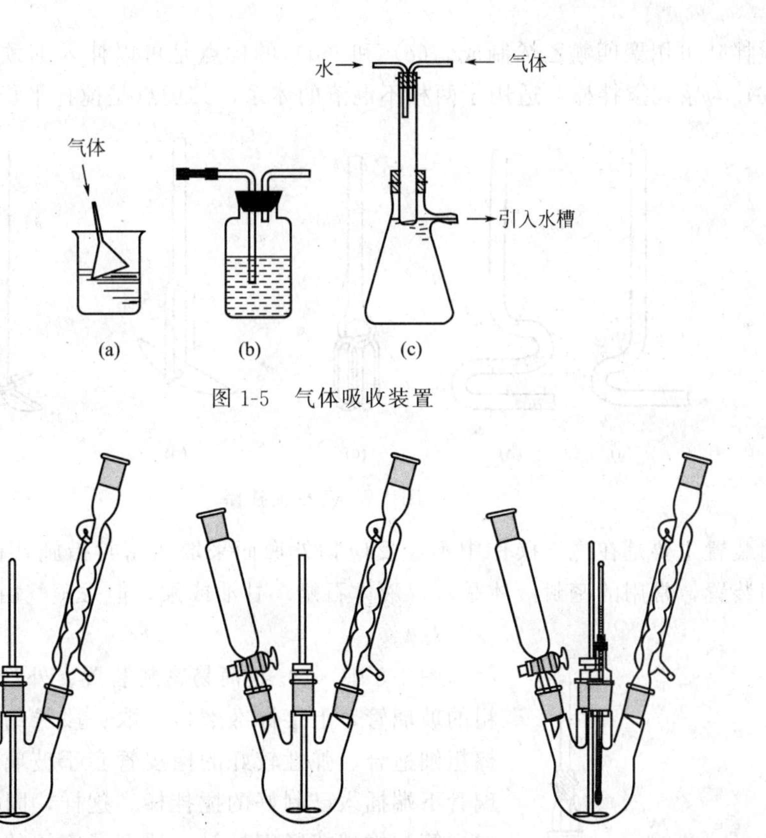

图 1-5　气体吸收装置

图 1-6　机械搅拌装置

4. 搅拌装置

搅拌是有机制备实验中常见的基本操作之一。反应在均相溶液中进行时，一般可以不用搅拌，因为加热时溶液存在一定程度的对流，从而保持液体各部分均匀地受热。如果是在非均相反应或某些反应物需不断加入时，为了尽可能使其迅速均匀地混合，避免因局部过热而导致其他副反应发生，则需要进行搅拌。另外，当反应物是固体时，有时不搅拌可能会影响反应顺利进行，也需要进行搅拌操作。

如果反应时间较短、反应物较少或加热温度不太高，反应物无较大气味，用人工搅拌或振摇容器，即可达到充分混合的目的。否则需用磁力搅拌或机械搅拌装置。

如果反应是低黏度的液体或固体量很少，可以用电磁搅拌，其优点是易于密封，不占用瓶口，搅拌平稳。现在的电磁搅拌器大多与加热套相结合，具备加热、搅拌、控温等多种功能，使用十分方便。

如果需要搅拌的反应物较多或黏度较大时，就需要用机械搅拌装置（图 1-6）。机械搅拌装置相对于电磁搅拌装置操作比较复杂，通常包括电动搅拌器、搅拌棒、密封装置以及回流或蒸馏装置等部分。电动搅拌器的主要部件是具有活动夹头的小电动机和调速器，它们一般固定在铁架台上，电动机带动搅拌棒起搅拌作用，用变速器调节搅拌速度。

为保证搅拌的平稳，机械搅拌一般都安装在三口瓶的中间口上，回流或滴加装置安装在边口上，必要时也可用多口瓶。

机械搅拌的搅拌棒通常由玻璃棒和聚四氟乙烯制成，或由不锈钢外镀聚四氟乙烯制成，常用的几种见图 1-7，其中（a）、（b）两种可以容易地用玻棒弯制；（c）较难制作；（d）中半圆形搅拌叶可用聚四氟乙烯制成。(c) 和 (d) 的优点是可以伸入细颈瓶中，且搅拌效果较好。(e) 为浆式搅拌棒，适用于两相不混溶的体系，其优点是搅拌平稳，搅拌效果好。

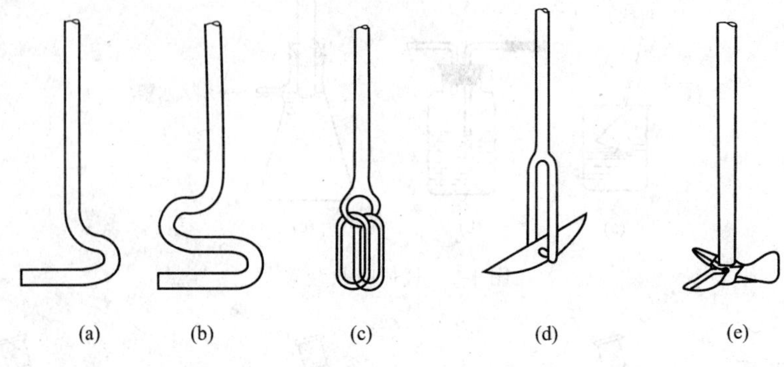

图 1-7　各种搅拌棒

密封装置主要是在搅拌操作中不让反应物外逸而采取的密封措施。在图 1-8 中 (a) 是液体密封装置，常用的密封液体是水、液体石蜡、甘油或汞，但汞蒸气由于有毒，所以尽量不用。

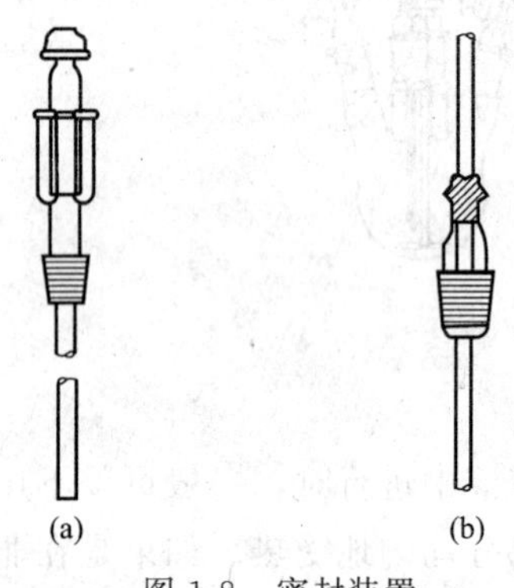

图 1-8　密封装置

图 1-8 中 (b) 是简易密封装置。外管是内径比搅拌棒略粗的玻璃管，上接标准磨口。取一段长约 2cm、内径与搅拌棒粗细适合、弹性较好的橡皮管套于玻璃管上端，然后自玻璃管下端插入已制好的搅拌棒。这样，固定在玻璃管上端的橡皮管与搅拌棒紧密接触，达到了密闭的效果。在搅拌棒和橡皮管之间滴入少量甘油，对搅拌棒可起润滑和密闭作用。这种简易密封装置在一般减压 (1.3～1.6kPa) 时也可使用。

搅拌棒的上端用橡皮管与电动机轴连接，下端接近三颈瓶底部 3～5mm 处，搅拌时要避免搅拌棒与玻璃管相碰。在进行操作时应将中间瓶颈用铁夹夹紧，从仪器的正面和侧面仔细检查，进行调整，使整套仪器端正垂直，先缓慢开动搅拌器试验运转情况。当搅拌棒和玻璃管间不发出摩擦的响声时，仪器装配才合格，否则需要再进行调整。

5. 实验装置的装配方法

仪器装配的正确与否，关系到实验的成败。对于不同的实验，其实验装置的装配是不同的，将在有关章节中详述。在这里只是介绍装配仪器时应当遵循的一般要求。

(1) 烧瓶、冷凝管、温度计的选择

① 烧瓶的选择　各种各样的烧瓶有长颈、短颈和大小之分。一般说来，瓶内待蒸馏物在加热过程中比较平稳或沸点较高者用短颈烧瓶，反之就用长颈烧瓶。而水蒸气蒸馏时只能用长颈圆底烧瓶。烧瓶大小的选择则要看盛装物质量的多少而定。普通蒸馏要求不超过烧瓶容量的三分之二（要考虑到受热体积增大），但也不能少于三分之一。而水蒸气蒸馏和减压蒸馏要求不能超过三分之一。

② 冷凝管的选择　常见的冷凝管有直形、蛇形、球形和空气冷凝管。多数情况下，回流装置常用球形冷凝管，蒸馏用直形或空气冷凝管。被蒸馏物的沸点低于 140℃ 的用直形冷凝管；但是，当被蒸馏物的沸点高于 140℃时，用直形冷凝管，夹套内的冷却水会使玻璃接头炸裂，沸点较高的物质在空气中也易于冷却，所以，被蒸馏物的沸点高于 140℃时用空气

冷凝管而不能用直形冷凝管或球形冷凝管。蛇形冷凝管的冷却效果比较好，但是通过蒸气的蛇管管径小，往往容易被冷凝下来的液体堵塞。蒸气挥发量不大时，为了提高冷却效果有时也用到蛇形冷凝管，但必须采取一定的措施使液体不堵塞才行。以上只是一般情况下的选择。有时为了强调某一方面，也出现一些例外情况。比如在沸点高的情况下回流，其装置也有用直形冷凝管的。蒸馏沸点低的化合物时，想达到比较好的冷却效果，有时宁可操作麻烦点（收集不同馏分时要卸装冷凝管），也要用球形冷凝管。

③ 温度计的选择　根据温度计的工作原理，一般分为膨胀温度计、压力表式温度计、电阻温度计、热电偶温度计和辐射温度计五种。实验室用得最多的是膨胀式玻璃温度计。这种温度计又有酒精和汞温度计之分，而且又有多种测量范围，使用时应适当地选择。必须注意三点：第一，不能用低于待测物质温度的温度计；第二，测量－30～300℃的物质用汞温度计（汞的熔点为－38.87℃，温度过高会汽化，过低会凝固）；第三，测量0～60℃用酒精温度计（酒精的沸点为78.4℃，温度高易汽化）。根据被测物质可能达到的最高温度，再高出10～20℃来选择适当的温度计，既不能高出太多，也不能低于此数。太高了，精确度就愈差；低了，温度计不安全。

以上是实验中遇到比较多的几种仪器，在实际选择中还要注意到整个装置乃至配套问题和某些特殊的需要。

（2）装配仪器的注意事项　把各种仪器及配件装配成某一装置时，必须注意以下几点：

① 热源的选择。实验中用得最多的是石棉网、水浴、油浴、沙浴、空气浴。根据需要温度的高低和化合物的特性来决定。一般低于80℃的用水浴，高于80℃的用油浴。如果化合物比较稳定，沸点较高不易燃，可以在石棉网上加热。

② 熟悉装置的仪器和配件。

③ 根据实验要求，选择干净合适的仪器，做好装配前的一切准备工作。

④ 从安全、整洁、方便和留有余地的要求出发，大致确定安排台面和装配仪器的位置。按照一定的要求和顺序，一般是从下到上，从左到右，先难后易逐个地装配。拆卸时，按照与装配时相反的顺序，逐个地拆除。

⑤ 仪器用铁夹牢固地夹住，不宜太松或太紧。铁夹不能与玻璃直接接触，应套上橡皮管，粘上石棉垫或用石棉绳包扎起来。需要加热的仪器，应夹住仪器受热最少的位置。冷凝管则应夹中间部分。

⑥ 装配完毕后必须先对仪器和装置仔细地进行检查。每件仪器和配件是否合乎要求，有无破损；整个装配是否做到正确、整齐、稳妥、严密；装配是否安全（包括仪器安全、系统安全和环境安全）。注意装置是否与大气相通，不能是封闭体系，经检查确认装置没有问题后方能使用。

以蒸馏装置为例，装配前必须做好以下几件事：第一，了解装置和仪器；第二，提前选择好仪器进行清洗和干燥；第三，选择合适的塞子并打好孔，选用磨口仪器，接头处的规格应配套。开始装配时，先确定好台面和每件仪器的大致位置，台面稍留大点，再考虑加热位置附近是否有易燃物，冷凝管接冷却水是否方便。平行地放好两铁架台，一铁架台根据热源的高低用铁夹夹好支管上带有合适塞子的蒸馏烧瓶，其轴线应通过铁架台的重心并垂直于铁板，做到瓶颈和支管的轴线构成的平面与实验者平行；另一铁架台在适当的高度上夹好直形冷凝管的中间偏上处，冷凝管的高低和方向要依蒸馏烧瓶而定。调整冷凝管的方向（不离原平面），使其轴线与蒸馏烧瓶支管的轴线平行。然后平移台支架和调整十字夹的高度，使冷凝管的上口靠近蒸馏烧瓶的支管口且二者同轴线。夹紧十字夹，松动冷凝管夹子，把冷凝管上移套上支管上的塞子，塞紧后再夹好冷凝管。自下而上接通冷却水，装好尾接管（接引管），放好接收瓶。正确地装上温度计。仔细检查整个装置，做到装配正确，布局合理即可进行蒸馏。

三、常用工具

除上述玻璃仪器外，有机实验室还经常用到其他工具，下面介绍几种常用工具。铁架台、铁夹、铁圈、三脚架，用于安装固定玻璃仪器，从而连成所需的各种装置；水浴锅，可盛放水、冰、耐热油等介质，用于加热或冷却，一般由金属制成，使用时注意防腐，不要用来盛酸或碱；锉刀，用于割断玻璃棒、玻璃管等玻璃制品；打孔器，一般由不同粗细的打孔器组成一套，用于橡胶塞打孔，用完后应除去其中的橡胶块，套在一起；使用时注意防腐，定期涂防锈油；水蒸气发生器，一般为铜制，水蒸气蒸馏时发生水蒸气用，也可用三颈瓶代替，但蒸气量较小；热水浴漏斗，一般为铜制，热过滤时做玻璃漏斗的保温；另外还有镊子、剪刀、圆锉刀、燃气灯、升降台等。以上工具在实验过程中经常使用，要注意保养，防止受潮生锈，用完后要擦净污物，保持干燥和干净，并及时放回原处。

四、常用电器与设备

1. 烘箱

实验室常用带有自动温度控制系统的电热鼓风干燥箱（图 1-9），其使用温度一般为 50～300℃，通常使用温度应控制在 100～200℃。

图 1-9 烘箱

烘箱用来干燥玻璃仪器或烘干无腐蚀、无挥发性、加热不分解的物品。切忌将挥发、易燃、易爆物放在烘箱内烘烤。刚用乙醇或丙酮等有机溶剂涮过的玻璃仪器，要待有机溶剂挥发干净后才可放入烘箱，以免发生爆炸。实验室内的烘箱是公用设备，烘干玻璃仪器时，应先尽量将仪器上的水沥干，再放进烘箱。放仪器时应自上而下依次放入，以免上层仪器上残留的水滴滴到下层，使已热的下层玻璃仪器炸裂。用于烘干铺好的薄层色谱板时更应注意，防止铁屑等杂物污染下层的薄层色谱板。仪器烘干后要用洁净的干布包住后取出，以防烫伤。取出的热玻璃仪器自然冷却时常有水汽凝在壁上，因此热仪器取出后应先用吹风机或气流烘干器的冷风吹冷后再用。应该注意，橡皮塞、塑料制品不能放入烘箱烘烤。用完烘箱，要切断电源，确保安全。

2. 吹风机

吹风机（图 1-10）是实验室常备的小件电器，用来吹干玻璃仪器，有冷风挡和热风挡。使用时特别注意，不要将水或反应液洒到机壳的孔眼里；用完要放在干燥处，注意防潮、防腐蚀，并要定期加油和维修。

图 1-10　吹风机

3. 电动搅拌器

电动搅拌器（图 1-11）一般在常量有机化学实验的搅拌操作中使用。仪器由机座、小型电动马达和变压调速器几部分组成，适用于一般的油性或水性液体的搅拌，不能搅拌过于黏稠的胶状液体，否则会造成马达超负荷，导致发热而烧毁。平时应注意保持仪器清洁和干燥，防潮、防腐蚀，要经常向轴承加润滑油并进行保管维修。

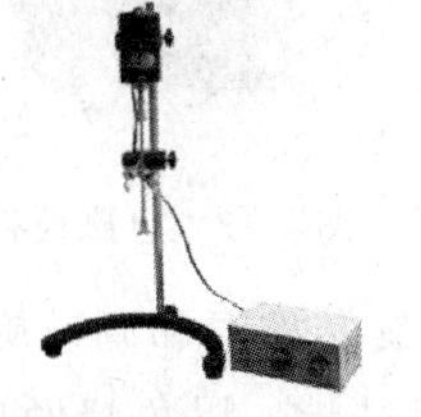

图 1-11　电动搅拌器

4. 旋转蒸发仪

旋转蒸发仪是由马达带动的可旋转蒸发器（圆底烧瓶）、冷凝器和接收器组成（见图 1-12），可在常压或减压下使用，可一次进料，也可分批吸入蒸发料液。

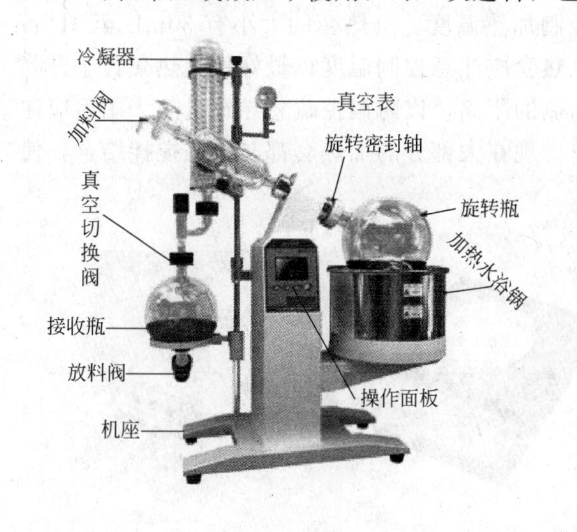

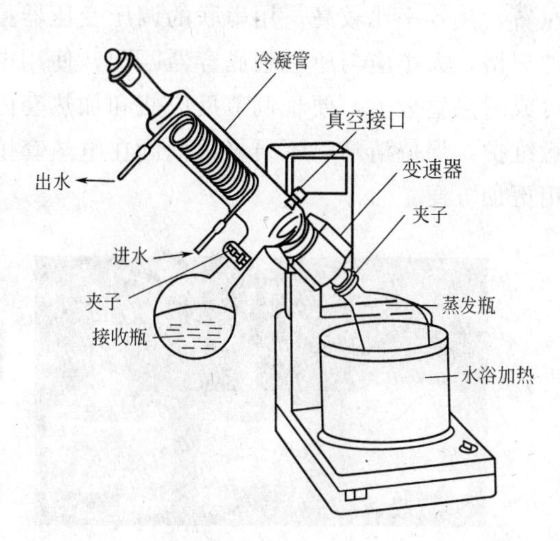

图 1-12　旋转蒸发仪

由于蒸发器的不断旋转，可免加沸石而不会暴沸。蒸发器旋转时，会使料液的蒸发面大大增加，加快了蒸发速度。因此，它是浓缩溶液、回收溶剂的理想装置。使用时需注意保持旋转蒸发仪的清洁，经常检查是否有污物沾在冷凝系统和管路内侧，发现污染物要及时清除并用蒸馏纯溶剂的方法来洗净仪器。加热用的水浴要定期加水，防止干烧。应尽量防止连续长时间使用，如出现故障、真空度下降等现象应及时修理。

5. 电磁搅拌器

将一根用玻璃或聚四氟乙烯塑料封闭的棒状磁铁做搅拌子，投入到盛有反应液的反应瓶中，反应瓶装置固定在电磁搅拌器的托盘中央，托盘下方安置有旋转磁铁。接通电源后，由于磁铁转动引起磁场变化，带动容器内的磁子转动，起到搅拌作用。一般电磁搅拌器（图1-13）都附有加热和调温、调速装置。这种搅拌器使用简单、方便，常用在小量、半微量实验操作中。

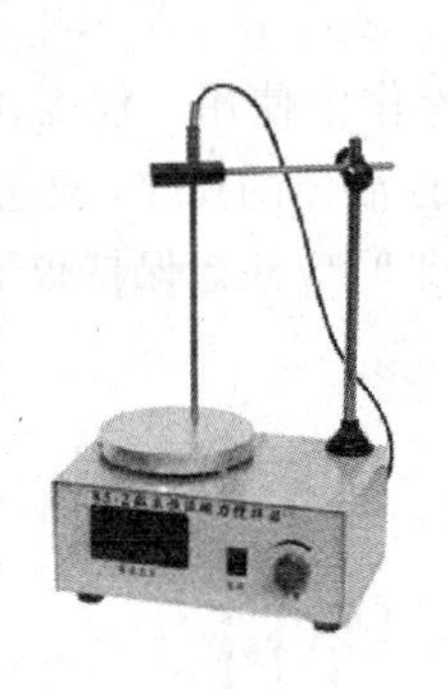

图 1-13　电磁搅拌器

在使用电磁搅拌器时，需小心旋转控温和调速旋钮，不要用力过猛，应依挡次顺序缓缓调节转速，高温加热不宜使用时间过长，以免烧断电阻丝。用完需存放在清洁和干燥的地方。搅拌速度不要过快，以免搅拌子打破烧瓶。

6. 电热套（图1-14）

用玻璃和石棉纤维织成套，在套内嵌进镍铬电热丝制成的电加热器。玻璃和石棉纤维有隔绝明火的作用，加热和蒸馏有机物时不易起火，使用比较安全。加热最高温度可达 400℃ 左右，热效率比较高。用串联的调压变压器控制加热温度。电热套的大小有 50mL 至 5L 各种规格，大小应与所用圆底容器匹配，使用电热套应注意控制温度，最好将电热套置于升降台或耐热垫板上，便于调节反应瓶和加热套内侧的距离，以防调控疏忽导致过热。用后应注意维护，保持清洁，不要将试剂洒在电热套里。现在大部分的加热套都与电磁搅拌结合，使用更加方便。

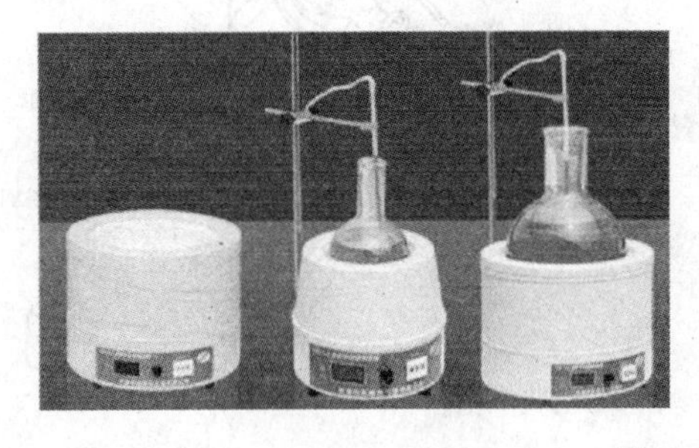

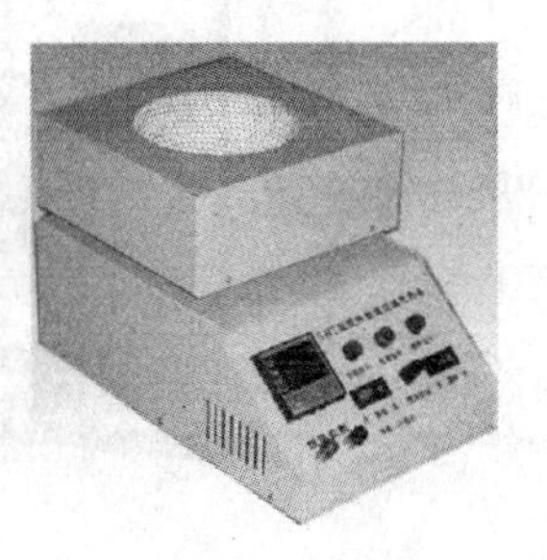

图 1-14　电热套

7. 调压变压器（图1-15）

它是调节电源电压的电器装置，常用作调控电炉、电热套的加热温度或控制电动搅拌器转动速度，使用时应注意以下几点：在变压器标明“输入”的接线柱上连接电源导线，在标

图 1-15 调压变压器

明“输出”的接线柱上连接加热套等电器装置的导线，切忌接错而引起电器烧毁；旋动旋钮时要均匀缓慢，防止电刷受损；不要长期超负载使用，以防烧毁线圈或缩短使用寿命；使用完毕应将旋扭调回零点，切断电源；注意仪器清洁，存放在干燥、无腐蚀的地方。

8. 油泵（图1-16）

实验室配备油泵主要用在减压蒸馏操作中，油泵的真空效率取决于油泵的机械结构和泵油的蒸气压高低，好的油泵真空度可达 13.3Pa（0.1mmHg）。油泵的结构比较精密，工作条件要求严格，为保障油泵正常工作，使用时要防止有机溶剂、水或酸气等抽进泵内腐蚀泵体、污染油泵、增大蒸气压。使用时，为保护泵体，在蒸馏系统和油泵之间必须安装合格的冷阱、安全防护、污染防护和测压装置。

使用完毕，封好防护塔、测压和减压系统，保存在干燥和无腐蚀的地方。

图 1-16 油泵

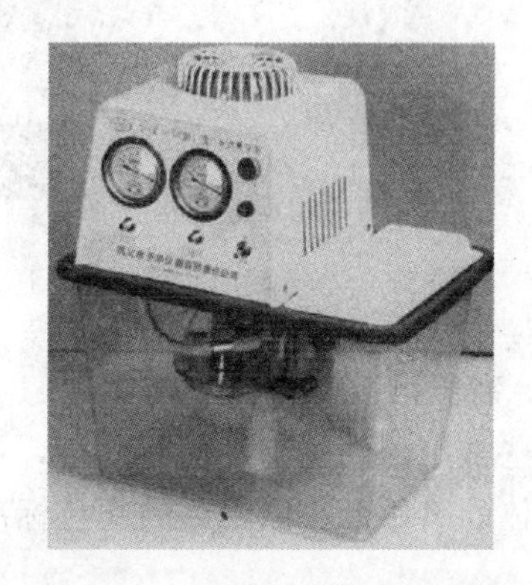

图 1-17 循环水式多用真空泵

9. 循环水式多用真空泵（图1-17）

循环水式真空泵以循环水作为工作液体，是一种喷射泵，由液体喷射产生负压。在蒸发、减压蒸馏的前级蒸馏、真空过滤等操作中使用。该设备的优点是在水压不足或无水源情况下皆可使用，实验室中也常用来提供循环水。

10. 红外灯（图1-18）

它是实验室常备的用作产生热量的装置，经常在烘干少量固体试剂或结晶产品时使用，烘干低熔点固体时要注意经常翻动，防止固体熔化，切忌把水溅到热灯泡上而引起灯泡炸裂。

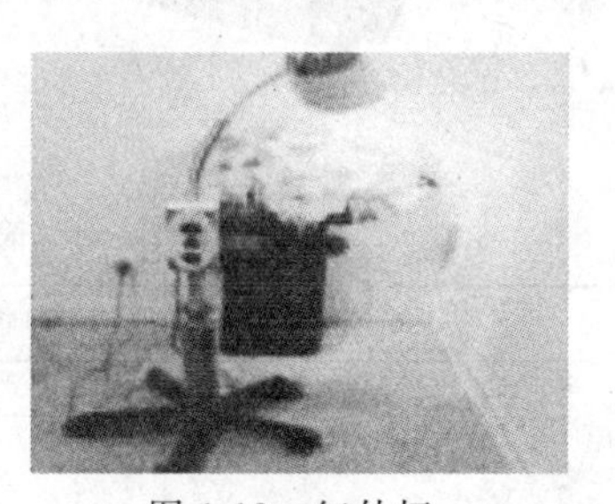

图 1-18 红外灯

11. 台秤（图1-19）

在常量合成操作中常用台秤称量，实验室常用台秤的最大称量质量为 500g，可准确称量到 0.1g。使用时，应用镊子取

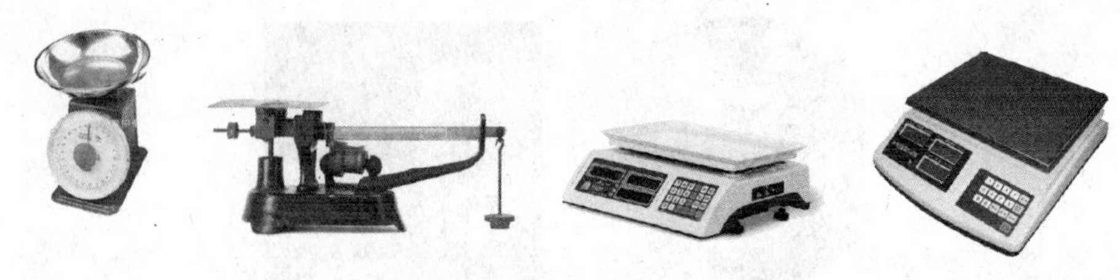

图 1-19　台秤

用砝码，注意保持台秤清洁，称量物体不许直接放在秤盘上，应将物料放在干净的硫酸纸或表面皿上称量。

12. 电子天平（图1-20）

在半微量制备实验中，经常使用电子天平。根据使用目的的不同，其精度有多种规格可供选择。与普通机械天平相比，它具有称量准确，操作简单，方便快捷的特点。电子天平为精密仪器，操作时要小心，往秤盘里放置物品时手要轻；秤盘虽是不锈钢做的，但它很易受酸、碱和氧化物的腐蚀，要尽量避免与上述试剂的接触；不小心掉在秤盘上的试剂要及时清理干净；被称物品不要超过天平的称量范围；要有足够的通电预热时间以使天平趋向稳定；电子天平使用时要置于避风处。

图 1-20　电子天平

13. 高压钢瓶（图1-21）

一些常用的气体都用钢瓶贮存，可从市场上购得。这些钢瓶具有各自不同的颜色，瓶上写有气体的名称，各国钢瓶的颜色标准不同，我国常见气体钢瓶的颜色及其特征见表 1-1。

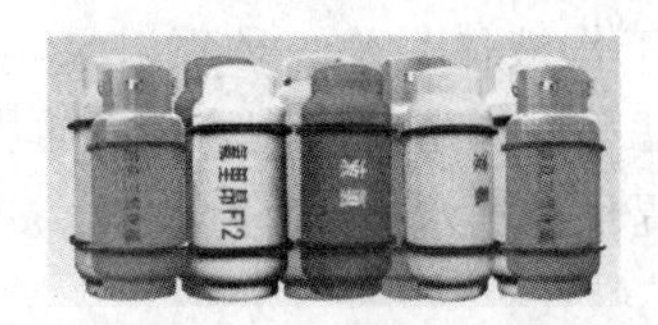

图 1-21　高压钢瓶

表 1-1　我国常见气体钢瓶的颜色及其特征

气体名称	钢瓶颜色	瓶体字样	字体颜色	瓶上横条颜色
氧气	天蓝	氧	黑	
氢气	深绿	氢	红	红
氮气	黑	氮	黄	棕
氨气	棕	氨	白	

续表

气体名称	钢瓶颜色	瓶体字样	字体颜色	瓶上横条颜色
压缩空气	黑	压缩空气	白	
氯气	草绿	氯	白	红
氨气	黄	氨	黑	
二氧化碳	黑	二氧化碳	黄	
乙炔	白	乙炔	红	

钢瓶必须防止受热，必须放在牢固的支架上并用链条固定或平放，在放出气体时一定要通过减压阀，应根据气体的种类选择减压阀，氧气钢瓶上阀门的螺纹绝不能涂以润滑脂，否则有可能导致爆炸。

第五节　有机化学实验的基本操作

一、玻璃仪器的洗涤与干燥

有机化学实验中使用的玻璃仪器应当是清洁干燥的，以免在进行实验时混入杂质。

玻璃仪器的洗涤，一般是用毛刷和去污粉或洗衣粉刷洗器壁，直至污物除去为止，再用自来水清洗。毛刷有不同形状和型号，可根据仪器的形状、大小选用。洗涤时，要注意不要让毛刷的铁丝摩擦仪器磨口。毛刷够不到的地方，可将毛刷的铁丝柄适当弯曲，直到可以刷到污物为止，有时去污粉的微粒会黏附在器壁上不易被水冲走，此时可用1%～2%盐酸摇洗一下，再用自来水清洗。当仪器倒置，器壁不再挂水珠时，即已洗净，否则需重新洗涤。如果是精制产品或用于有机分析实验，需要更洁净的玻璃仪器，仪器按以上方法洗完后，还要用蒸馏水淋洗，以除去自来水带来的杂质。

有机化学实验反应种类繁多而复杂，有时用去污粉和洗涤剂不能达到清洗效果，应根据实验的具体情况，采用各种手段清洗。如已知瓶中残渣为碱性时，可用稀盐酸或稀硫酸溶解；残渣为酸性时，可用稀氢氧化钠溶液除去。如已知残渣溶于某种常用溶剂时，可用适量该溶剂溶解除去。

不可盲目使用各种试剂和有机溶剂来清洗仪器，这样不仅浪费，而且还会带来危险。

为了使清洁工作简便有效，应在每次实验后及时清洗玻璃仪器，因为这时对反应和可能产生的污物的情况比较清楚，可采用合适的方法清洗。当不清洁的仪器放置一段时间以后，常常会使清洗工作变得更加困难。

干燥仪器最简单的方法是倒置晾干，也可倒置在气流烘干器上烘干。对于严格无水实验，可将仪器放入烘箱中进一步烘干。但要注意，带活塞的仪器放入烘箱时，应将塞子拿开，以防磨口和塞子受热发生粘连。有机溶剂蒸气易燃、易爆，不宜把带有有机溶剂的仪器放入烘箱，烘箱烘干的仪器应待其在烘箱中自然冷却后再取出使用，如果热时取出，冷却时容易在器壁上凝结水汽。

马上要使用的仪器，可将水尽量沥干，然后用少量丙酮和乙醇摇洗，回收溶剂后，用吹风机吹干。

二、简单玻璃工操作与塞子的配置

1. 简单玻璃工操作

玻璃工操作是有机化学实验中的重要操作之一。因为熔点测定、薄层色谱、减压蒸馏所用的毛细管、点样管，蒸馏时用的弯管，气体吸收装置、水蒸气蒸馏装置以及滴管、玻璃钉、搅拌棒等常需自己动手制作。在玻璃工操作中最基本的操作是拉玻璃管和弯玻璃管。

（1）玻璃管的洁净和切割

所加工的玻璃管或玻璃棒应清洁和干燥。加工后的玻璃管视实验要求可用自来水或蒸馏水清洗。制备熔点管的玻璃管要先用洗涤剂（或硝酸、盐酸等）洗涤，再用自来水清洗，最后用蒸馏水清洗、干燥，然后进行加工。

玻璃管的切割是用三角锉刀的边棱或用小砂轮在需要割断的地方朝一个方向锉出一个割痕（图 1-22），然后用两手握住玻璃管，以大拇指顶住锉痕背面的两边，轻轻向前推，同时朝两边拉，玻璃管即平整地断开（图 1-23）。锉刻痕时不可来回锉，否则不但锉痕多，断面不齐，而且易使锉刀或小砂轮变钝。为了安全，折时应尽可能离眼睛远些，或在锉痕的两边包上布后再折。也可用玻棒拉细的一端在煤气灯焰上加强热，软化后紧按在锉痕处，玻璃管即沿锉痕的方向裂开。若裂痕未扩展成一整圈，可以逐次用烧热的玻棒压触在裂痕稍前处，直至玻璃管完全断开。此法特别适用于接近玻璃管端处的截断。裂开的玻璃管边沿很锋利，必须在火中烧熔使之光滑，即将玻璃管断面朝上呈 45°角在氧化焰边缘处一边烧一边转动直至平滑即可。但不应烧得太久，以免管口缩小。

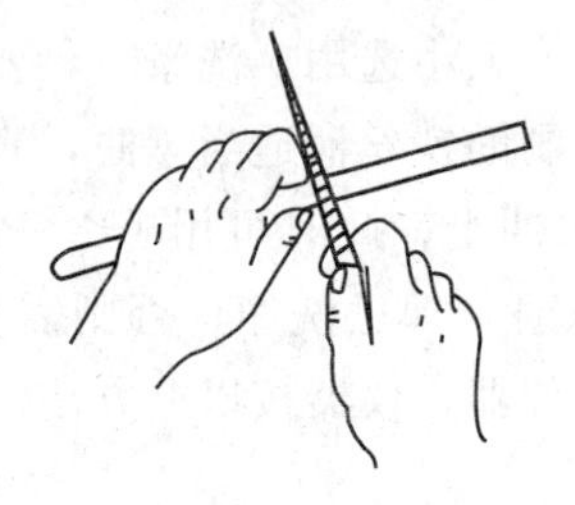

图 1-22　锉出凹痕

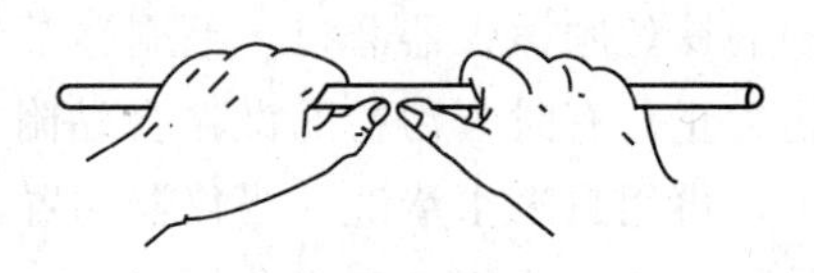

图 1-23　折断玻璃管

（2）拉玻璃管

用煤气灯加热玻璃管时，应将玻璃管外围用干布擦净，在外焰中加热并不断转动玻璃管。先用小火加热，然后再加大火焰。一般习惯用右手握住玻璃管一端转动，左手托住玻璃管另一端，煤气灯火焰在两手之间的适当位置，转动时玻璃管不要上下前后移动，玻璃管适当倾斜可以获得较长的软化区。在玻璃管略微变软时，托玻璃管的左手也要以大致相同的速度将玻璃管作同向同轴转动，以免玻璃管扭曲。当玻璃管发红变软后，即可从火焰中取出(若玻璃管烧得较软时，从火焰中取出后，稍停片刻)，再拉成需要的细度（图 1-24）。稍冷，置于石棉网上（不可直接放在实验台上），冷至室温后，根据需要割成需要的长度。拉出来的细管要求和原来的玻璃管在同一轴线上，否则要重新拉。这种工作又称拉丝。通过拉丝能熟悉加热玻璃管时的转动操作和熔融玻璃管的特点。

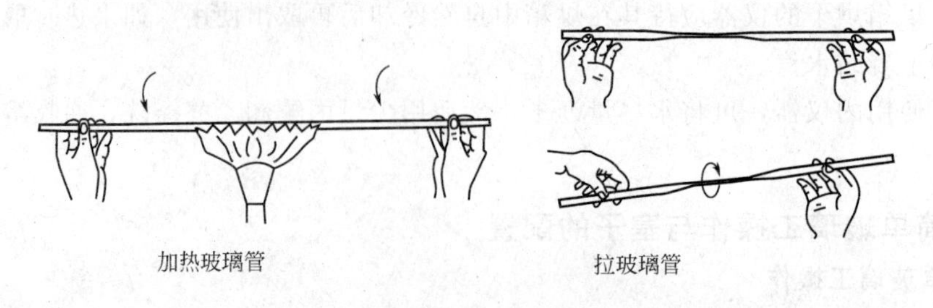

图 1-24　加热玻璃管和拉玻璃管

(3) 拉制熔点管、沸点管、点样管及玻璃沸石

取一根清洁干燥直径为 1cm、壁厚 1mm 左右的玻璃管，放在灯焰上加热。火焰由小到大，不断转动玻璃管，当加热至发红变软后从火焰中取出，此时两手改为同时握玻璃管作同方向来回旋转，水平地向两边拉开。开始拉时要慢些，然后再较快地拉长，使之成为内径 1mm 左右的毛细管。将毛细管截成长为 15cm 左右的小段，两端都用小火封闭，封时将毛细管一端向上呈 45°角在小火的边沿处一边转动，一边加热，直至封闭。冷却后放置在试管内备用。使用时只要将毛细管从中央割断，即得两根熔点管。制点样管时，内径要更细，约 0.5mm，不必封口。

用上法拉成内径 3～4mm 的毛细管、截成长 7～8cm，一端用小火封闭，作为沸点管的外管。另将内径约 1mm 的毛细管在中间部位封闭，自封闭处一端截取约 5mm（作为沸点管内管的下端），另一端约长 8cm，总长度约 9cm，作为内管。由此两根粗细不同的毛细管即构成沸点管。

将不合格的毛细管（或玻璃管、玻璃棒）在火焰中反复熔拉，拉长后再对叠在一起，造成空隙，保留空气，几十次后，再熔拉成 1～2mm 粗细。冷却后截成长约 1cm 的小段，装在小试管中，可以在蒸馏时作玻璃沸石用。

(4) 玻璃钉的制作

方法同拉玻璃管的操作。将一段玻璃棒在煤气灯焰上加热，火焰由小到大且不断均匀转动，到发红变软时取出拉成 2～3mm 粗细的玻棒。自较粗的一端开始，截取长约 6cm 左右的一段，将粗的一端在外焰的边缘烧红软化后在石棉网上按一下，即成一玻璃钉。

另取一段玻璃棒，将其一端在氧化焰的边缘烧红软化后在石棉网上按压成直径约为 1.5cm 左右的玻璃钉（如果一次不能按成要求的大小，可重复几次）。截成 6cm 左右，然后在火焰上将断面烧光滑，玻璃钉可供研磨样品和抽滤时挤压产品之用。

(5) 弯玻璃管

根据需要玻璃可弯成不同的角度，弯管的方法可分为慢弯法和快弯法。

慢弯法：玻璃管在氧化焰上加热（与拉玻璃管加热操作相同），当被烧到刚发黄变软能弯时，离开火焰，弯成一定角度。弯管时两手向上，玻璃管弯成 V 字形，见图 1-25(a)。120°以上的角度可一次弯成，较小的角可分几次弯成。先弯成一个较大的角，以后的加热和弯曲都要在前次加热部位稍偏左或偏右处进行，直到弯成所需要的角度，不要把玻璃管烧得太软，能弯就弯，一次不要弯得角度太大。

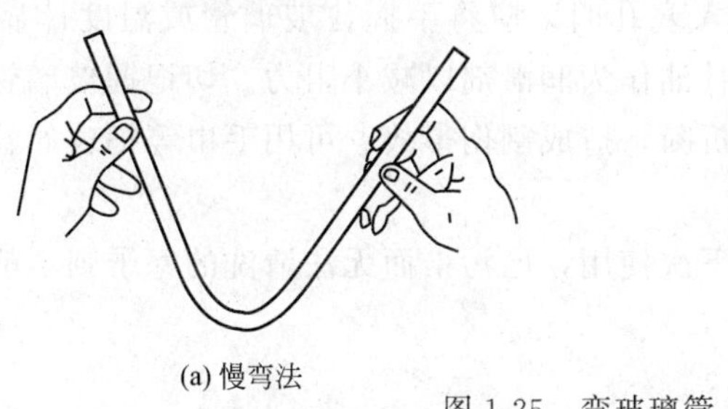

(a) 慢弯法

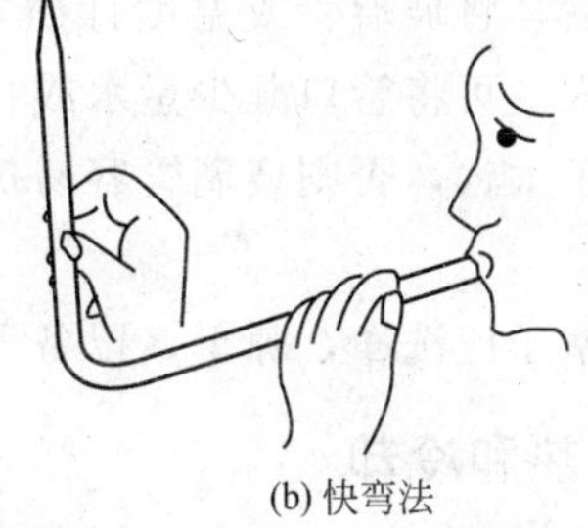

(b) 快弯法

图 1-25　弯玻璃管

快弯法：先将玻璃管拉成尖头并烧结封死，冷却后在氧化焰中将玻璃管欲弯曲部位加热到足够红软时，离开火焰。如图 1-25(b) 所示操作，左手拿玻璃管从未封口一端用嘴吹气，右手持尖头的一端向上弯管，一次弯成所需要的角度。这种方法要求煤气灯的火焰宽些，加

热温度要高，弯成的角比较圆滑。注意吹的时候用力不要过大，以免将玻璃管吹漏气或变形。

加工后的玻璃管应进行退火处理，即将红热的玻璃管在较弱火焰中加热一会儿，然后将玻璃管慢慢移离火焰，再放在石棉网上冷却至室温。否则，玻璃因急速冷却，内部产生很大的应力，即使不立即开裂，过后也有破裂的可能。

2. 塞子的配置和钻孔

实验室常用的塞子有玻璃塞、橡胶塞、软木塞、塑料塞。玻璃塞一般是磨口的，与瓶配合紧密，但带有磨口塞的玻璃瓶不适合于装碱性物质。软木塞不易与有机物质作用，但易被碱腐蚀。胶塞可以把瓶塞紧又可以耐碱腐蚀，但易被强酸和某些有机物质所侵蚀。

当塞子上需要插入温度计或玻璃管时，就需要钻孔。实验室经常用的钻孔工具是钻孔器，它是一组粗细不同的金属管。钻孔器前端很锋利，后端有柄可用手握，钻后进入管内的橡胶或软木用带柄的铁条捅出。具体步骤叙述如下。

（1）塞子大小的选择

塞子的大小应与仪器的口径相适合，塞子进入瓶颈或管颈部分不能少于本身高度的1/3，也不能多于2/3。所选塞子应先检查，不应有裂缝或污物。

（2）钻孔器的选择

选择一个比要插入的玻璃管口径略粗的钻孔管，因为橡皮塞有弹性，孔道钻成后会收缩使孔径变小（若软木塞则要用略细的钻孔器）。

（3）钻孔方法

将塞子的小头水平放在桌面上的一块木板上（避免钻坏桌面），左手持塞，右手握住钻孔管的手柄，并在钻孔管前端涂点甘油或水（可减小摩擦力），然后将钻孔器按在选定的位置上，经顺时针方向，一面旋转一面用力向下钻动。钻孔管要垂直于塞子的面上，不能左右摆动，更不能倾斜，以免钻斜。钻到塞子的高度的1/2深时，旋出钻孔器，再从另一头钻孔，注意要对准原孔的位置。最后拔出钻孔器，将钻孔器中的橡皮取出。

钻孔后，检查孔道是否合适。若玻璃管轻松地插入圆孔，说明孔过大，孔和玻璃管间密封不严，塞子不能使用；若塞孔稍小或不光滑时，可用圆锉修整。

对于软木塞，需先用压塞机压实，或用木板在实验台上压实，其余操作如前所述。橡胶的摩擦力较大，为胶塞钻孔时一般用力较大，应注意安全，避免受伤。

（4）安装玻璃管

孔钻好后，将玻璃管或温度计插入塞孔时，应将手握住玻璃管或温度计靠近塞子的部位，慢慢旋入。可将管口蘸少量水或甘油作为润滑剂以减小阻力。切记握玻璃管或温度计的手不能离塞子太远，否则玻璃管容易折断，造成割伤事故。可用毛巾等把玻璃管包上，防止扎伤。

用过的塞子应洗净，晾干，以备下次使用，已污染而无法清洗的塞子则不能再使用。

三、加热和冷却

1. 加热

除浓度外，温度是影响反应速度的重要因素。经实验测定，温度每升高10℃，反应速度平均增加约2倍。有机反应一般是分子间的反应，反应速度较慢，为了加快反应速度，常常采用加热的方法。此外。有机化学实验的许多基本操作都要用到加热。实验室常用的热源有煤气灯、酒精灯、电热带、电热套、热水浴和油浴等。

玻璃仪器一般不能用火焰直接加热，以免因温度剧烈变化和加热不均匀而造成仪器的破损及有机化合物的部分分解。加热时要根据液体的沸点、有机化合物的特性和反应要求，选用下列适当的加热方式。

(1) 煤气灯加热　煤气灯加热时，应在容器下面垫上石棉网，这样比直接用火加热均匀，且容器受热面积大。煤气灯多用于加热水溶液和高沸点溶液，但不能用于回流易燃物（乙醚、乙醇等）及减压蒸馏等。

(2) 水浴　当加热温度在100℃以下时，最好用水浴加热。将容器浸入水浴后。浴面应略高于容器中的液面。切勿使容器触及水浴锅底部，以免破裂。也可把容器置于水浴锅的金属环上，利用水蒸气来加热。如长时间加热，可用电热恒温水浴或采用附有自动添水装置的水浴。涉及钠或钾的操作，切勿在水浴中进行，以免发生事故。

(3) 油浴　在100～250℃之间加热要用油浴。油浴传热均匀，容易控制温度。浴油的品种及油浴所能达到最高的温度如下：甘油（140～160℃），聚乙二醇（160～200℃），棉籽油、蓖麻油等植物油（约220℃），石蜡油（约200℃），硅油（250℃左右）。除硅油外，用其他油浴加热要特别小心，当油冒烟时，表明已接近油的闪点，应立即停止加热，以免自燃着火。硅油是有机硅单体水解缩聚而得的一类线形结构的油状物，尽管价格较贵，但由于加热到250℃左右仍较稳定，且无色、无味、无毒、不易着火，在实验室中已普遍使用。

油浴中应悬挂温度计，以便随时控制加热温度。若用控温仪控制温度，则效果更好。实验完毕后应把容器提出油浴液面，并仍用铁夹夹住，放置在油浴上面。待附着在容器外壁上的油流完后，用纸和干布把容器擦净。

(4) 电热套　电热套可以提供的加热范围很宽，可紧贴在容器周围，通电后成为一种均匀的热源，最高温度可达400℃。使用调压变压器控制温度，加热迅速，但降温较慢，安全方便。为了不影响加热效果，电热套大小要合适。要避免化学药品撒入电热套内，以免电热丝烧毁。

(5) 砂浴　当加热温度在250～350℃时应采用砂浴。将清洁而又干燥的细砂平铺在铁盘上，盛有液体的容器埋入砂中，在铁盘下加热，液体就间接受热。

由于砂对热的传导能力较差而散热却快，所以容器底部与砂浴接触处的沙层要薄些，使容器容易受热；容器周围与砂接触的部分，可用较厚的砂层，使其不易散热。但砂浴由于散热太快，温度上升较慢，不易控制。

(6) 空气浴加热　空气浴就是让热源把局部空气加热，空气再把热能传导给反应容器。沸点在80℃以上的液体均可采用空气浴加热。直接利用煤气灯隔着石棉网对容器加热，这是最简单的空气浴，但受热不均匀，因此不适合低沸点易燃液体或减压蒸馏。电热套是比较好的空气浴，能从室温加热到200℃左右。

除此之外，还可用红外灯、电热板或电炉等加热。而当物质在高温加热时，也可以使用熔融的盐，如等质量的硝酸钠和硝酸钾混合物在218℃熔化，在700℃以下是稳定的。含有40%亚硝酸钠、7%硝酸钠和53%硝酸钾的混合物在142℃熔化，使用范围150～500℃。必须注意，若熔融的盐触及皮肤，会引起严重的烧伤，所以在使用时，应当倍加小心，并尽可能防止溢出或飞溅。

(7) 加热回流基本操作　很多有机化学反应需要在反应体系的溶剂或液体反应物的沸点附近进行，这时就要用回流装置。在回流装置中，一般如图1-3在烧瓶上口安装球形冷凝管来进行。因为蒸气与球形冷凝管接触面积较大，冷凝效果较好，故经常使用球形冷凝管而不是直形冷凝管。

【操作规程】

① 装样品　在烧瓶中装入待回流的样品，通常装入液体的体积应为烧瓶容积1/3～2/3，往烧瓶里投入1～2粒沸石（或磁子搅拌）防止液体暴沸，使沸腾保持平稳。

② 安装回流装置　按照“从下到上”的原则，在铁架台上依次放好垫板、电热套，固定好烧瓶的位置使梨形烧瓶中间半径最大部分与电热套表面相平，烧瓶上口安装球形冷凝管。

③ 接通冷凝水　安装完毕，冷凝管中按照“下进上出”的原则通入自来水，冷凝水流量以出口有水小量流出即可，水流量不可较大以防胶管迸裂。

④ 加热　加热前应再检查一遍装置，特别是烧瓶与冷凝管之间接合是否紧密，以防蒸气泄漏。加热时要密切注意回流的速度，通过垫板的层数调节加热速度，控制液体从冷凝管中滴下的速度不超过1～2滴/秒。

⑤ 拆除回流装置　回流完毕，先应撤去热源，降温冷却后停止通水，最后拆除回流装置（与安装顺序相反）。

2. 冷却

有些反应会产生大量热量，如不迅速消除，将使反应物分解或逸出反应容器，甚至引起爆炸，例如硝化反应、重氮化反应等。这些反应必须在低温下进行反应。此外，蒸气的冷凝、结晶的析出也需要冷却。

一般将装有反应物的容器浸入冷却剂中就可达到冷却的目的。冷却剂的选择随冷却的温度而定。通常降温用冷水。需冷却至室温以下时用水和碎冰的混合物，这比单用冰块冷却效果好，因为它能与容器壁完全接触。有的反应，水分的存在并不影响反应，可把干净的碎冰直接投入反应物中，这样降温更快。

如果要求在0℃以下进行操作，常用碎冰和无机盐以不同比例混合。制备冰盐冷却剂时，应把盐研细，然后和碎冰均匀混合，并随时加以搅拌。混合比例参见表1-2。

表1-2　冰盐冷却剂

盐类	100份碎冰中加入盐的份数	混合物达到的最低温度/℃
NH_4Cl	25	−15
$NaNO_3$	50	−18
NaCl	33	−21
$CaCl_2 \cdot 6H_2O$	100	−29
$CaCl_2 \cdot 6H_2O$	143	−55

如碎冰与研细的食盐按质量比为2∶1均匀混合，最低可冷至−20℃，一般为−15℃。冰与六水合氯化钙结晶（$CaCl_2 \cdot 6H_2O$）的混合物，理论上可得到−50℃左右的低温。在实际操作中，十份六水合氯化钙结晶与7～8份碎冰均匀混合，可达到−40～−20℃的低温。

若要达到更低温度，用干冰（固体二氧化碳）与乙醇或丙酮的混合物，可冷至−78℃。干冰必须在铁研钵（不能用瓷研钵）中很好地粉碎，操作时应戴防护眼镜和手套。为了保持冷却剂效果，通常把干冰或它的溶液盛放在保温瓶或其他绝热较好的容器中，上口用铝箔覆盖，降低其挥发和吸热的速度。由于有爆炸的危险，必须在保温瓶（也叫杜瓦瓶）上包以石棉绳或类似的材料，也可以用金属丝网或木箱等加以防护，瓶的上缘是特别敏感的部位，小心不要碰撞。液氮可冷至－188℃，购买和使用都很方便，使用时注意不要冻伤。

若有机物要长期保持低温，就要用电冰箱。置于冰箱内的容器必须贴好标签，盖好塞子，否则水汽会进入容器，放出的腐蚀性气体也会腐蚀冰箱，逸出的有机溶剂还可能会引起爆炸。

此外，在进行低温反应时一定要注意根据不同的温度范围选择不同的温度计，不可根据冷浴的理论值来估计反应温度。如在低于－38℃时，不能用水银温度计，需使用有机液体低温温度计。

四、干燥与干燥剂的使用

除去固体、液体或气体内少量水分的方法称干燥。有机实验中几乎所做的每一步反应都会遇到试剂、溶剂和产品的干燥问题，所以干燥是实验室中最普通但最重要的一项操作。如果试剂和产品不进行干燥或干燥不完全，将直接影响有机反应、定性分析、定量分析、波谱鉴定和物理常数测定的结果。

干燥方法可分为物理方法与化学方法两种。物理方法有吸附（包括离子交换树脂法和分子筛吸附法）、共沸蒸馏、分馏、冷冻、加热和真空干燥等。化学方法按去水作用的方式又可分为两类：一类与水能可逆地结合生成水合物，如氯化钙、硫酸钠等；另一类与水会发生剧烈的化学反应，如金属钠、五氧化二磷等。下面按有机物的物理状态介绍各种干燥的方法和实验操作。

1. 固体的干燥

（1）晾干　将待干燥的固体放在表面皿上或培养皿中，尽量平铺成一薄层、再用滤纸或培养皿覆盖上，以免灰尘沾污，然后在室温下放置直到干燥为止，这对于低沸点溶剂的除去是既经济又方便的方法。

（2）红外灯干燥　固体中如含有不易挥发的溶剂时，为了加速干燥，常用红外灯干燥。干燥的温度应低于晶体的熔点，干燥时旁边可放一支温度计，以便控制温度。要随时翻动固体，防止结块。但对于常压下易升华或热稳定性差的结晶不能用红外灯干燥。红外灯可用可调变压器来调节温度，使用时温度不要调得过高，严防水滴溅在灯泡上而发生炸裂。

（3）烘箱烘干　实验室内常用带有自动温度控制系统的电热鼓风干燥箱，其使用温度一般为50～300℃，通常使用温度应控制在100～200℃的范围内。烘箱用来干燥无腐蚀、无挥发性、加热不分解的物品。切忌将挥发、易燃、易爆物放在烘箱内烘烤，以免发生危险。

（4）干燥器干燥　普通干燥器［图1-26(a)］一般适用于保存易潮解或升华的样品。但干燥效率不高，所费时间较长。干燥剂通常放在多孔瓷板下面，待干燥的样品用表面皿或培养皿装盛，置于瓷板上面，所用干燥剂由被除去溶剂的性质而定。

变色硅胶是使用较普遍的干燥剂，其制备方法是：将无色硅胶平铺在盘中，在大气中放置几天，任其吸收水分，以减少应力，如果部分干燥的硅胶有内应力，浸入溶液中即会发生炸裂，变成更小的颗粒状，当吸收的水分使它质量增加了原质量的1/5时，浸入20%氯化钴的乙醇溶液中，15～30min后取出晾干，再置于250～300℃的烘箱中活化至恒重，即得变色硅胶。它干燥时为蓝色，吸水后变成红色，烘干后可再使用。

分子筛是一种硅铝酸盐晶体，在晶体内部有许多孔径均一的孔道。它可允许比孔径小的分子（如水分子）进入，大的分子排除在外，从而达到将大小不同的分子分离的目的。分子筛通常按微孔表观直径大小进行分类，如“5A分子筛”，即表示它可吸附直径为5Å（1Å＝

10^{-10} m）的分子，因此也能吸附直径为 3Å 的水分子。当加热至 350℃以上时，吸附后的分子筛又可以解吸活化，所以它能反复使用（市售的分子筛应放在马弗炉内加热至 550℃±10℃活化 2h，待温度降到 200℃左右取出，小心地存放在干燥器内备用）。

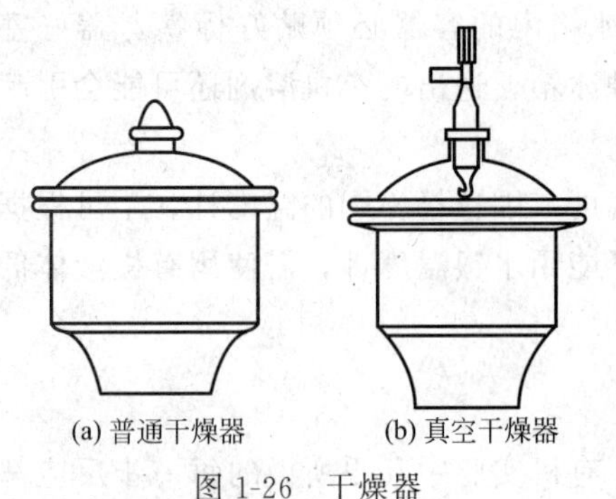

图 1-26　干燥器

真空干燥器［图 1-26(b)］比普通干燥器干燥效率高，但这种干燥器不适用于易升华物质的干燥。用水泵抽气时，要接上安全瓶，以免在水压变化时使水倒吸入器内。放气取样时，要用滤纸片挡住入气口，防止冲散样品。对于空气敏感的物质，可通入氮气保护。

干燥枪，又称真空恒温干燥器，干燥效率很高，可除去结晶水或结晶醇，常常用于元素定量分析样品的干燥。使用时将装有样品的小试管或小舟放入夹层内，曲颈瓶内放置五氧化二磷，并混杂一些玻璃棉。用水泵（或油泵）抽到一定真空度时，就可关闭活塞，停止抽气。如继续抽气，反而有可能使水汽扩散到枪内。另外要根据样品的性质，选用沸点低于样品熔点的溶剂加热夹层外套，并每隔一定时间再行抽气，使样品在减压或恒定的温度下进行干燥。

(5) 冷冻干燥　是使有机物的水溶液或混悬液在高真空的容器中，先冷冻成固体状态，然后利用冰的蒸气压力较高的性质，使水分从冰冻的体系中升华，有机物即成固体或粉末。对于受热时不稳定物质的干燥，该方法特别适用。

2. 液体的干燥

从水溶液中分离出的液体有机物，常含有许多水分，如不干燥脱水，直接蒸馏将会增加前馏分，产品也可能与水形成共沸混合物；此外，水分如不除去，还可能与有机物发生化学反应，影响产品纯度。所以，蒸馏前一般都要用干燥剂干燥，有些溶剂的干燥也可采用共沸干燥法。

(1) 干燥剂去水　在选用干燥剂时首先应注意其适用范围（表 1-3），即选用的干燥剂不能与待干燥的液体发生化学反应，或溶解于其中，如无水氯化钙与醇、胺类易形成配合物，因而它不能用来干燥这两类化合物；其次要充分考虑干燥剂的干燥能力，即吸水容量、干燥效能和干燥速度。吸水容量是指单位质量干燥剂所吸收的水量，而干燥效能是指达到平衡时仍旧留在溶液中的水量。

表 1-3　常用干燥剂的性能与应用范围

干燥剂	吸水产物	吸水容量	干燥性能	干燥速度	应用范围
五氧化二磷	H_3PO_4	—	强	快	醚、烃、卤代烃、腈中痕量水分，不适用于醇、酸、胺、酮
金属钠	$NaOH+H_2$	—	强	快	醚、烃类中痕量水分，切成小块或压成钠丝使用
分子筛	物理吸附	约 0.25	强	快	适于各类有机化合物的干燥
硫酸钙	$2CaSO_4 \cdot H_2O$	0.06	强	快	常与硫酸镁配合，作最后干燥
氯化钙	$CaCl_2 \cdot nH_2O$	0.97	中等	较快	不能用来干燥醇、酚、胺、酰胺、某些醛、酮及酸
氢氧化钾	溶于水	—	中等	快	弱碱性，用于胺及杂环等碱性化合物，不能干燥醇、醛、酮、酯、酸、酚等
碳酸钾	$K_2CO_3 \cdot 0.5H_2O$	0.2	较弱	慢	弱碱性，用于醇、酮、酯、胺等碱性化合物，不适用酸、酚及其他酸性化合物
硫酸镁	$MgSO_4 \cdot nH_2O$	1.05	较弱	较快	中性，可代替氯化钙，也可用于酯、醛、酮、腈、酰胺等类化合物

对于形成水合物的干燥剂，常用吸水后结晶水的蒸气压表示干燥效能，蒸气压越小，干燥效能越强。例如，无水硫酸钠可形成10个结晶水的水合物，在25℃时结晶水的蒸气压为256Pa（1.92mmHg），吸水容量为1.25。而无水氯化钙最多能形成6个结晶水的水合物，25℃时结晶水的蒸气压为40Pa（0.30mmHg），吸水容量为0.97。因此氯化钙的干燥效能比硫酸钠强，但吸水容量小。对于含水较多的溶液，为了使干燥的效果更好，常先用吸水容量大的干燥剂除去大部分水分，然后再用干燥效能强的干燥剂。

影响干燥效能的因素很多，如干燥时的温度、干燥剂用量和颗粒大小、干燥剂与待干燥液体接触的时间等。加热虽然可以加快干燥速度，但由于水蒸气压随之增大，使干燥效能减弱，而且生成的水合物在30℃以上易失去水，所以液体的干燥通常在室温下进行，在蒸馏之前应将干燥剂滤去。

根据水在液体中的溶解度和干燥剂的吸水容量，虽然可以计算出干燥剂的理论用量，但实际用量远远超过理论用量。一般操作中很难确定具体的数量，多数是凭经验加入。通常以加入后液体由混浊变澄清，或每10mL液体中加入0.5～1g干燥剂，作为加入量的大致标准。显然加入干燥剂不能太多，否则将吸附液体，引起更大的损失。

应当注意，金属钠通常以钠片或钠丝的形式使用，并限于醚类（如乙醚）、烃类（如苯）的干燥。在干燥过程中，钠与水发生反应有氢气产生，为了使氢气逸出，防止潮气侵入，在容器上应装配氧化钙干燥管。

加入干燥剂前必须尽可能将待干燥液体中的水分分离干净，不应有任何可见的水层及悬浮的水珠，并置于锥形瓶中。加入颗粒大小合适的干燥剂，用塞子塞紧，不时旋摇，促使水合平衡的建立。干燥时间应根据液体量及含水情况而定，一般约需0.5h以上。如时间许可的话，最好放置过夜，然后将干燥的液体滤入蒸馏瓶中蒸馏。

干燥时如出现下列情况，要进行相应处理：容器下面出现水层，须将水层分出后再加入新的干燥剂；干燥剂互相黏结，附在器壁上，说明用量不够，应补加干燥剂；黏稠液体的干燥应先用溶剂稀释后再加干燥剂。未知物溶液的干燥，常用中性干燥剂干燥，例如，硫酸钠或硫酸镁。

（2）共沸干燥法　许多溶剂能与水形成共沸混合物，共沸点低于溶剂的本身，因此当共沸混合物蒸完，剩下的就是无水溶剂。显然，这些溶剂不需要加干燥剂干燥。如工业乙醇通过简单蒸馏只能得到95.5%的乙醇，即使用最好的分馏柱，也无法得到无水乙醇。为了将乙醇中的水分完全除去，可在乙醇中加入适量苯进行共沸蒸馏。先蒸出的是苯-水-乙醇共沸混合物（沸点65℃），然后是苯-乙醇混合物（沸点68℃），残余物继续蒸出即为无水乙醇。

共沸干燥法也可用来除去反应时生成的水。如羧酸与乙醇的酯化过程中，为了使酯的产率提高，可加入苯，使反应所生成的水、苯、乙醇形成三元共沸混合物而蒸馏出来。

3. 气体的干燥

有气体参加反应时，常常将气体发生器或钢瓶中气体通过干燥剂干燥。固体干燥剂一般装在干燥管、干燥塔或大的U形管内。液体干燥剂则装在各种形式的洗气瓶内。要根据被干燥气体的性质、用量、潮湿程度以及反应条件，选择不同的干燥剂和仪器。氧化钙、氢氧化钠等碱性干燥剂常用来干燥甲胺、氨气等碱性气体，氯化钙常用来干燥HCl、烃类、H_2、O_2、N_2、CO_2、SO_2等，浓硫酸常用来干燥HCl、烃类、Cl_2、N_2、H_2、CO_2等。

用无水氯化钙干燥气体时，切勿用细粉末，以免吸潮后结块堵塞。如用浓硫酸干燥，酸的用量要适当，并控制好通入气体的速度。为了防止发生倒吸，在洗气瓶与反应瓶之间应连接安全瓶。

用干燥塔进行干燥时，为了防止干燥剂在干燥过程中结块，那些不能保持其固有形态的干燥剂（如五氧化二磷）应与载体（如石棉绳、玻璃纤维、浮石等）混合使用。低沸点的气体可通过冷阱将其中的水或其他可凝性杂质冷冻而除去，从而获得干燥的气体。固体二氧化碳与甲醇组成的体系或液态空气都可用作为冷阱的冷冻液。

为了防止大气中的水汽侵入，有特殊干燥要求的开口反应装置可加干燥管，进行空气的干燥。

五、无水无氧操作

在化学实验中，经常会遇到一些对空气中的氧气和水敏感的化合物。在这种情况下就需要在无水无氧条件下进行实验。无水无氧操作有以下几种。

(1) 直接向反应体系中通入惰性气体保护　对于一般要求不是很高的体系，可采用直接将惰性气体通入反应体系置换出空气的方法，这种方法简便易行，广泛用于各种常规有机合成，是最常见的保护方式。惰性气体可以是普通氮气，也可是高纯氮气或氩气。使用普通氮气时最好让气体通过浓硫酸洗气瓶或装有合适干燥剂的干燥塔，使用效果会更好。

(2) 手套箱　对于需要称量、研磨、转移、过滤等较复杂操作的体系，一般采用在一充满惰性气体的手套箱中操作。常用的手套箱是用有机玻璃板制作的，在其中放入干燥剂即可进行无水操作，通入惰性气体置换其中的空气后则可进行无氧操作。但是有机玻璃手套箱不耐压，不能通过抽气进行置换其中的空气，空气不易置换完全，而且使用手套箱也造成惰气的大量浪费。

严格无水无氧操作的手套箱是用金属制成的。操作室带有惰气进出口、氯丁橡胶手套及密封很好的玻璃窗。通过反复三次抽真空和充惰性气体，可保证操作箱中的空气完全置换为惰性气体。

(3) Schlenk 技术　对于无水无氧条件下的回流、蒸馏和过滤等操作，应用 Schlenk 仪器比较方便。所谓 Schlenk 仪器是为便于抽真空、充惰性气体而设计的带活塞支管的普通玻璃仪器或装置，活塞支管用来抽真空或充放惰性气体，保证反应体系能达到无水无氧状态。

六、微量有机合成

由于试剂价格和人们对环境的重视，以尽可能少的化学试剂来获取所需化学信息将是现代实验技术发展的趋势。微量合成技术就是适应这一发展趋势发展起来的，虽然它的化学试剂用量只为常规实验用量的几分之一至几十分之一，但却可以观察到相同的实验现象。由于微量实验的样品量较小，在称量、蒸馏、过滤等操作中，有一些操作与常量实验是有区别的。

微量合成中固体的称量经常使用电子天平，可准确到 0.0001g。使用时要注意不要让腐蚀性试剂撒在天平上，挥发性酸碱尽量不要用天平称取。如果试剂撒在天平上，应取下秤盘，用软毛刷清除撒落的固体试剂，以防腐蚀秤盘。当不慎将液体化学物质洒落于秤盘上时，应立即用滤纸擦净，并用适当的溶剂（如乙醇）进一步擦拭干净。液体的称量可以用不同规格的移液管或玻璃注射器，使用后要及时洗净、晾干。

微量实验中常用磁力搅拌器进行搅拌，使用时将聚四氯乙烯包覆的搅拌子放入反应容器内，根据容器大小选择合适尺寸的搅拌子，以达到最佳搅拌状态。

蒸馏少量有机物时，一定要选择合适的蒸馏瓶，如果蒸馏瓶太大，会降低回收率。如果蒸馏少于 0.5g 的样品应选用特殊的蒸馏装置。

少量物质的结晶，应采用适当的小型仪器，如试管和小锥形瓶等。可使用玻璃漏斗或带滤孔板的小漏斗过滤，使用支试管代替吸滤瓶。也可在小离心管内进行，结晶完成后进行离心分离。

采用在滴管的细颈部位放入少许脱脂棉作为过滤器的方法也很实用，先用少量溶剂洗涤脱脂棉，以除去短纤维。用另一滴管将待过滤溶液移入滴管上部，接上橡皮头，用力挤压，使溶液经脱脂棉过滤，得澄清溶液。若一次挤压不能把液体全部挤出，可在橡皮头上扎一小孔，让空气进入后再次挤压。

微量实验的萃取一般都在反应瓶中完成，分液时可用滴管或玻璃注射器移走液体，也可在玻璃注射器内进行萃取操作。

七、有机光谱分析的样品准备

通过合成或分离获得的有机化合物，必须通过光谱鉴定才能确定其化学结构，有机化学工作者必须熟练掌握光谱分析的有关知识。通过合成获得的有机物通常不能直接进行光谱分析，必须进行适当的处理。

1. 红外光谱的样品准备

红外光谱是一种吸收光谱，是有机物官能团鉴定的有效方法，在有机物的结构分析中具有重要作用。红外光谱测定的样品通常是固体或液体，通过特殊的装置也可以测定气体的红外光谱。红外光谱的测定比较简单，通常情况下由学生自己独立操作完成。

一般红外光谱测定所需的样品量为每次 5～20mg，样品应当充分地精制提纯，水分对红外光谱的测定影响较大，样品需充分干燥。

为了方便测定有机物的红外光谱，必须选择合适的载体。玻璃、石英以及塑料等具有共价键的化合物通常在红外区具有强烈的吸收，不能用来制作样品载体，必须用离子化合物作载体。金属卤化物如氯化钠、溴化钾、氯化银等是经常使用的载体材料。将氯化钠单晶切割成片并磨光，用这种晶片制作样品窗在整个红外区都没有吸收，但是氯化钠单晶容易破碎，而且氯化钠是水溶性的，样品必须干燥后才能测定。

固体粉末和结晶样品的分析常用溴化钾法，即先将样品与溴化钾粉末均匀混合后，在模具中加压制成透明的圆片再进行测定。

将 2～4mg 样品在玛瑙或玻璃研钵中充分粉碎，将 200mg 干燥的溴化钾分三次加入研钵中，最初几次制备样品时必须用分析天平称重，有了一定经验后，可以凭经验估计大致的量。继续研磨 5min 左右，由于溴化钾有吸湿性，很容易吸收大气中的水分，所以研磨操作应迅速，避免吸湿，溴化钾保存时也应置于干燥器中。研磨时，必须把样品均匀地分散在溴化钾中，尽量将它们研细。颗粒越细，散射光越少，吸光度越大，可以得到很尖锐的吸收峰。研细后的样品在特制的模具中加压制成圆片，不同厂家生产的模具形状不一，应按各自的说明书进行操作。不透明或有气泡的样品片不能得到满意的谱图，应重新压片，压出半透明状的薄片。测定时把样品片固定在样品架里，在参比光路中放入纯溴化钾的压片。注意移动压好的薄片时必须使用镊子，不可用手拿，以免吸水或污染待测压片。压好的溴化钾压片保存时应用样品纸包好，放在干燥器内。研磨完样品的研钵和压完片的模具要清理干净，先用水洗去除较多的固体粉末，然后用脱脂棉蘸乙醇或丙酮擦洗几遍，在红外灯下干燥，然后进行下一个样品的制备或放入干燥器保存。

液膜法适用于难挥发性的液体样品（沸点约为80℃以上），最简单的方法是在磨平且抛光的两块氯化钠晶片之间放上一薄层液体，即在一块晶片的表面滴上一滴液体，然后盖上第二块晶片，第二块晶体的压力使液体向四面铺开，在两块晶片间形成一层毛细薄膜。然后将晶片置于特制的支架上，置于光路中进行测定，装配支架时不可将螺帽拧得太紧，因为压得过紧会使氯化钠晶体碎裂。氯化钠晶片是从大的氯化钠单晶上切割下来的，价格较贵，取用时要小心，用镊子轻轻夹住晶片的边缘进行操作。不要用手接触晶片，因为手指上的潮气会使磨光的表面损坏，使光无法透过，任何含水溶液的样品都不能用于盐窗。测完光谱后，氯化钠晶片必须用氯仿、四氯化碳等挥发性的干燥溶剂洗涤干净，干燥后保存在干燥器中。

2. 核磁共振谱（NMR）

为了获得准确的分析结果，供核磁测定的样品应尽可能的纯净，送检样品纯度一般应>95%，不得含磁性物质（如铁屑）、灰尘、滤纸毛等杂质。当样品中还含有结构不明的组分时，会给谱图的解析带来不必要的麻烦。分析未知样品时，首先应整理已经了解到的其他分析数据，明确用NMR测定的目的，从而确定样品浓度、溶剂、温度等测定条件。

核磁共振测定使用的溶剂应对样品有较强的溶解能力，不干扰样品的信号，也不与样品发生反应。经常使用的溶剂有氘代氯仿、氘代二甲亚砜、重水、氘代丙酮、氘代苯等。为方便测定，一般市售的氘代试剂一般都加入了一定浓度的内标物，常用的内标物为四甲基硅烷，其化学位移为0。选择溶剂应考虑溶剂对样品的溶解能力，氘代试剂价格较贵，对于未知样品可以先用非氘代试剂测试溶解度。样品在氘代试剂中溶解度要好，溶解后溶液均一透明，若有固体微粒必须首先过滤。

在实际测试过程中，采用不同的溶剂化学位移可能有很大变化，氘代的溶剂有时也会与样品中活泼氢发生交换反应。氘代试剂中含有1%的H，就会产生小的信号，应注意与样品信号的区分，为防止启封的氘代试剂瓶吸湿后会出现H的信号，应将其封好并放入装有硅胶干燥剂的干燥器中保存。也有已分装好的氘代试剂出售，用玻璃瓶密封包装，每瓶0.5mL，使用十分方便。

一般市售的核磁管的规格为外径5mm、内径4mm、长180mm，配有聚四氟乙烯或塑料的封盖。氘代试剂溶解后的样品体积以在核磁管中高度3～4cm左右为宜（氘代试剂0.5mL），管外不要粘贴标签，以免影响旋转，标签纸应套在样品管上。为保证谱图质量，使用前核磁管必须清洗干净，首先用溶剂或洗涤剂洗净，再用丙酮清洗，充分干燥，由于核磁管比较细，干燥时间要长一些，以免残留溶剂，影响谱图的解析。

一般用于核磁共振测定的有机样品浓度为：氢谱约10～20mg/0.5mL氘代试剂；碳谱>30mg/0.5mL氘代试剂。测试氢谱时浓度太低则噪声较大、基线不平，浓度太高则谱峰裂分不好。测试碳谱时浓度高可缩短测试时间，噪声小，基线平直。高聚物一般不受上述限制，以溶解度最大为好。

样品管所带的标签纸上请注明：样品编号、所用氘代试剂、测试要求（如1H，13C，DEPT，COSY，QC，BC等）、样品的可能结构、送样人姓名、联系方式、送样日期等。液体核磁通常的扫场范围为^{1}H：−1～13；^{13}C：−12～230。特殊要求应在标签纸上注明，不稳定样品应提前与测试人员预约。

3. 质谱

质谱分析时需要熟练的操作技巧，一般由专业人员进行测定，这里介绍有关委托分析的注意事项。

混合物的谱图一般是各单独组分谱图的叠加，符合加成法则，因此质谱法也可以分析混合物或混有一些杂质的样品。混合物定量分析时最主要的问题是分子离子的强度比，有干扰离子存在时要把样品做成衍生物或使其分解然后进行测定。解析未知物的构造时，碎片离子是非常重要的，希望尽可能地除净样品中的杂质。

质谱测定的核质比大约可到 2000，一般有机物结构解析时用到 500 左右，每次测定所用最少样品量为：固体、液体约 0.1mg（直接进样时 0.01～0.1μg）便可测定；气体、易挥发液体 0.1～1mL。委托分析时准备样品量为其十倍以上为宜。

固体样品，取 10mg 放到样品管内；液体样品，取 10mg 左右封存在内径为 2mm 的毛细管里；气体样品，装在气体采样器中，贴上标签，并填写委托分析单。委托分析单上应注明：样品号、单位、姓名、委托日期；样品中含有的元素、结构式、分子量的估计值、纯度、沸点、熔点以及挥发性、升华性、吸湿性等；测定的目的，分子离子、碎片离子、同位素离子、亚稳态离子等，希望测定某些特定的峰时也应注明。

4. 紫外光谱

测定紫外光谱时一般是将被测样品溶于适当的溶剂中，然后盛在吸收池中测定。

所使用的溶剂能充分地溶解样品，与样品没有相互作用，而且在测定波长范围内吸收少。各种溶剂可以使用的波长范围如下：蒸馏水、乙腈、环己烷大于 200nm；甲醇、乙醇、乙醚大于 220nm；二噁烷、氯仿、乙酸大于 250nm；二甲基甲酰胺、乙酸乙酯大于 270nm；四氯化碳大于 275nm，苯、甲苯、二甲苯大于 290nm；丙酮、吡啶大于 350nm；二硫化碳大于 380nm。

被测样品的浓度通常采用实验的方法来确定，首先精确配制 0.01mol·L^{-1} 浓度的溶液进行测定，若浓度过大则取其一部分稀释 10 倍进行测定，直到浓度适宜为止。稀释溶液时通常使用 20mL 的容量瓶及 2mL 的移液管。配好的样品溶液必须清澈透明，不能有气泡或悬浮物质存在。

比色皿（吸收池）应选择在测定波长范围内没有吸收的材质。玻璃比色皿只能用于可见光波长范围内；石英比色皿紫外、可见光均可使用，但价格较贵。用挥发性强的溶剂时应使用有盖的比色皿。

样品溶液移入比色皿前，首先用溶剂洗涤比色皿，然后再用样品溶液冲洗，清洗时首先用注射器注入 1mL 液体，把比色皿各部润湿后倒掉。最后加入样品溶液，所加溶液为比色皿高的 4/5 为宜。

比色皿外侧沾有液体时可用脱脂棉擦净。拿比色皿时应只接触不透光的侧面，不应在透光面沾有指纹或异物。

使用过的比色皿应在干燥之前进行清洗，一般用溶剂进行清洗，使用不溶于水的溶剂时还需进一步用丙酮或乙醇清洗。比色皿应保存在干燥器中，或者放在有磨口盖的广口瓶中并加入酒精或水浸泡吸收池。

第二章 有机化合物的物理常数

实验一 熔点的测定

【实验目的】

1. 了解熔点测定的意义，掌握测定熔点的操作。

2. 测定有机化合物的熔点，判断化合物的纯度。

【实验原理】

固体有机化合物的熔点是极重要的物理常数。固体物质在大气压下加热熔化时的温度，称为熔点。严格地说，熔点是物质固、液两相在大气压下平衡共存时的温度，在此温度下固体的分子（或离子、原子）获得足够的动能得以克服分子（或离子、原子）间的作用力而熔化。

一般说来，纯有机物有固定的熔点。但在一定压力下，固、液两相之间的变化都是非常灵敏的，固体开始熔化（即初熔）至固体完全熔化（即全熔）的温度差不超过0.5～1℃，这个温度差叫做熔点范围（或称熔距、熔程），由此可以鉴定纯净的固体有机化合物。如果混有杂质则其熔点下降，熔距也较长，根据熔距的长短还可以定性地估计出该化合物的纯度，所以此法具有很大的实用价值。

在一定温度和压力下，若某一化合物的固、液两相处于同一容器，这时可能发生三种情况：①固体熔化，即固相迅速转化为液相；②液体固化，即液相迅速转化为固相；③固液共存，即固液两相同时存在。如何决定在某一温度时哪一种情况占优势，可以从该化合物的蒸气压与温度的曲线图来理解，如图1所示。

图1(a) 中曲线 SM 表示的是固态物质的蒸气压随温度升高而增大的曲线。图1(b) 中曲线 $L'L$ 表示的是液态物质的蒸气压随温度升高而增大的曲线。如将图1中（a）、（b）加合，即得图1(c) 曲线。

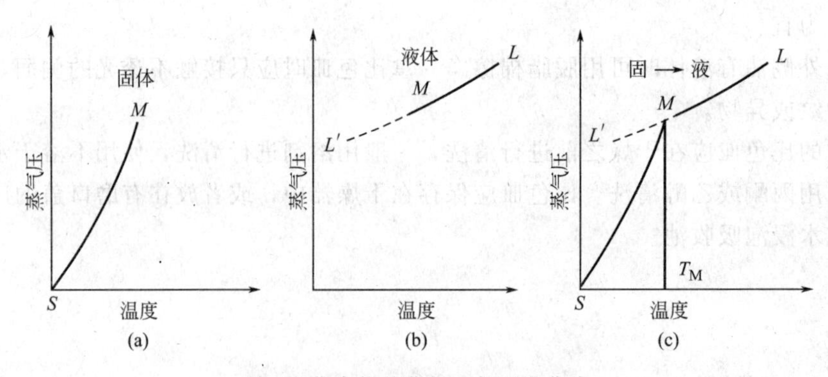

图1 化合物的蒸气压与温度曲线

由图1(c) 可以看出：固相的蒸气压随温度的变化速率比相应的液相大，两曲线相交于 M 处，说明此时固、液两相的蒸气压是一致的。此时对应的温度 T_M 即为该化合物的熔点。

当温度高于 T_M 时，固相的蒸气压比液相的蒸气压大，使得所有的固相全部转化为液相；反之，若低于 T_M 时，则由液相转变为固相；只有当温度为 T_M 时，固、液两相才能同时存在（即两相动态平衡，也就是说此时固相熔化的量等于液相固化的量）。这就是纯净的有机化合物有固定而又灵敏熔点的本质原因。

当温度超过熔点 T_M时（即使是极小的变化），如果有足够的时间，固体也可以全部转变为液体。所以在精确测定熔点时，接近熔点时的加热速度一定要尽量地慢，每分钟升高的温度不能超过 1～2℃，只有这样才能使整个熔化过程尽可能接近于两相平衡的条件。

熔点测定对有机化合物的性质研究具有很大实用价值，如何准确地测出熔点是一个重要问题。目前测定熔点的方法，以毛细管法较为简便，应用也较广泛。放大镜式的微量熔点测定在加热过程中可观察到晶形变化的情况，适用于测定高熔点微量化合物。现分别介绍如下。

1. 毛细管法测熔点

该法操作简便，样品用量少。虽然测得的熔点往往略高于标准熔点，但已能满足一般要求，是常用的测定方法，具体操作如下。

（1）制备熔点管　装试样用的熔点管（毛细管），其外径一般为 1～1.5mm，长为70～75mm。毛细管可用外径为 10～12mm 薄壁玻璃管来拉制。在拉毛细管前，应把玻璃管洗净并烘干。

（2）填装样品　放少许（约 0.1g）待测熔点的干燥试样于干净的表面皿上，研成很细的粉末，堆积在一起，将熔点管开口一端向下插入粉末中，然后将熔点管开口一端朝上轻轻在桌面上敲击，或取一支长 30～40cm 的干净玻璃管，垂直于表面皿上，将熔点管从玻璃管中自由落下，这样重复取样几次，以便粉末试样装填紧密［图 2(a)］，装入的试样如有空隙则传热不均匀，影响测定结果。合格的试样应装填均匀、结实且归聚在底部，管内试样的高度为 2～3mm。沾附于管外的粉末须拭去。

（3）仪器的装配　常用的毛细管法测熔点的仪器装置如图 2 所示。

图 2(b) 中所示为提勒管，又称 b 形管。管口装有带侧槽的塞子，温度计插入其中被固

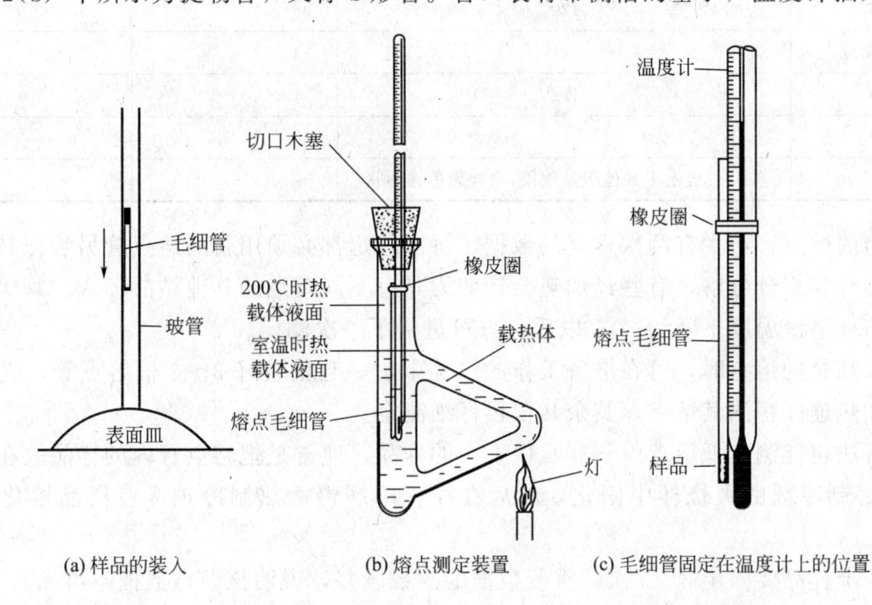

图 2　毛细管法测定熔点的装置

定在管内，温度计的水银球部分应位于b形管的上下两叉口管中间。b形管中装入浴液的量，应使浴液高度达到上叉管沿处。加热部位如图2(b)所示，受热的浴液因温度不同产生对流循环作用，使管内浴液温度趋于均匀。熔点管固定在温度计旁使其填装样品的部分正靠在温度计水银球的中部［图2(c)］。要使熔点管稳定地附在温度计旁，先将熔点管的下端沾一点浴液使其润湿后靠浴液的黏度将其附在温度计旁，若怕这样不够牢固，还可将粗细合适的乳胶管剪下一个小细圈套住熔点管和温度计。

(4) 浴液　常用的易导热液体（浴液）有石蜡油、浓硫酸及硅油。液体石蜡可加热到200～220℃，浓硫酸可加热到250～270℃，硅油可加热到200～220℃。液体石蜡和硅油在高温时蒸气易燃；浓硫酸作浴液更要注意安全，尤其是热的浓硫酸，千万不可溅入眼内、脸上和洒在手上和身上。此外，使用浓硫酸当温度较高时，会分解出刺激性气体，故应注意实验室内空气流通。用浓硫酸作浴液可重复使用，若其中洒进少量的有机物会使其颜色变黄甚至变黑，加入硝酸钾可退色。

(5) 熔点的测定　上述各准备工作完成后，即可进行熔点的测定。

① 测定过程　测定时，用小火缓缓加热浴液，开始时升温速度可稍快些，到距离熔点10～15℃时，应调节火焰大小使升温速度控制在每分钟1～2℃，愈接近熔点，升温速度应愈慢。

当熔点管中的样品开始塌落和有湿润现象时，记下塌落温度；随后很快就会出现小滴液体，表示样品开始熔化是始熔，记下始熔温度；继续微热至样品微量的固体消失成为透明液体时是全熔，记下全熔温度。始熔和全熔的温度读数差，即为该化合物的熔距。要注意在加热过程中试样是否有萎缩、变色、发泡、升华、炭化等现象，均应如实记录。

例如，某一化合物在120℃时开始萎缩塌落，121℃时有液滴出现，在122℃时全部成为透明液体，应记录为如表1所示。

表1　熔点测定数据记录

项目	1	2	3
塌落/℃	120		
始熔/℃	121		
全熔/℃	122		
熔距/℃	1		
备注	实验过程中无其他明显现象,均为无色透明状		

测定出的熔点，至少有两次重复的数据，每次测定都必须用新的熔点管另装样品，因为有时某些化合物部分分解，有些经加热会转变为具有不同熔点的其他结晶形式。每次测定完熔点后，需待浴液温度下降约30℃以后，方可进行下一次测定。

测定未知物的熔点时，可在准备工作的过程中，一起就装好3～4根熔点管，先用一根以较快的加热速度粗测其熔点，其余几根再仔细测定。

毛细管法也能测定低熔点（－50℃以上）的样品，通常是把熔点管内的样品放在一个盛有干冰-甲醇制冷剂的大烧杯中固化，然后在搅拌下缓慢微热制冷剂，使样品熔化并记录熔点。

一般一个样品要测定3～5次，重复数据的次数越多，说明该熔点数据越可靠。

b形管内的硫酸要冷却到用手可以触摸时才能倒入回收瓶中，温度计应冷却后用纸擦去硫酸方可用水冲洗，以免水银球破裂。

测定熔点时，必须用校正过的温度计。

② 混合熔点试验　实验证明，即使将两种熔点相同有机物（例如肉桂酸和尿素的熔点均为133℃）等量混合再测定其熔点时，测得值也要比它们各自的熔点低很多，而且熔距大。这种现象叫混合熔点下降，这种试验叫做混合熔点试验，是用来检验几种熔点相同或相近的有机物是否为同一物质的最简便的物理方法。

通常将熔点相同的两个化合物混合后测定混合物熔点，如果实测值与混合物中某一个相同，则说明两化合物相同（形成固熔体除外）。一般采用三种不同比例（1∶9、1∶1、9∶1）将两试样分别混合，与原来未混合的两试样分别装入5支熔点管中同时测定熔点，将测得的结果相比较。两种熔点相同的不同化合物混合后熔点并不降低反而升高的情况很少出现。

③ 特殊试样熔点的测定

a. 易升华物质：利用压力对熔点影响不大的原理来测定。填装好试样后将毛细管的两端都封闭起来，再将熔点管全部浸入浴液中，其余步骤同上。

b. 易吸潮物质：为了避免在测定过程中试样吸潮使熔点降低，要求装样快，装好后立即将毛细管开口端在小火上熔封。

c. 易分解物质：易分解样品的熔点测定值与加热快慢有关。为了能准确测得熔点，测定这类物质熔点时常需要作较详细的说明，用括号注明“分解”。

2. 显微熔点测定法

用毛细管测定熔点的优点是仪器简单、方法简便，但缺点是不能准确细致地观察晶体在加热过程中的具体变化过程。为了克服这一缺点，可用放大镜式微量熔点测定装置，如图3所示。

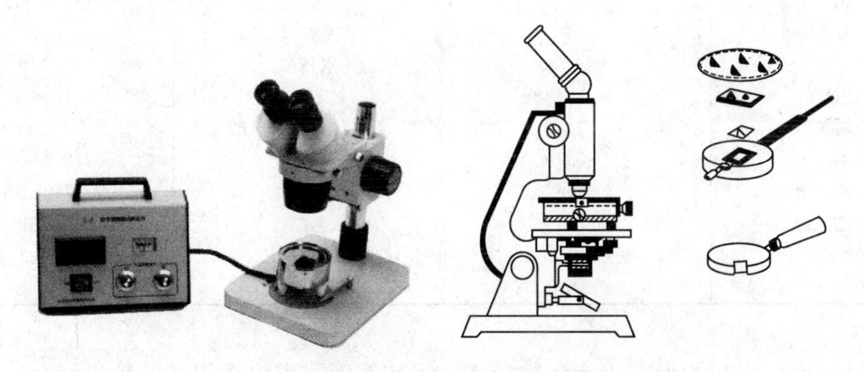

图3　显微熔点测定仪

显微熔点测定法无论外观如何不同，主要由以下两部分组成：一是放大用的显微镜；二是配有温度计且电热装置的载物台（电热板）。测定时样品用量很少，只需几颗小粒晶体。在显微镜下能清楚地看到样品受热变化的过程，如升华、分解、脱水和多晶型物质的晶型转化等。操作时先将专用的载玻片用丙酮洗净，用擦镜纸擦干，放在一个可移动的支持器内，然后将研细的样品小心地放在载玻片的中央。另取一载玻片盖住样品，使样品位于加热台的中心空洞上，并盖上保温圆玻璃盖。加热台旁边插有校正过的温度计或热电偶。打开照明灯，调节焦距使从镜头中可以看到晶体外形。开启加热器，用变压器调节加热速度，当接近样品熔点时，控制温度使每分钟上升1～2℃，把样品的结晶棱角开始变圆时的温度作为初熔温度，结晶完全消失时的温度作为全熔温度。熔点测好后应停止加热，稍冷片刻后用镊子取出载玻片，将一厚铝块置于加热台上加快冷却，然后清洗载玻片以备再用。此法的优点是物样消耗少，只需0.1mg以下；且能精确观察样品受热变化的全过程。

如要测定混合熔点，应将两种样品各取少许放在载玻片上，让其彼此靠近，用另一载玻片轻压并稍微转动一下，使样品紧密接触后进行测定，其他操作同上。

3. 温度计的校正

水银温度计是实验室最常用的测温仪器之一。测定时往往由于温度计的误差，影响到实验的可靠性，甚至得出错误的结论，所以必须力求准确。在测定熔点时，实测熔点与标准熔点（文献值）之间相差1～2℃是常有的事，当然原因是多方面的，而温度计的偏差是一个重要因素。如温度计中的毛细管孔径不均匀，有时刻度不够精确。其次温度计刻度划分有全浸式和半浸式两种。全浸式的刻度是在温度计的汞线全部均匀受热的情况下刻出来的，而在测熔点时仅有部分汞线变热，而浴液上露出来的汞线温度，由于玻璃和水银的膨胀较小，较全部受热时低。另外长期使用过的温度计，玻璃也可能发生形变而使刻度不准。为了校正温度计，可用一套标准温度计与它比较，进行读数校正，这种方法称比较法。也可采用纯有机化合物的熔点（文献值）作为校正的标准，后一种方法在校正时是选择数种已知熔点的纯有机化合物作为标准样品，以实测的熔点为纵坐标，以实测熔点与标准熔点（文献值）的差值为横坐标作图，可得校正曲线，利用该曲线能直接读出任一温度下的校正值。严格地说，为了得到正确的熔点，仅这样校正还是不够的，还要对温度计外露段所引起的误差进行读数校正。

常用的标准样品见表2。

表2　熔点法校正温度计时常用的标准样品

样品名称	熔点/℃	样品名称	熔点/℃
冰	0	尿素	132.5～134.5
α-萘胺	50	二苯基羟基乙酸	151
二苯胺	53～54	水杨酸	159
对二氯苯	53	对苯二酚	173～174
苯甲酸苄酯	71	3,5-二硝基苯甲酸	205
萘	80.6	蒽	216.2～216.4
间二硝基苯	90	酚酞	262～263
二苯乙二酮	95～96	蒽醌	286(升华)
乙酰苯胺	114.3	肉桂酸	133
苯甲酸	122.4		

温度计外露段引起的误差进行读数校正，可按照下式求出水银线的校正值：

$$\Delta t = Kn(t_1 - t_2)$$

式中，Δt 为外露段水银线的校正值；t_1 为温度计测得的温度；t_2 为热浴上的气温（用另一支辅助温度计测定，将这支温度计的水银球紧贴于露出液面的一段水银线的中央）；n 为温度计水银线外露段度数；K 为水银和玻璃膨胀系数之差，普通玻璃在不同温度下的 K 值如表3所示。

表3　普通玻璃在不同温度下的 *K* 值

温度/℃	*K* 值	温度/℃	*K* 值
0～150	0.000158	250	0.000161
200	0.000159	300	0.000164

例如，浴液面在温度计的 30℃ 处测定的熔点为 190℃（t_1），则外露段为 190℃－30℃＝160℃，这样辅助温度计水银球应放在 160℃×0.5＋30℃＝110℃处，测得 t_2＝65℃，则

$$\Delta t=[0.000159\times160\times(190-65)]℃=3.2℃$$

故校正后的熔点应为 190℃＋3.2℃＝193.2℃

图 4　RY-1 型熔点仪

【仪器试剂】

仪器：RY-1 型熔点仪。

本实验采用 RY-1 型熔点仪通过毛细管法进行测量。该仪器主要由电加热系统、温度计和显微镜组成。测定熔点时，样品放入样品孔，通过显微镜观察晶形。调节加热电压来相应地调节加热强度。其优点是仪器简单，方法简便，如图 4 所示。

试剂：已知熔点样品和未知熔点样品。

【实验步骤】

1. 熔点管的拉制及装样

通常用直径 1～1.5mm，长 80～90mm，一端封闭的毛细管作为熔点管。分别装入已知和未知样品，要求样品均匀和结实且归聚在底部，管内试样的高度为 2～3mm。沾附于管外的粉末须拭去。

2. 熔点测定

使用熔点仪时，先拧开加热旋钮，以小火加热。开始时升温速度可以快些，当温度距离该化合物熔点 10～15℃时，调整升温速率，使每分钟约 1～2℃，愈接近熔点，升温速度应愈缓慢，每分钟 0.2～0.3℃。为了保证有充分时间让热量由管外传至毛细管内使固体熔化，升温速度是准确测定熔点的关键；另一方面，观察者不可能同时观察温度计所示读数和试样的变化情况，只有缓慢加热才可使此项误差减小。

3. 读数与记录

先用其中已知熔点的样品进行操作练习，基本熟悉后，再测定未知熔点的样品。每次测得的熔点，相差不应大于 0.5℃。

注意观察样品的熔化现象，分别记录塌落、初熔及全熔的温度，如表 1 所示记录实验数据。

【注意事项】

1. 熔点管必须洁净。如含有灰尘等，能产生 4～10℃的误差。

2. 熔点管底未封好会产生漏管。

3. 样品粉碎要细，填装要实，高度约 2～3mm。否则产生空隙，不易传热，造成熔程变大。

4. 样品不干燥或含有杂质，会使熔点偏低，熔程变大。

5. 样品量太少不便观察，而且熔点偏低；太多会造成熔程变大，熔点偏高。

6. 升温速度应慢，让热传导有充分的时间。升温速度过快，熔点偏高。

7. 熔点管壁太厚，热传导时间长，会使熔点偏高。

8. 实验结束后，温度计自然冷却到室温后方可拿出，以免破裂。

【思考题】

1. 是否可以使用第一次测定熔点时已经熔化了的有机化合物再做第二次测定呢？为什么？

2. 分别测得样品甲、乙的熔点各为100℃，将它们按比例混合后，测得的熔点仍为100℃，这说明什么问题？

3. 测定熔点时，若遇下列情况，将产生什么样结果？

(a) 熔点管壁太厚。

(b) 熔点管底部未完全封闭，尚有一针孔。

(c) 熔点管不洁净。

(d) 样品未完全干燥或含有杂质。

(e) 样品研得不细或装得不紧密。

(f) 加热太快。

实验二 蒸馏和沸点测定

蒸馏是利用气体平衡原理，对液体有机化合物分离和提纯，但仅对混合物中各成分的沸点有较大差别时，才能达到有效的分离。所以主要用于提纯、除去不挥发的杂质、回收溶剂，或蒸出部分溶剂以浓缩溶液。在标准大气压下，液体沸腾时的温度称为该液体的沸点。沸点是液体有机物的重要物理性质，纯净的液体有机物一般都具有固定的沸点。通过沸点的测定可以初步判断液体的纯度。沸点的测定有常量法和微量法两种，常量法测定沸点采用蒸馏装置，在操作上与蒸馏相同，微量法详见课后补充内容。

【实验目的】

1. 了解测定沸点的意义。

2. 了解蒸馏方法的原理和应用，掌握蒸馏装置的安装及操作方法。

【实验原理】

液体的分子由于分子运动，有从表面逸出的倾向，而这种倾向常随温度的升高而增大。实验证明，液体的蒸气压与温度有关，即液体在一定的温度下具有一定的蒸气压，与体系中存在的液体量及蒸气量无关。

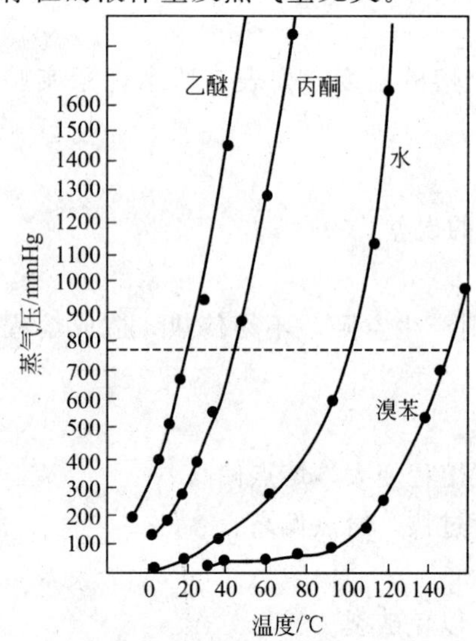

图1 温度与蒸气压关系图

(1mmHg≈133Pa)

将液体加热，其蒸气压随温度升高而增大（图1），当液体的蒸气压增大至与外界液面的总压力（通常是大气压力）相等时，开始有气泡不断地从液体内部逸出，即液体沸腾，这时的温度称为该液体的沸点。显然液体的沸点与外界压力的大小有关。通常所说的沸点，是指在大气压压力下101.3kPa（760mmHg）液体沸腾时的温度。在说明液体沸点时应注明压力。例如水的沸点为100℃，是指在101.3kPa压力下水在100℃时沸腾。在其他压力下应注明。例如在12.3kPa（92.5mmHg）时，水在50℃沸腾，这时，水的沸点可表示为50℃/12.3kPa。蒸馏就是将液体温合物加热至沸腾，使液体汽化，然后将蒸气冷凝为液体的过程。通过蒸馏可以使混合物中各组分得到部分或全部分离。但各组分的沸点必须相差较大（一般在30℃以上）才可得到较好的分离效果。

纯的液体有机化合物在一定的压力下具有一定的沸点。但具有固定沸点的液体有机化合物不一定都是纯的有机化合物。因为某些有机化合物常常和其他组分形成二元或三元共沸混合物，它们也有一定的沸点。

【仪器试剂】

蒸馏装置，工业乙醇 50.0mL。

常用带磨口的普通蒸馏装置（图 2）由圆底烧瓶、蒸馏头、温度计、冷凝管、接液管和接收器组成。

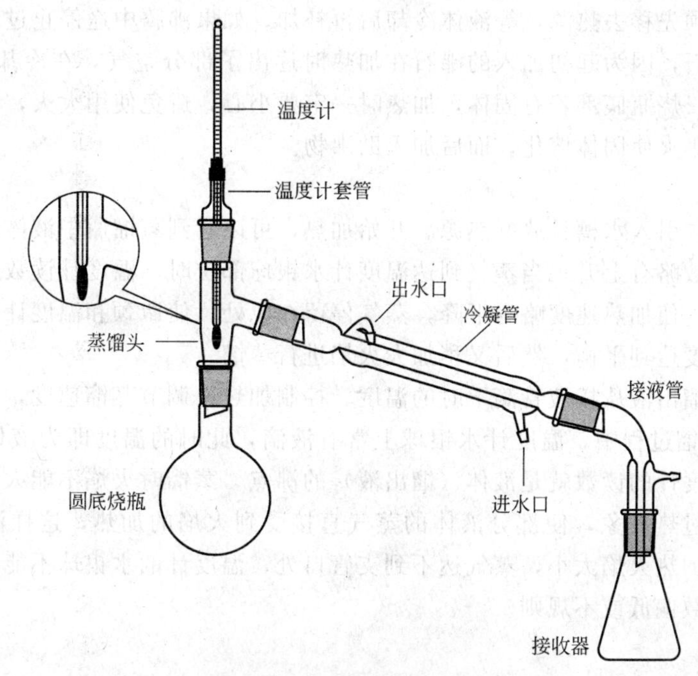

图 2　常用磨口普通蒸馏装置图

【实验步骤】

1. 安装仪器

安装仪器前，首先要根据蒸馏物的量，选择大小合适的圆底烧瓶，蒸馏物液体的体积，一般不要超过烧瓶容积的 2/3，也不要少于 1/3。装配原则是先下后上，先左后右，从热源开始，依次安装要准确端正，横平竖直。无论从正面或侧面观察，全套仪器的轴线都要在同一平面内。

要注意铁架台、铁夹、十字夹的正确用法。铁架台应该直放，铁杆在后面，不能横放，仪器的重心应落在铁架台底盘中间。铁夹的旋转螺丝朝右边，便于操作。十字夹和铁夹连接的开口应该朝上，即使旋转螺丝松开一点，也不至于掉下来。尤其应注意温度计的位置，要求温度计其水银球上端的位置恰好与蒸馏头支管的下缘处在同一水平线上，这样，水银球全部被沸腾的液体蒸气包围，被凝结的液体润湿，但又不要插入过热蒸气中太深。

冷凝管有多种，可根据蒸馏液体沸点的高低选用不同的冷凝管，通常用的为直形冷凝管，用冷水冷却。根据需要，若蒸馏物的沸点高于 140℃时采用空气冷凝管代替直形冷凝管。热的蒸气自上而下，冷水自下而上，两者逆流以提高冷却效果。

2. 加料

将待蒸馏物（50.0mL 工业乙醇）小心倒入蒸馏瓶中，要注意不使液体流出。加入几粒助沸物（沸石），塞好带温度计的塞子。再一次检查仪器各部位连接处是否严密，是否为封闭体系。

助沸物指的是敲碎成小粒的素烧瓷片或毛细管、玻璃沸石等多孔性物质。当液体加热到沸腾时，助沸物内的小气泡成为液体分子的汽化中心，使液体平稳地沸腾，防止液体因过热而产生暴沸。如果事先忘记加入助沸物，决不能在液体加热到接近沸点时补加，这样会引起剧烈的沸腾！必须先移去热源，等液体冷却后再补加。如果沸腾中途停止过，则在重新加热前应加入新的沸石，因为起初加入的沸石在加热时逐出了部分空气，在冷却时吸附了液体，因而可能已失效。烧瓶底部若有固体，加热时一定要小心，避免使用大火，引起局部过热剧烈振动。应先以小火使固体熔化，而后加入助沸物。

3. 加热

接通冷却水，引入水槽且放好热源。开始加热，可以看到蒸馏瓶中液体逐渐沸腾，蒸气上升，温度计读数略有上升。当蒸气到达温度计水银球部位时，温度计读数急剧上升。这时应稍稍调小火焰，使加热速度略为下降，蒸气停留在原处，使瓶颈和温度计受热，让水银球上液滴和蒸气温度达到平衡，然后又稍加大火焰进行蒸馏。

记录第一滴馏出液从接液管滴下时的温度。控制加热以调节蒸馏速度，通常以每秒蒸出1～2滴为宜。蒸馏过程中，温度计水银球上常有液滴，此时的温度即为液体与蒸气达到平衡时的温度，温度计的读数就是液体（馏出液）的沸点。蒸馏时火焰不能太大，否则会在蒸馏瓶的颈部造成过热现象，使部分液体的蒸气直接受到火焰的加热，这样温度计的读数偏高；另一方面如加热火焰太小，蒸气达不到支管口处，温度计的水银球不能为蒸气充分湿润而使温度计的读数偏低或不规则。

4. 收集馏液

在达到收集物的沸点之前，常有沸点较低的液体先蒸出。这部分馏液称为“前馏分”或“馏头”。如果仪器不干，最初的馏出液往往是浑浊的液体。前馏分蒸完，温度趋于稳定后，馏出的就是较纯物质，这时应更换接收器。记下开始馏出和最后一滴时的温度，就是该馏分的沸程（沸点范围）。外界压力对沸点有显著影响，所以在报告沸点时要注明当时的气压。例如甲苯的沸点为：110～110.5℃（100525Pa）。

当一化合物蒸完后，这时若维持原来温度就不会再有馏液蒸出，温度会突然下降。遇到这种情况，应停止蒸馏。即使杂质含量很少，也不要蒸干！以免蒸馏瓶破裂及发生其他意外事故。

如果温度升得过高，有可能被蒸馏物分解影响产品纯度或发生其他意外事故。特别是蒸馏硝基化合物及含有过氧化物的溶剂时，切忌蒸干，以防爆炸！

液体的沸点范围可代表其纯度。纯的液体沸点范围一般不超过1～2℃。蒸馏只适用于分离沸点相差较大的混合物。如蒸馏95%乙醇时，其沸点为78.2℃（此处为乙醇和水的恒沸点）。加热后，当温度计读数上升至77℃时，换一个已称量过的干燥的锥形瓶作接收器，收集77～79℃的馏分。当瓶内只剩下少量（0.5～1.0mL）液体时，若维持原来的加热速度，温度计的读数会突然下降，即可停止蒸馏。不应将瓶内的液体完全蒸干，而冷却水的流速以能保证蒸气充分冷凝为宜。通常只需保持缓缓的水流即可。

5. 蒸馏完毕

蒸馏完毕时，应先关掉加热源，然后停止通水，拆下仪器。拆除仪器的顺序和装配的顺序相反，先取下接收器，然后拆下接液管、冷凝管、蒸馏头和蒸馏瓶等。最后将收集的液体称重或测量体积，计算回收产率。

【注意事项】

1. 冷却水流速以能保证蒸气充分冷凝为宜，通常只需保持缓缓水流即可。

2. 先通水后加热，水应从冷凝管的下方进上方出。

3. 蒸馏有机溶剂均应用小口接收器，如锥形瓶。

【思考题】

1. 进行蒸馏操作时应注意什么问题（从安全和效果两方面来考虑）？

2. 用蒸馏法测定沸点时，温度计水银球的位置刚在液面上或在蒸馏头下支管口以上，将会发生什么误差？

3. 蒸馏时放入沸石或素烧瓷片，为什么能起防暴沸作用？如果加热后才发现防暴沸剂未加入，应如何处理，为什么？

4. 蒸馏时，最初馏出液通常呈乳浊状，何故？

5. 当加热后有馏出液滴下时，才发现冷凝管未通水，试问能否马上通水？为什么？应如何正确处理？

【补充内容】　微量法测定沸点

微量法测定沸点可用图 3 所示的装置。可以用提勒管提供稳定的热浴。测定时首先将沸点管外管与温度计用橡皮圈固定在一起，在沸点外管内加几滴待测液体，将沸点内管封闭端向上插入被测液体中，最后将温度计插入提勒管。小心加热提勒管，由于内管里气体受热膨胀，很快有小气泡缓缓地从液体中逸出。当气泡由缓慢逸出变为快速而且连续不断地往外冒时，立即停止加热，随着温度的降低，气泡逸出的速度也明显地减慢。当看到气泡不再逸出而液体刚要进入内管（外液面与内液面等高）的一刻，马上记录此时的温度。两液面相平，说明内管里的蒸气压与外界压力相等，这时的温度即为该液体的沸点。

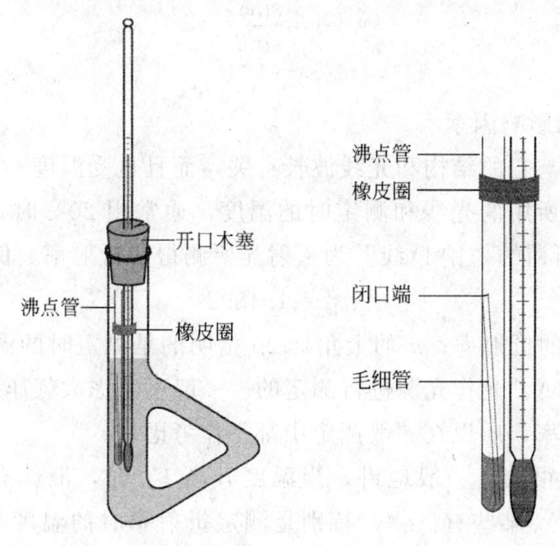

图 3　微量法测定沸点

微量法测定沸点应注意，加热不能过快，以防液体全部汽化；沸点内管里的空气要尽量赶净，正式测定前，应让沸点内管里有大量气泡冒出；观察要仔细及时并重复几次，其误差不得超过 1℃。

实验三　液体化合物折射率的测定

折射率与物质的结构有关。在一定的条件下，纯物质具有恒定的折射率。折射率是有机化合物最重要的物理常数之一，作为液体化合物的纯度标准比沸点更可靠，可用来鉴定未知物或鉴定物质的纯度。测定值越接近文献值，就表明样品的纯度越高。折射率也可用于确定液体混合物的组成。因为当组分的结构相似和极性小时，混合物的折射率和物质的量组成之间常呈线性关系。

【实验目的】

1. 了解阿贝折光仪的构造和折射率测定的基本原理。

2. 掌握用阿尔折光仪测定液态有机化合物折射率的方法。

【实验原理】

1. 折射率的定义

一般地说，光在两个不同介质中的传播速度不相同的。所以光线从一个介质进入另一个介质，当它的传播方向与两个介质的界面不垂直时，则在界面处的传播方向发生改变，这种现象称为折射现象（图 1）。（光在两个不同界面通过时产生的折射，即光改变方向，是因为它的速度在改变。）

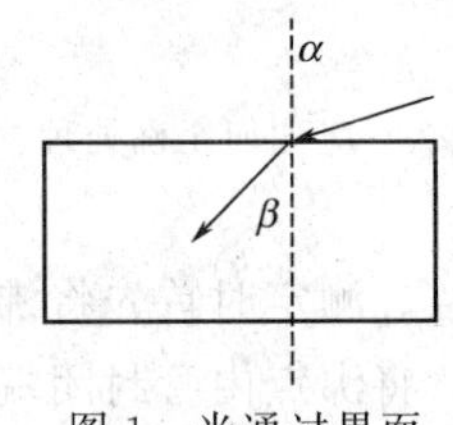

图 1　光通过界面时的折射

根据斯内尔（Snell）折射定律：波长一定的单色光线，在确定的外界条件（如温度、压力等）下，从一个介质 A 进入另一个介质 B 中，入射角 α 和折射角 β 的正弦之比和这两个介质的折射率 N（介质 A 的）与 n（介质 B 的）成反比，即：

$$\frac{\sin\alpha}{\sin\beta}=\frac{n}{N}$$

若介质 A 是真空，则定其 $N=1$（是一常数），于是：

$$n=\frac{\sin\alpha}{\sin\beta}$$

称为绝对折射率。

2. 折射率的应用和影响因素

物质的折射率不但与它的结构和光线波长有关，而且也受温度、压力等因素的影响，所以折射率的表示须注明所用的光线和测定时的温度，通常用 20℃时，以钠光灯发出的波长为 589.3nm 的黄光即所谓的“钠 D 线”为入射光所测得的折射率。例如：

$$n_{\mathrm{D}}^{20}=1.4892$$

式中，n 代表物质的折射率；n 的上角标 20 指明的是测定时的温度，℃；下角标则标明使用钠灯的 D 线（5893Å）光作光源进行测定的。一般不考虑大气压的变化，因为大气压的变化并不显著影响折射率，所以在一般测定中都不作考虑。

温度对折射率影响很大，一般地讲，当温度升高 1℃时，液体有机物的折射率就减少 $3.5\times10^{-4}\sim5.5\times10^{-4}$。某些有机物，特别是测定折射率时的温度与沸点接近时，其温度系数可达 7×10^{-4}，为了便于计算，一般采用 4×10^{-4} 为其温度变化常数，这样一般都会带来一些误差。

为了检验已知样品的纯度，应将实测值进行校正，以便同文献值对照。例如某液体在 25℃时的实测值为 1.4148，其效正值应为：

$$n_{D}^{20}=1.4148+5\times4\times10^{-4}=1.4168$$

在严格的测定中，折光仪应与恒温槽相连。

3. 折光仪基本原理

阿贝折光仪是根据光的全反射原理设计的仪器，它利用全反射临界角的测定方法测定未知物质的折射率，可定量地分析溶液中的某些成分，检验物质的纯度。

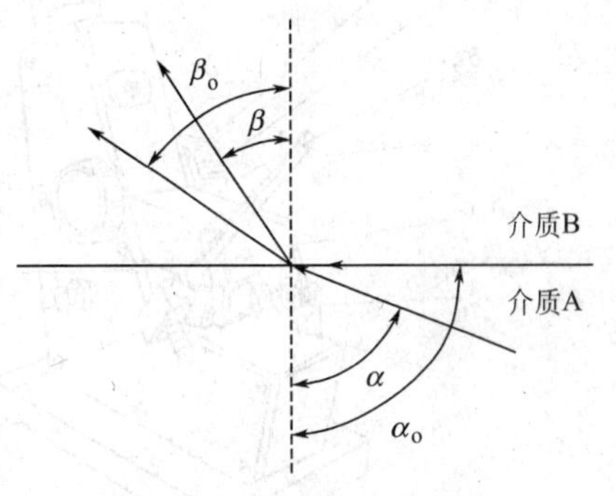

图2　阿贝折光仪的光学原理

阿贝折光仪的简单光学原理（图2）：当光由介质A进入介质B，如果介质A对介质B是疏物质，即$n_A<n_B$，则折射角β必小于入射角α，当入射角α为90°，$\sin\alpha=1$，这时折射角β达到最大值，称为临界角，用β_o表示。

很明显，在一定波长与一定条件下，β_o是常数，它与折射率的关系是：$n=1/\sin\beta_o$，这样通过测定临界角β_o就可以得到折射率，这就是阿贝折光仪的基本光学原理。

4. 阿贝折光仪的使用

为了测定临界角β_o值，这种仪器是采用“半明半暗”的方法，就是让单色光由0°～90°的所有角度从介质A射入介质B，这时介质B中的临界角以内的整个区域有光线通过，因而是光亮的，而临界角以外的全部区域没有光线通过，因而是暗的，明暗两区域的界限十分清楚，如果在介质B的上方用一目镜观测，就可见到一个界限十分清晰的半明半暗的图像。

阿贝折光仪的标尺上所刻的读数是换算后的折射率，可直接读数，不需换算。同时阿贝折光仪有消色散装置，故可直接使用日光，其测得的数字与钠光所测一样，这是阿贝折光仪的优点。

阿贝折光仪的主要组成部分是两块直角棱镜，上面一块是磨砂的，下面一块表面是光滑的，可以开启。筒内装有消色散镜，光线由反射镜反射入下面的棱镜，发生漫射，以不同入射角射入两个棱镜之间的液层，然后再射到上面棱镜光滑的表面上，由于它的折射率很高，一部分光线可以再经折射进入空气而达到测量镜；另一部分光线则发生全反射，调节螺旋以使测量镜中的视野在其临界角，再从读数中读出折射率。

实验室常用的2WA-J型阿贝折光仪的结构如图3所示。

使用折光仪应注意以下数点：

① 阿贝折光仪的量程为1.3000～1.7000，精密度为±0.0001；测量时应注意保温套温度是否正确。

② 仪器在使用或贮藏时，均不应曝于日光中，不用时应用黑布罩住。

③ 折光仪的棱镜必须注意保护，不能在镜面上造成刻痕。滴加液体时，滴管的末端切不可触及棱镜。

④ 在每次滴加样品前应洗净镜面；在使用完毕后，也应用丙酮或95%乙醇洗净镜面，待晾干后再闭上棱镜。

⑤ 对棱镜玻璃、保温套金属及其间的胶黏剂有腐蚀或溶解作用的液体，均应避免使用。

⑥ 阿贝折光仪不能在较高温度下使用；对于易挥发或易吸水样品测量有些困难；另外对样品的统一计划要求也较高。

【仪器试剂】

标准样（无水乙醇、蒸馏水），待测样。

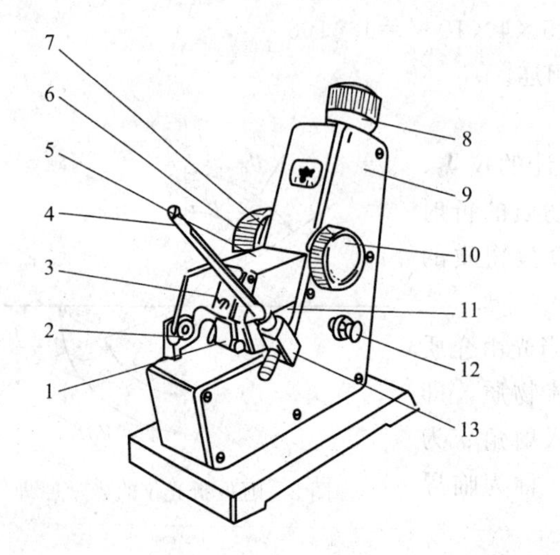

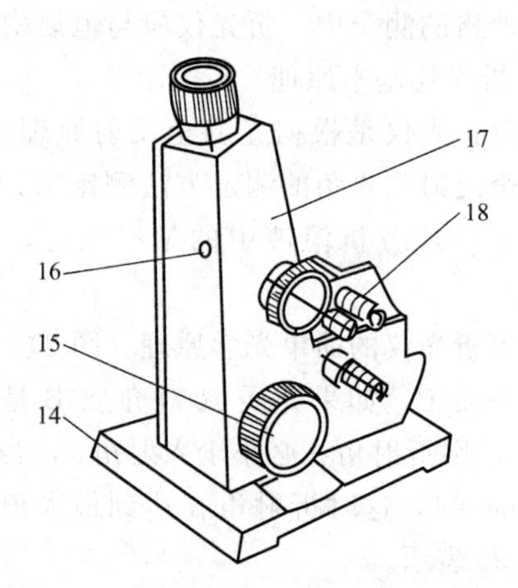

图3 2WA-J型阿贝折光仪结构图

1—反射镜；2—转轴折光棱镜；3—遮光板；4—温度计；5—进光棱镜；
6—色散调节手轮；7—色散值刻度圈；8—目镜；9—盖板；
10—棱镜锁紧手轮；11—折射棱镜座；12—照明刻度盘聚光镜；13—温度计座；
14—底座；15—折射率刻度调节手轮；16—调节物镜螺丝孔；17—壳体；18—恒温器接头

【实验步骤】

① 把温度计旋入仪器的温度计座内，用乳胶管把测量棱镜和辅助棱镜上保温套的进出水口与恒温水浴串接起来，将温度调节到所需测定温度（通常为20℃，以温度计实际温度为准），待温度稳定10min后，即可测定。

② 旋开棱镜锁紧扳手，开启辅助棱镜，用擦镜纸蘸少量95%乙醇，轻轻擦洗上、下镜面，风干。

③ 测量时，用洁净的长滴管将待测样品液体1～2滴均匀地置于下面棱镜的毛玻璃面上。此时应注意切勿使滴管尖端直接接触镜面，以免造成划痕。迅速闭合辅助棱镜，旋紧锁紧扳手，锁紧棱镜。调节反射镜，使入射光进入棱镜组，调节测量目镜，从目镜中观察，使视场最亮、最清晰。

提示：若被测液体为易挥发物，则在测定过程中须用针管在棱镜侧面的一小孔内加以补充，或快速测定。

④ 先轻轻转动右下方的折射率刻度调节手轮，并在目镜内找到明暗分界线或彩色光带，再转动右上方的色散调节手轮（阿米西棱镜手轮），消除色散，便可看到一条明晰的明暗分界线。目镜中观察到的几种图案分别如图4所示。

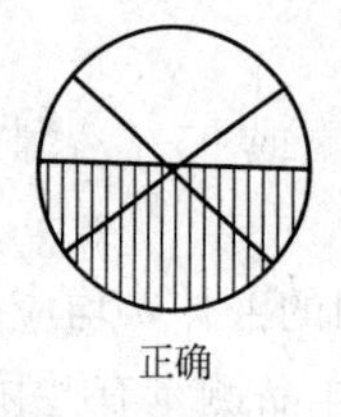
正确

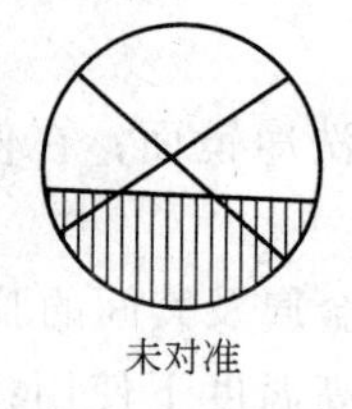
有彩色带

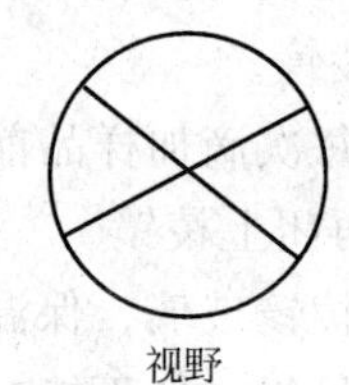
未对准

视野

图4 目镜中观察到的几种图案

⑤ 若分界线不在十字交叉线的中心上，再转动折射率刻度调节手轮，使分界线对准十字交叉线的中心，并在目镜中读取数字刻度盘下方的数值，即为折射率值，读至小数点后四

位。重复该操作三次，取其平均值。并记下阿贝折光仪温度计的读数作为被测液体的温度。

注意：刻度盘附有一照明刻度盘聚光镜（如图 3 中的 12），可使视野明亮，便于读数。从读数镜中读取折射率时要注意标尺上方的数值为糖的百分浓度（测定糖溶液浓度的操作与测折射率相同）；而下方数值才是所测液体在该测定温度时的折射率。

标准试样的折射率值如下：水 $n_D^{20}=1.3330$，无水乙醇 $n_D^{20}=1.3605$。

⑥ 按步骤②擦洗棱镜上、下镜面，用同样的方法测定其他待测物的折射率。

⑦ 实验完毕，用 95%乙醇擦洗棱镜上、下镜面，及用干净软布擦净整台折光仪，妥善复原。

【注意事项】

1. 要特别注意保护棱镜镜面，滴加液体时防止滴管口划镜面。

2. 每次擦拭镜面时，只许用擦镜纸轻擦，测试完毕，也要用丙酮洗净镜面，待干燥后才能合拢棱镜。

3. 不能测量带有酸性、碱性或腐蚀性的液体。

4. 测量完毕，拆下连接恒温槽的胶皮管，棱镜夹套内的水要排尽。

5. 若无恒温槽，所得数据要加以修正，通常温度升高 1℃，液态化合物折射率降低 $(3.5\sim5.5)\times10^{-4}$。

第三章 有机化合物的分离和提纯

实验四 重结晶及过滤

重结晶是纯化固体有机化合物的重要方法之一。固体有机物在溶剂中的溶解度随温度的变化而改变。通常升高温度溶解度增大，反之则溶解度降低。降低热饱和溶液温度，溶解度减小，溶液变成过饱和而析出结晶。重结晶方法的原理就是利用被提纯化合物和杂质在热和冷的溶剂中溶解度的不同，把杂质分离或留在溶液中，以达到分离提纯的目的。

【实验目的】

1. 学习重结晶提纯固体有机化合物的原理和方法。

2. 掌握抽滤和热过滤的操作方法。

3. 了解活性炭脱色原理及操作方法。

【实验原理】

1. 基本原理

固体有机物在溶剂中的溶解度与温度密切相关。一般是温度升高，溶解度增大。若把固体溶解在热的溶剂中达到饱和，冷却时即由于溶解度降低，溶液变成过饱和而析出晶体。利用溶剂对被提纯物质及杂质的溶解度不同，可以使被提纯物质从过饱和溶液中析出，而让杂质全部或大部分仍留在溶液中（若在溶剂中的溶解度极小，则配成饱和溶液后被过滤除去），从而达到提纯目的。

重结晶的一般过程是：

① 选择合适溶剂，将待重结晶物质在较高的温度（接近溶剂沸点）下溶解在溶剂中。

② 趁热过滤除去不溶性杂质。如溶液中含有色杂质，加活性炭煮沸脱色后一起热滤。

③ 将滤液冷却，使晶体从过饱和溶液中析出，而可溶性杂质仍留在溶液中。

④ 减压过滤，将晶体从母液中分离出来。

⑤ 洗涤晶体以除去吸附在晶体表面上的母液。

⑥ 干燥后测定熔点。如果经一次重结晶后，纯度还不合格，可再进行一次重结晶。

简单地说，重结晶的一般过程为：

溶解—脱色—热过滤—冷却结晶—抽滤—洗涤－晾干

必须注意，杂质含量过多对重结晶极为不利，影响结晶速率。有时甚至妨碍结晶的生成。重结晶一般只适用于杂质含量约在百分之几的固体有机物。所以在结晶之前，根据不同情况，分别采用其他方法进行初步提纯，如水蒸气蒸馏，减压蒸馏，萃取等，然后再进行重结晶处理。

2. 基本操作

(1) 选择溶剂

在进行重结晶时，选择合适的溶剂是一个关键问题。有机化合物在溶剂中的溶解性往往与其结构有关，易溶于与其结构相似的溶剂中。如极性化合物一般易溶于水、醇、酯等极性溶剂中，而在非极性溶剂如苯、四氯化碳中，要难溶得多。这种“相似者相溶”虽是经验规律，但对实验工作有一定的指导作用。选择适宜的溶剂应注意下列条件：

① 不与被提纯化合物起化学反应。

② 在降低和升高温度时，被提纯化合物的溶解度应有显著差别。低温时溶解度越小，回收率越高。

③ 溶剂对可能存在的杂质溶解度较大，杂质溶于溶剂中，可把杂质留在母液中；或对杂质溶解度很小，难溶于热溶剂中，趁热热过滤以除去杂质。

④ 能生成较好的结晶。

⑤ 溶剂沸点不宜太高，容易挥发，易与结晶分离。

在几种溶剂同样都合适时，则应注意产物的回收率、操作难易、毒性大小、易燃程度、价格及来源等。

若不能选出单一的溶剂进行重结晶，则可应用混合溶剂。一般是以两种能以任何比例互溶的溶剂组成，其中一种对被提纯的化合物溶解度较大，而另一种溶解度较小。

一般常用的混合溶剂如下：

乙醇-水　　丙酮-水　　乙醚-甲醇　　乙醚-石油醚

酯酸-水　　吡啶-水　　乙醚-丙酮　　苯-石油醚

具体选择溶剂时，一般化合物可先查阅手册中溶解度一栏，如没有文献资料可查，只能用实验方法决定。

（2）热滤

粗制品制成的热饱和溶液，为了避免在过滤过程中因温度下降而有晶体析出，必须趁热过滤，故用热滤法，以除去其中的不溶物质。常用的热过滤装置有热水漏斗和抽滤装置，如图 1 所示。

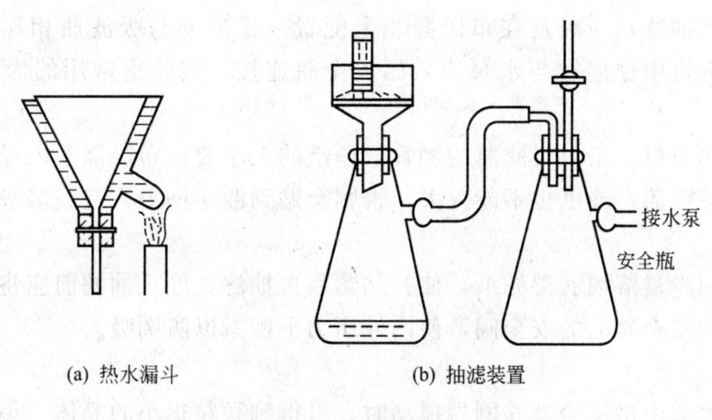

图 1　热过滤装置

热水漏斗（保温漏斗）是一种防止热量散失的漏斗。该漏斗是把玻璃漏斗（漏斗应采用短颈或无颈漏斗）置于一个金属套内，如图 1(a) 所示，套内是水，漏斗中放入折叠滤纸。然后在侧管处加热至需要温度（如用易燃溶剂，在过滤前务必将火熄灭），接着把所制备的热溶液趁热过滤。

折叠滤纸的方法：将选定的圆滤纸（方滤纸可在折好后再剪）按图 2 先一折为二，再沿 24 线折成四分之一。然后将 12 的边沿折至 42；23 的边沿折至 24，分别在 25 和 26 处产生新的折纹。继续将 12 折向 26；23 折向 25，分别得到 27 和 28 的折纹。同样以 23 对 26；12

对 25 分别折出 29 和 210 的折纹。最后在 8 个等分的每一个小格中间以相反方向折成 16 等分。结果得到折扇一样的排列。再在 12 和 23 处各向内折一小折面，展开后即得到折叠滤纸或称扇形滤纸。在折纹集中的圆心处，折时切勿重压，否则滤纸的中央在过滤时容易破裂。在使用前，应将折好的滤纸翻转并整理好后再放入漏斗中，这样可避免被手指弄脏的一面接触滤过的滤液。

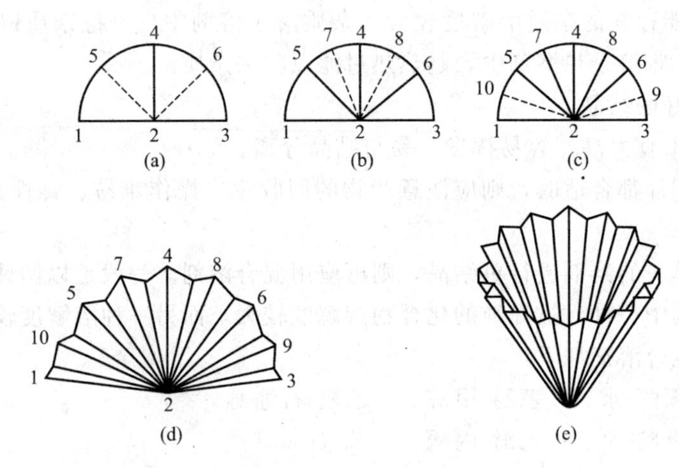

图 2　折叠滤纸的方法

如果采用抽滤装置来热滤，则需要将布氏漏斗和吸滤瓶预先放在热水中烫热，然后迅速安好装置，再将热饱和溶液倒入布氏漏斗中抽滤。

若溶液中含有色物质，则应先加活性炭煮沸脱色，再进行过滤。但应注意在加入活性炭之前应先将溶液稍冷后再加入（否则会引起暴沸），再重新加热溶解。

（3）减压过滤

减压过滤（或抽滤）一般是在布氏漏斗上配置一橡皮塞与吸滤瓶相连，如图 1(b) 所示，吸滤瓶的侧管再用橡皮管与水泵或减压安全瓶连接。实验室常用的为循环水式多用真空泵。

布氏漏斗下端斜口应正对吸滤瓶的侧管。滤纸的大小要比布氏漏斗内径略小，但必须要将漏斗的小孔全部覆盖。滤纸也不能太大，否则会贴到漏斗壁上，造成溶液不经过滤直接漏入吸滤瓶中。

抽滤前应先用少量溶剂润湿滤纸，使其贴紧后再抽滤。停止抽滤前应将吸滤瓶侧管上的橡皮管拔去或打开安全瓶上的安全阀，使内外压力平衡，以防倒吸。

（4）结晶

将滤液在冷水浴中迅速冷却并剧烈搅动时，可得到颗粒很小的晶体。小晶体包含杂质较少，但其表面积较大，吸附于其表面的杂质较多。若希望得到均匀而较大的晶体，可将滤液（如在滤液中已析出结晶，可加热使之溶解）在室温或保温下静置使之缓缓冷却。这样得到的结晶往往比较纯净。

有时由于滤液中有焦油状物质或胶状物存在，使结晶不易析出，或有时因形成过饱和溶液也不析出结晶，在这种情况下，可用玻璃棒摩擦器壁以形成粗糙面，使溶质分子呈定向排列而形成结晶，在粗糙面上形成结晶的过程较在平滑面上迅速和容易；或者投入晶种（同一物质的晶体，若无此物质的晶体，可用玻璃棒蘸一些溶液，稍干后即会析出晶体），供给定型晶核，使晶体迅速形成。

有时被纯化的物质呈油状析出，油状物质长时间静置或足够冷却后虽也可以固化，但这样的固体往往含有较多杂质（杂质在油状物中溶解度常较在溶剂中的溶解度大；其次，析出的固体还会包含一部分母液），纯度不高，用溶剂大量稀释，虽可防止油状物生成，但将使产物大量损失。这时可将析出油状物的溶液加热重新溶解，然后慢慢冷却。一当油状物析出时便剧烈搅拌混合物，使油状物在均匀分散的状况下固化，这样包含的母液就大大减少。但最好还是重新选择溶剂，使之能得到晶形的产物。

【仪器试剂】

仪器：150mL 锥形瓶，烧杯，循环水式多用真空泵，布氏漏斗，吸滤瓶，玻璃棒，电热套。

试剂：3.0g 粗苯甲酸，活性炭。

【实验步骤】

1. 溶剂的选取

根据原料苯甲酸选用合适的溶剂，本实验选用水为溶剂。苯甲酸在 100g 水中的溶解度为 0℃ 0.02g，4℃ 0.18g℃，18℃ 0.27g，75℃ 2.2g。

2. 溶解固体

称取 3.0g 粗苯甲酸，放在 150mL 锥形瓶中，加入适量纯水，加热至粗苯甲酸溶解，若不溶解，可适量添加少量热水，搅拌并加热至接近沸腾，使苯甲酸溶解，稍冷后，加入适量（约 0.2g）活性炭于溶液中，煮沸 5～10min。注意判断是否有不溶或难溶性杂质存在，以免误加过多。以减少溶解损失。

3. 趁热过滤

通过热过滤除去杂质：

方法一：用热水漏斗趁热过滤。若用有机溶剂，过滤时应先熄灭火焰或使用挡火板。用一烧杯收集滤液。注意每次倒入漏斗中的液体不要太满；也不要等溶液全部滤完后再加。

方法二：可把布氏漏斗预热，然后便可趁热过滤。可避免晶体析出而损失。

上述两种方法在过滤时，应先用溶剂润湿滤纸，以免结晶析出而阻塞滤纸孔。

本次实验用布氏漏斗和吸滤瓶来趁热过滤。

4. 结晶析出

将上述热过滤后的溶液转移至烧杯静置、自然冷却，或使用相应的冰水浴或冰盐浴，使结晶慢慢析出。若放冷后也无结晶析出，可用玻璃棒在液面下摩擦器壁或投入该化合物的结晶作为晶种，促使晶体较快地析出。

5. 抽滤分离结晶

用布氏漏斗和吸滤瓶抽滤上述含结晶的溶液，使结晶和母液迅速分离。用玻璃塞挤压晶体，尽量将母液除去。用少量溶剂洗涤几次，除去晶体表面吸附的杂质。停止抽滤时，先拔抽气管，再关泵，以防倒吸。

6. 晶体的干燥

首先称出表面皿的质量，再用刮刀将结晶移至表面皿上。可采用以下几种方法干燥晶体，但不管采用何种方法，均应干燥至晶体恒重。

① 摊开成薄层，置空气中晾干或在干燥器中干燥。

② 用蒸气浴干燥：用小烧杯加入适量水加热至沸，产生蒸气，将表面皿置于烧杯上烘干。

③ 将滤饼置于表面皿上，用烘箱加热烘干，注意温度设置不得高于晶体的熔点。

若纯度不合格，可再进行一次重结晶，重复上述操作，直至获得纯品。

7. 晶体的称量与回收

纯苯甲酸为无色针状晶体，熔点 122.4℃。

【注意事项】

1. 不要在沸腾的溶液中加入活性炭，以免暴沸冲出。
2. 抽滤时防止倒吸。
3. 洗涤晶体时，先关闭水泵，加入少量冷水，用玻璃棒松动晶体，然后开泵抽干。

【思考题】

1. 加热溶解待重结晶的粗产品时，为什么加入溶剂的量要比计算量略少？然后逐渐添加到恰好溶解，最后再加入少量的溶剂。
2. 用活性炭脱色为什么要待固体物质完全溶解后才能加入？为什么不能在溶液沸腾时加入活性炭？
3. 使用有机溶剂重结晶时，哪些操作容易着火？
4. 使用布氏漏斗过滤时，如果滤纸大于布氏漏斗瓷孔面时，有什么不好？
5. 停止抽滤时，如不先打开安全活塞就关闭水泵，会有什么现象产生，为什么？
6. 在布氏漏斗上用溶剂洗涤滤饼时应注意什么？
7. 如何鉴定经重结晶纯化过的产品的纯度？
8. 请设计用 70%乙醇重结晶萘的实验装置，并简述实验步骤。

实验五 萃取和升华

一、萃取

萃取是利用物质在两种不互溶（或微溶）溶剂中溶解度或分配比的不同来达到分离、提取或纯化目的的一种操作，是有机化学实验中用来提取或纯化有机化合物的常用方法之一。应用萃取可以从固体或液体混合物中提取出所需物质，也可以用来洗去混合物中少量杂质。通常称前者为“抽取”或“萃取”，后者为“洗涤”。

当要从水中萃取有机化合物时，常用的有机溶剂是二氯甲烷、石油醚和乙醚等在水中溶解度很小的溶剂。与此相反，也可以用水来萃取有机溶剂以除去不要的组分，这个过程常称为洗涤。如果有机层中含有需要除去的酸（如盐酸），就可用水或稀的弱碱水溶液来洗涤。如果要除去碱性物质，可用稀酸水溶液洗涤。

【实验目的】

1. 了解萃取的基本原理，掌握萃取的基本操作技术。
2. 初步掌握用升华法精制有机化合物的操作。

【实验原理】

1. 萃取原理

分配定律是液液萃取的主要理论依据。在两种互不相溶的混合溶剂中加入某种可溶性物质时，它能以不同的溶解度分别溶解于此两种溶剂中。实验证明，在一定温度下，若该物质的分子在此两种溶剂中不发生分解、解离、缔合和溶剂化等作用，则此物质在两液相中浓度之比是一个常数。假如一种物质在两液相 A 和 B 中的浓度分别为 c_A 和 c_B，则在一定温度下，$c_A/c_B=K$，K 是一常数，称为分配系数。K 可以近似地看作为此物质在两溶剂中溶解度之比。

在萃取时要采取少量多次的原则。由分配定律可知，把溶剂分成几份作多次萃取要比用全部量的溶剂一次萃取的效果要好。一般萃取3次即可满足要求。另外，若在水溶液中先加入一定量的电解质（如氯化钠），利用盐析效应可以有效降低有机化合物和萃取溶剂在水溶液中的溶解度，常可改善萃取效果。如用乙醚萃取水层时，醚层最多可溶解约8%体积的水。因此，常用饱和氯化钠水溶液来代替水来洗涤醚层。

从水溶液中萃取有机物时，选择合适萃取溶剂的一般原则是要求溶剂在水中溶解度很小或几乎不溶；被萃取物在溶剂中要比在水中溶解度大；溶剂与水和被萃取物都不反应；萃取后溶剂易于和溶质分离开。因此，最好用低沸点的溶剂，萃取后溶剂可用常压蒸馏回收。此外还要兼顾溶剂价格、毒性、安全等因素。

经常使用的溶剂有乙醚、二氯甲烷、石油醚、四氯化碳、氯仿、乙酸乙酯和苯等。一般水溶性较小的物质可用石油醚萃取，水溶性较大的可用乙醚萃取，水溶性极大的可用乙酸乙酯萃取。

2. 液液萃取基本操作

液液萃取最常用的仪器是分液漏斗，一般选择容积较被萃取液大1～2倍的分液漏斗。每次使用萃取溶剂的体积一般是被萃取液体的1/5～1/3，两者的总体积不应超过分液漏斗总体积的2/3。萃取时的具体操作如下。

① 检查分液漏斗活塞是否密封，转动是否灵活，活塞口是否有堵塞物。下口活塞可涂少量凡士林润滑，涂凡士林时应在活塞两头涂，量要少，避免堵塞活塞孔；漏斗上口的塞子不能涂凡士林，以免污染萃取物，上口密封要良好，如果密封不好，可用合适的胶塞代替。分液漏斗的活塞与上口的塞子是一一对应的，损坏后不能互换，使用时要保护好，注意不要损坏，每次使用完毕清洗干净后，最好用纸片垫上，防止粘在一起。

检查分液漏斗塞子和活塞是否漏液。确认不漏后，将漏斗放在固定于铁架台上的铁圈中，关好活塞。

② 把被萃取溶液倒入分液漏斗中，然后加入萃取剂（一般为溶液的1/3），塞紧塞子，取下漏斗，右手握住漏斗口颈，并用手掌顶住塞子，左手握在漏斗活塞处，用拇指压紧活塞，把漏斗放平，前后小心振荡。开始振荡时要慢，振荡几次后把漏斗下口向上倾斜，如图1所示，开启活塞排气，再重复上述操作直至放气压力很小为止。

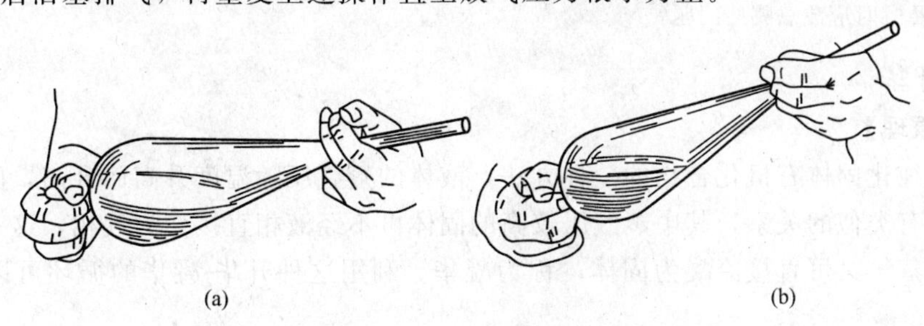

图1　分液漏斗的摇振

由于大多数萃取剂沸点较低，在萃取振荡的操作中能产生一定的蒸气压，再加上漏斗内原有溶液的蒸气压和空气的压力，其总压力大大超过大气压，足以顶开漏斗的塞子而发生喷液现象，所以在振荡几次后一定要放气。放气时漏斗下口向斜上方，朝向无人处。

③ 将漏斗置于铁架台的铁圈上静置，待液体分层。打开漏斗上口塞子，下层液体由下

口放出，上层液体由上口倒出，切不可也从活塞放出，以免被残留在漏斗颈上的下层液体所沾污。

在萃取时，由于剧烈的振摇（尤其是在碱性物质存在下），常常会产生乳化；或由于存在少量沉淀、两液相的相对密度相差较小及两溶剂发生部分互溶等，使两相不能清晰分层，难于分离。

乳化现象解决的方法：a. 较长时间静置；b. 若是因碱性而产生乳化，可加入少量酸破坏或采用过滤方法除去；c. 若是由于两种溶剂（水与有机溶剂）能部分互溶而发生乳化，可加入少量电解质（如氯化钠等），利用盐析作用加以破坏；d. 加入食盐，可增加水相的相对密度，有利于两相相对密度相差很小时的分离；e. 加热以破坏乳状液，或滴加几滴乙醇、磺化蓖麻油等以降低表面张力。

注意：使用低沸点易燃溶剂进行萃取操作时，应熄灭附近的明火。

④ 合并所有萃取液，加入略过量的干燥剂干燥，然后除去溶剂，根据所得有机物的性质可通过蒸馏、重结晶等方法进一步纯化。

【实验步骤】

① 检查分液漏斗至符合要求。

② 量取 10mL 正丁醇水溶液，置于分液漏斗中，取 30mL 乙醚，分三次萃取正丁醇的水溶液，每次 10mL，注意充分振摇，体会萃取与分液的操作。

③ 合并乙醚萃取液，放入 50mL 干燥的锥形瓶中，观察有无可见的水珠，如有可见水珠说明分液不彻底，应重新分液，将醚层转移到另一个干燥的锥形瓶中，加入 2g 无水硫酸镁，摇匀，塞好放置 20min。

④ 装乙醚蒸馏装置，将干燥好的乙醚溶液转移到蒸馏烧瓶中，注意不要将干燥剂倒入蒸馏瓶，加入 2～3 粒沸石，用水浴蒸馏，直至无乙醚馏出，回收乙醚。

⑤ 烧瓶中的残余液体称重回收。

【思考题】

1. 乙醚作为一种常用的萃取剂，其优缺点是什么？
2. 若用下列溶剂萃取水溶液，它们将在上层还是下层？乙醚、氯仿、己烷、苯。
3. 影响萃取法萃取效率的因素有哪些？怎样才能选择好溶剂？
4. 干燥剂的使用应注意哪些事项？
5. 蒸馏乙醚时应注意哪些问题？

二、升华

【实验原理】

升华是纯化固体有机化合物的一种方法。液体的蒸气压随温度升高而升高，固体的蒸气压与温度也有类似的关系，其中蒸气压较高的固体可不经液相直接变为气相，这一过程称为升华，然后蒸气又可直接冷凝为固体，称为凝华。利用这种升华-凝华的循环可以实现固体的提纯。

由于升华是由固体直接汽化，因此并不是所有固体物质都能用升华方法来纯化。只有那些在其熔点温度以下具有相当高蒸气压（高于 2.67kPa）的固态物质，才可用升华来提纯，因此有一定的局限性。若易升华的物质中含有不挥发性杂质，或分离挥发性明显不同的固体混合物时，可以用升华法进行纯化。其特点是纯化后的物质纯度比较高，但操作时间长，损失较大。实验室里一般只用于较少量化合物的纯化。

【基本操作】

图 2 中（a）是最简单的常压升华装置，操作时，把要精制的物质粉碎放在蒸发皿中，上面盖上一张穿有许多小孔的圆滤纸，以防升华上来的物质再落到蒸发皿中，然后将漏斗颈中塞有一团较为疏松棉花的漏斗倒盖在蒸发皿上。将蒸发皿加热，小心调节火焰，控制温度低于升华物质的熔点，而让其慢慢升华。蒸气通过滤纸小孔，冷却后凝结在滤纸上或漏斗壁上。

在空气或惰性气体流中进行升华，可采用图 2(b) 中的装置。在锥形瓶上配有双孔的塞子，其中一孔插入玻璃管导入空气，另一孔插入接液管的细口端，接液管的另一端伸入圆底烧瓶口内。两者间空隙部分塞上一些疏松的棉花或玻璃棉。物质加热后，开始升华时，通入气体带出的升华物质遇到用冷水冷却的烧瓶壁就凝结在其内壁上。

较大量物质的升华，可在烧杯中进行。烧杯上放置一个通冷水的圆底烧瓶，使蒸气在烧瓶底部凝结成晶体并附着在瓶底上，如图 2(c) 中的装置。所用样品必须干燥。否则，其中的水受热汽化后冷凝于瓶底，使固态物质不易附着。

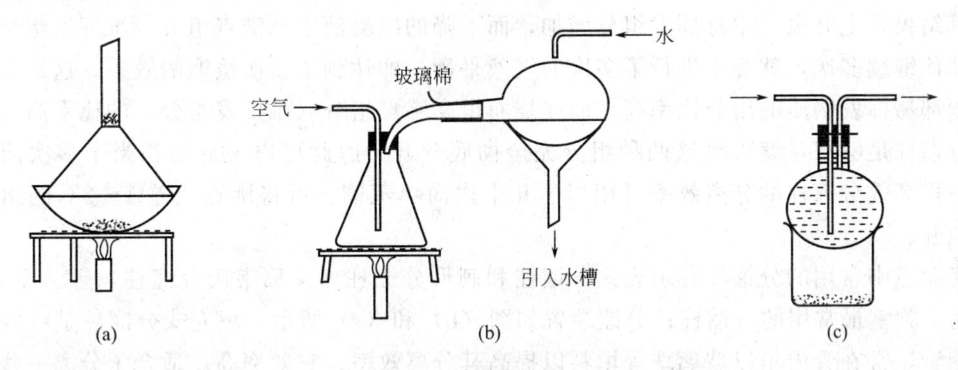

图 2　几种升华装置

为加快升华速度，还可以使升华在减压下进行。减压升华法特别适用于常压下其蒸气压不大或受热易分解的物质，图 3 是用于少量物质的减压升华。通常用油浴加热，并视具体情况而采用油泵或水泵抽气。将要精制的物质放在吸滤瓶中，然后将装有冷凝指的橡皮塞塞紧抽滤管口，利用水泵或油泵减压，先接通冷凝水，将抽滤管浸在热浴中加热使固体升华。

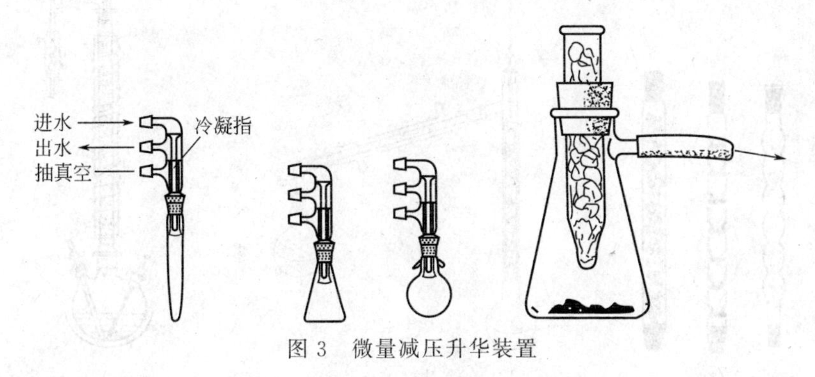

图 3　微量减压升华装置

实验六　简 单 分 馏

分馏和蒸馏的基本原理是一样的，都是利用有机物质的沸点不同。在蒸馏过程中低沸点的组分先蒸出，高沸点的组分后蒸出，从而达到分离提纯的目的。不同的是，分馏是借助于分馏柱使一系列的蒸馏不需多次重复、一次得以完成的蒸馏（分馏就是多次蒸馏）；应用范围也不同。蒸馏时混合液体中各组分的沸点要相差30℃以上，才可以进行分离，而要彻底分离沸点要相差110℃以上。分馏可使沸点相近的互溶液体混合物（甚至沸点仅相差1～2℃）得到分离和纯化。

【实验目的】

1. 了解分馏的原理与意义，分馏柱的种类和选用方法。
2. 学习实验室里常用分馏的操作方法。

【实验原理】

应用分馏柱将几种沸点相近的混合物进行分离的方法称为分馏。将几种具有不同沸点而又可以完全互溶的液体混合物加热，当其总蒸气压等于外界压力时，就开始沸腾汽化，蒸气中易挥发液体的成分较在原混合液中为多。在分馏柱内，当上升的蒸气与下降的冷凝液互相接触时，上升的蒸气部分冷凝放出热量使下降的冷凝液部分汽化，两者之间发生了热量交换，其结果，上升蒸气中易挥发组分增加，而下降的冷凝液中高沸点组分（难挥发组分）增加。如此继续多次，就等于进行了多次的气液平衡，即达到了多次蒸馏的效果。这样靠近分馏柱顶部易挥发物质的组分比率高，而在烧瓶里高沸点组分（难挥发组分）的比率高。这样只要分馏柱足够高，就可将这两种组分完全彻底分开。因此可以说分馏相当于多次简单蒸馏。一根高效分馏柱的分离效率可相当于几十次简单蒸馏，可将沸点相差1～2℃的组分完全分离开。

实验室中常用的分馏柱有填充式分馏柱和刺形分馏柱（又称韦氏分馏柱）等。图1中，(a) 为实验室最常用的分馏柱；分馏装置如图 (b) 和 (c) 所示。填充式分馏柱是一些直型长玻璃管，常在管内填以玻璃珠等填料以提高其分离效率。它效率高，适合于分离一些沸点差距较小的化合物。韦氏分馏柱结构简单，较填充式黏附的液体少，缺点是较同样长度的填充式分馏柱效率低，适合于分离少量且沸点差距较大的液体。

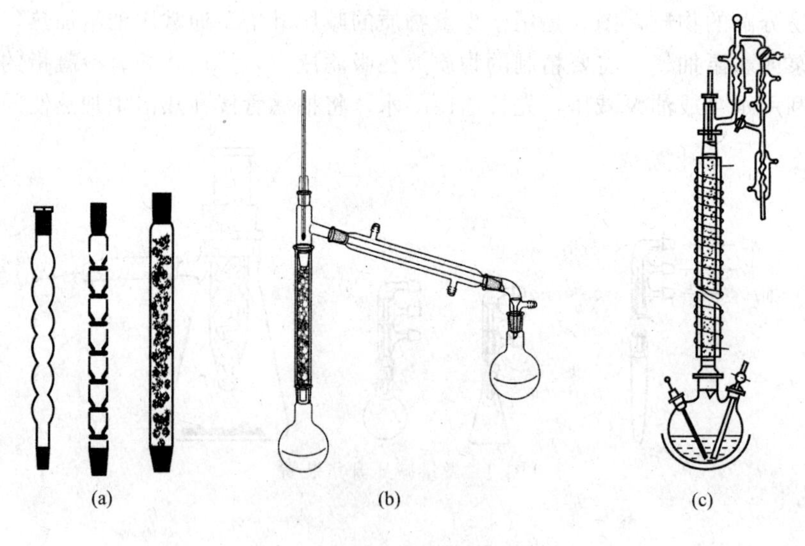

图1 常用分馏装置

【仪器试剂】

仪器：50mL圆底烧瓶（2个），韦氏分馏柱，蒸馏头，温度计套管，100℃温度计，直形冷凝管，真空接液管，100mL电热套。

试剂：甲醇（25.0mL），沸石。

装置如图 1(b) 所示。

【实验步骤】

① 安装仪器。准备五个试管为接受管，分别注明 A、B、C、D、E。

② 在 100mL 圆底烧瓶内放置 25.0mL 甲醇、25.0mL 水及 1～2 粒沸石，开始缓缓水浴加热，待液体一开始沸腾，就要注意调节浴温，使蒸气慢慢升入分馏柱。一般可用手摸柱顶，若烫手即表示蒸气已达柱顶。当蒸气上升至柱顶时，温度计水银球即出现液滴。此时可将火调小些，使蒸气仅到柱顶而不进入支管就被全部冷凝回流。此时应控制加热程度，使温度慢慢上升，以保持分馏柱中有一个均匀的温度梯度。当冷凝管中有蒸馏液流出时，迅速记录温度计所示的温度控制加热速度，使馏出液慢慢地均匀地以每分钟 60 滴的速度流出。记录第一滴的温度以及到 65℃馏出液的体积，约收集 10mL 馏出液（A）。随着温度上升，分别收集 65～70℃（B），70～80℃（C），80～90℃（D），90～95℃（E）的馏分。三、四温度段的馏出液越少，表明分馏柱的效果越高。

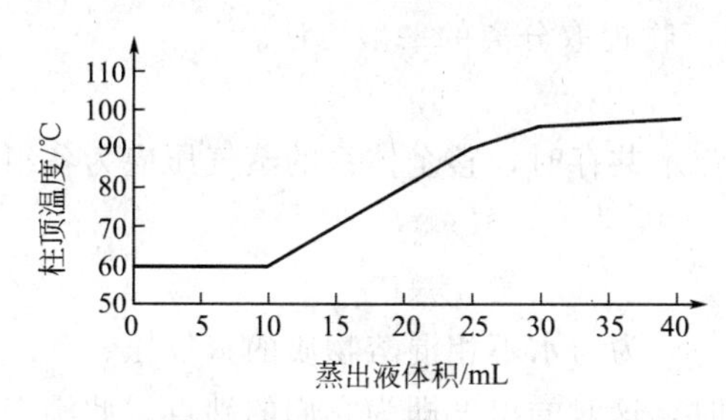

图 2　甲醇-水混合物（1∶1）的分馏曲线

③ 收集不同温度下的馏分后分别量出体积。

④ 以柱顶温度为纵坐标，馏出液体积为横坐标，将实验结果绘成分馏曲线。如图 2 所示。

【注意事项】

简单分馏操作和蒸馏大致相同，要很好地进行分馏，必须注意下列几点：

1. 分馏一定要缓慢进行，控制好恒定的蒸馏速度（每秒 1～2 滴），这样，可以得到比较好的分馏效果。

2. 要使有相当量的液体沿柱流回烧瓶中，即要选择合适的回流比，使上升的气流和下降液体充分进行热交换，使易挥发组分尽量上升，难挥发组分尽量下降，分馏效果更好。

3. 必须尽量减少分馏柱的热量损失和波动。柱的外围可用石棉包住，这样可以减少柱内热量的散发，减少风和室温的影响也减少了热量的损失和波动，使加热均匀、分馏操作平稳进行。

【思考题】

1. 分馏和蒸馏在原理及装置上有哪些异同？如果是两种沸点很接近的液体组成的混合物能否用分馏来提纯呢？

2. 如果把分馏柱顶温度计水银球的位置插下些，行吗？为什么？

3. 分馏时为何馏出速度不能太快？

实验七　水蒸气蒸馏

水蒸气蒸馏是用来分离和提纯液态或固态有机化合物的一种方法，水蒸气蒸馏法的优点在于：所需有机物可在温度较低的条件下从混合物中蒸馏出来，可以避免损失，提高分离提纯的效率；同时在操作和装置方面也较减压蒸馏简单一些。

水蒸气蒸馏常用于下列几种情况：a. 某些沸点高的有机化合物，在常压下蒸馏虽可与副产品分离，但易被破坏；b. 混合物中含有大量树脂状杂质或不挥发性杂质，采用蒸馏、萃取等方法都难于分离；c. 从较多固体反应物中分离出被吸附的液体；d. 常用于蒸馏那些沸点很高且在接近或达到沸点温度时易分解、变色的挥发性液体或固体有机物，除去不挥发性的杂质。但是对于那些与水共沸腾时会发生化学反应的或在 100℃ 左右时蒸气压小于 1.3kPa 的物质，这一方法不适用。

【实验目的】

1. 了解水蒸气蒸馏法的原理和应用。
2. 掌握水蒸气蒸馏的基本操作，初步了解天然产物提取分离的一般方法。

【实验原理】

根据道尔顿分压定律，当与水不相混溶的物质与水共存时，整个体系的蒸气压应为各组分蒸气压之和，即：

$$p=p_A+p_B$$

式中，p 代表总的蒸气压；p_A 为水的蒸气压；p_B 为与水不相混溶物质的蒸气压。

当混合物中各组分蒸气压总和等于外界大气压时，这时的温度即为它们的沸点。此沸点比各组分的沸点都低。因此，在常压下应用水蒸气蒸馏，就能在低于 100℃ 的情况下将高沸点组分与水一起蒸出来。因为总的蒸气压与混合物中二者间的相对量无关，直到其中一组分几乎完全移去，温度才上升至留在瓶中液体的沸点。我们知道，混合物蒸气中各个气体分压（p_A，p_B）之比等于它们的物质的量（n_A，n_B）之比，即：

$$\frac{n_A}{n_B}=\frac{p_A}{p_B}$$

而 $n_A=m_A/M_A$；$n_B=m_B/M_B$。其中 m_A、m_B 为各物质在一定容积中蒸气的质量，M_A、M_B 为物质 A 和 B 的相对分子质量。因此：

$$\frac{m_A}{m_B}=\frac{M_A n_A}{M_B n_B}=\frac{M_A p_A}{M_B p_B}$$

可见，这两种物质在馏液中的相对质量（就是它们在蒸气中的相对质量）与它们的蒸气压和相对分子质量成正比。

以苯胺为例，它的沸点为 184.4℃，且和水不相混溶。当和水一起加热至 98.4℃时，水的蒸气压为 95.4kPa，苯胺的蒸气压为 5.6kPa，它们的总压力接近大气压力，于是液体就开始沸腾，苯胺就随水蒸气一起被蒸馏出来，水和苯胺的相对分子质量分别为 18 和 93，代入上式：

$$\frac{m_A}{m_B}=\frac{95.4\times18}{5.6\times93}=\frac{33}{10}$$

即蒸出 3.3g 水能够带出 1g 苯胺。苯胺在溶液中的组分占 23.3%。实验中蒸出的水量往往超过计算值，因为苯胺微溶于水，实验中尚有一部分水蒸气来不及与苯胺充分接触便离开蒸馏烧瓶。

利用水蒸气蒸馏来分离提纯物质时，要求此物质在 100℃ 左右时的蒸气压至少在 1.33kPa 左右。如果蒸气压在 0.13～0.67kPa，则其在馏出液中的含量仅占 1%，甚至更低。为了使馏出液中的含量增高，就要想办法提高此物质的蒸气压，也就是说要提高温度，使蒸气的温度超过 100℃，即要用过热水蒸气蒸馏。例如苯甲醛（沸点 178℃），进行水蒸气蒸馏时，在 97.9℃沸腾，这时 p_A=93.8kPa，p_B=7.5kPa，则：

$$\frac{m_A}{m_B}=\frac{93.8\times18}{7.5\times106}=\frac{21.2}{10}$$

这时馏出液中苯甲醛占 32.1%。

假如导入 133℃过热蒸气，苯甲醛的蒸气压可达 29.3kPa，因而只要有 72kPa 的水蒸气压，就可使体系沸腾，则：

$$\frac{m_A}{m_B}=\frac{72\times18}{29.3\times106}=\frac{4.17}{10}$$

这样馏出液中苯甲醛的含量就提高到了 70.6%。

应用过热水蒸气还具有使水蒸气冷凝少的优点，为了防止过热蒸气冷凝，可在蒸馏瓶下保温，甚至加热。

从上面的分析可以看出，使用水蒸气蒸馏这种分离方法是有条件限制的，被提纯物质必须具备以下几个条件：a. 不溶或难溶于水；b. 与沸水长时间共存而不发生化学反应；c. 在 100℃左右必须具有一定的蒸气压（一般不小于 1.33kPa）。

常见的可用水蒸气蒸馏的物质及相应数据如表 1 所示。

表 1 常见的水蒸气蒸馏的混合物沸点

有机物	沸点/℃	$p_{水}$/mmHg①	$p_{有机物}$/mmHg	混合物沸点/℃
乙苯	136.2	567	195.2	92
溴苯	156.1	646	114	95.5
苯甲醛	178	703.5	220	97.9
苯胺	184.4	717.5	42.5	98.4
硝基苯	210.9	738.5	20.1	99.2
1-辛醇	195.0	744	16	99.4

① 1mmHg=133.322Pa。

【仪器试剂】

常用的水蒸气蒸馏装置如图 1 所示。它包括水蒸气发生器、蒸馏、冷凝和接收器四个部分。磨口装置如图 2 所示。

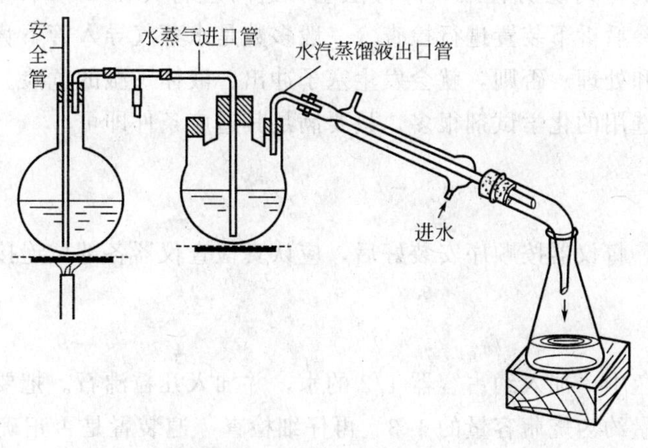

图1 普通水蒸气蒸馏装置

水蒸气发生器，顾名思义就是产生水蒸气的装置，也可使用金属制成的，如图 3 所示。实验室常用容积较大的短颈圆底烧瓶代替，也可以用二口或三口烧瓶代替。器内盛水约占其容量的 1/2，可从其侧面玻璃水位管观察器内的水平面，如果太满，沸腾时水将冲至烧瓶。水蒸气发生器内插一根长玻璃管（50～60cm），起安全管作用。管的下端接近器底。

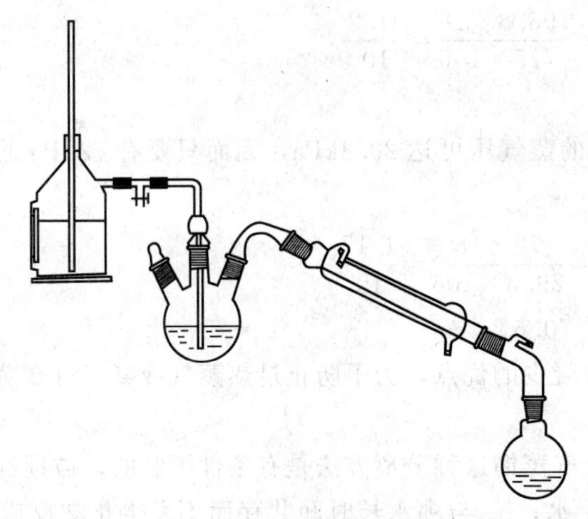
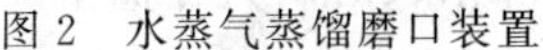

图 2　水蒸气蒸馏磨口装置

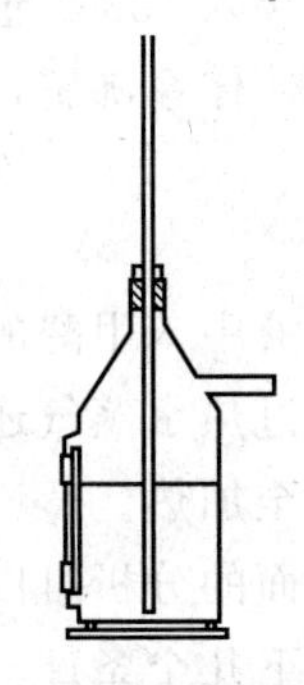

图 3　金属制的水蒸气发生器

蒸馏部分通常是采用三口烧瓶，也可以用二口圆底烧瓶代替，应当用铁夹夹紧，其中口通过螺口接头插入水蒸气导管，其侧口插入馏出液导出玻璃弯管。水蒸气导管直径一般不小于 7mm，以保证水蒸气畅通，其末端应接近烧瓶底部，距瓶底约 8～10mm，以便水蒸气和蒸馏物质充分接触并起搅动作用。玻璃弯管应略微粗一些，其外径约为 10mm，以便蒸气能畅通地进入与之相连的冷凝管中。若玻璃弯管的直径太小，蒸气的导出将会受到一定的阻碍，这会增加三口烧瓶的压力。玻璃弯管在弯曲前的一段应尽可能短一些；在弯曲后则允许稍长一些。

水蒸气发生器的支管和水蒸气导管之间用一个 T 形管相连接。在 T 形管的支管上套上一段橡皮管，用螺旋夹旋紧，可以用来除去水蒸气中冷凝下来的水。这段水蒸气导入管应尽可能短些，以减少水蒸气的冷凝，且 T 形管右边比左边稍高出一点，可以使冷却水又流回水蒸气发生器。在操作中，如果发生不正常的情况，应立刻打开夹子，使与大气相通。

通过观察水蒸气发生器安全管中水面的高低，可以判断出整个水蒸气蒸馏系统是否畅通。若水面上升很高，则说明有某一部分阻塞，这时应将夹在 T 形管下端口的夹子取下，然后移去热源，稍冷后拆下装置进行检查（一般多数是水蒸气导入管下管被树脂状物质或者焦油状物所堵塞）和处理。否则，就会发生塞子冲出、液体飞溅的危险。

水蒸气蒸馏可选用的化学试剂很多，只要满足其适应条件即可。

【实验步骤】

1. 装置

依据图 1 所示，将仪器按顺序安装好后，应认真检查仪器各部位连接处是否严密，是否为封闭体系。

2. 加料

在水蒸气发生瓶中，加入约占容器 1/2 的水，并加入几粒沸石。把要蒸馏的物质倒入三口蒸馏烧瓶中，其量约为烧瓶容量的 1/3。再仔细检查一遍装置是否正确，各仪器之间的连接是否紧密，有没有漏气。待检查整个装置不漏气后，旋开 T 形管的螺旋夹。

3. 加热

当有大量水蒸气产生并从 T 形管的支管冲出时，立即旋紧螺旋夹，水蒸气便均匀通入圆底烧瓶，这时可以看到烧瓶中的液体翻腾不息，不久在冷凝管中就出现有机物质和水的混合物。调节火焰，使瓶内的混合物不致飞溅得太厉害，蒸馏速度以每秒钟 2～3 滴为宜。为了使水蒸气不致在三口烧瓶内过多地冷凝，在蒸馏时通常也可用小火将三口烧瓶加热。

在蒸馏过程中，通过水蒸气发生器安全管中水面的高低，可以判断水蒸气蒸馏系统是否畅通。若水柱发生不正常的上升现象，以及烧瓶中的液体发生倒吸现象，应立即旋开螺旋夹，然后移去热源，找出发生故障的原因。必须把故障排除后，方可继续蒸馏。

4. 收集馏分

与简单蒸馏相同，当馏出液无明显油珠，澄清透明时，便可停止蒸馏。这时应先旋开夹子，待稍冷却后再关好冷却水，以免发生倒吸现象。拆除仪器（其程序与装配时相反），洗净。

5. 记录数据

分别记录馏出液中有机层和水层的各自体积，有机层回收。

6. 数据处理

由实验结果计算出 m_A/m_B，与理论值比较，并加以讨论。

【思考题】

1. 进行水蒸气蒸馏时，水蒸气导入管的末端为什么要插入到接近于容器底部？

2. 在水蒸气蒸馏过程中，经常要检查什么事项？若安全管中水位上升很高时，说明什么问题，如何处理才能解决呢？

3. 水蒸气蒸馏利用的什么原理？什么情况下可以利用水蒸气蒸馏进行分离提纯？

4. 安全管和 T 形管各具有什么作用？

实验八　减压蒸馏

减压蒸馏是分离和提纯有机化合物的常用方法之一。它特别适用于那些在常压蒸馏时未达沸点即已受热分解、氧化或聚合的物质。减压蒸馏时物质的沸点与压力有关，获得沸点与蒸气压关系的方法：①查文献手册；②经验关系式，压力每相差 133.3Pa(1mmHg)，沸点相差约 1℃；③压力-温度关系图查找。

【实验目的】

1. 了解减压蒸馏的原理和应用范围。
2. 认识减压蒸馏的主要仪器设备。
3. 掌握减压蒸馏仪器的安装和操作方法。

【实验原理】

液体的沸点是指它的蒸气压等于外界压力时的温度，因此液体的沸点是随外界压力的变化而变化的，如果借助于真空泵降低系统内压力，就可以降低液体的沸点，这便是减压蒸馏操作的理论依据。这种在较低压力下进行蒸馏的操作称为减压蒸馏。当蒸馏系统内的压力降低后，其沸点便降低，当压力降低到 1.3～2.0kPa(10～15mmHg) 时，许多有机化合物的沸点可以比其常压下的沸点降低 80～100℃。因此，减压蒸馏对于分离提纯沸点较高或高温时不稳定的液态有机化合物具有特别重要的意义。

减压蒸馏时物质的沸点与压力有关，但有时在文献中查不到与减压蒸馏选择的压力相应的沸点，这时可根据经验曲线（图 1)，找出该物质在此压力下的沸点的近似值。

如 *N*,*N*-二甲基甲酰胺常压下沸点约为 150℃（分解)，欲减压至 2.67kPa(20mmHg)，可以先在图 1 中间的直线上找出相当于 150℃ 的点，将此点与右边直线上 2.67kPa(20mmHg) 处的点连成一直线，延长此直线与左边的直线相交，交点所示的温度就是

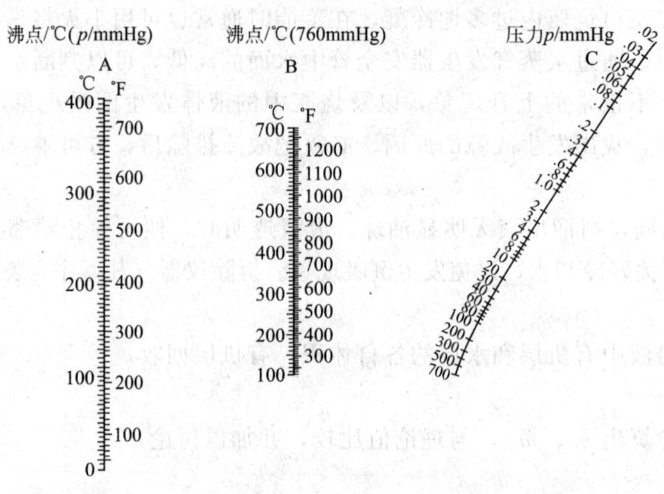

图1 液体在常压下的沸点与减压下的沸点的近似关系图

2.67kPa(20mmHg)时N,N-二甲基甲酰胺的沸点，约为50℃。在给定压力下的沸点还可以近似地从下式求出：

$$\lg p = A + B/T$$

式中，p为蒸气压；T为沸点(热力学温度)；A、B为常数。如以$\lg p$为纵坐标，$1/T$为横坐标作图，可以近似地得到一直线。因此可从两组已知的压力和温度算出A和B的数值。再将所选择的压力代入上式算出液体的沸点。

【仪器装置】

通常认为减压蒸馏装置由四部分组成：蒸馏部分、安全保护装置、测压装置、抽气（减压）装置。

主要仪器设备：双颈蒸馏烧瓶；接收器；吸收装置；压力计；安全瓶；减压泵。

1. 减压蒸馏装置（图2）

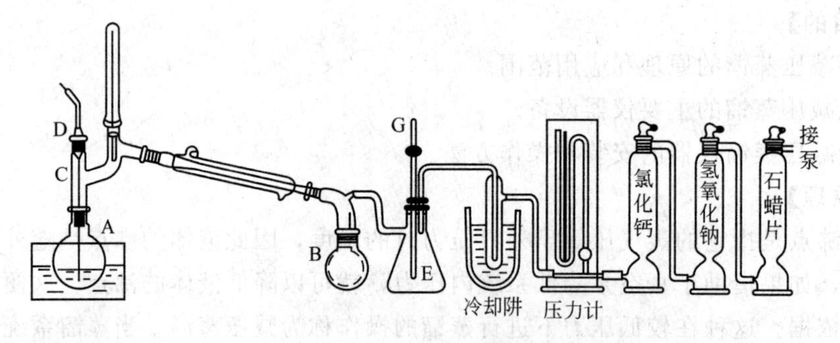

图2 常用的减压蒸馏装置

蒸馏烧瓶上装置克氏蒸馏头，使用克氏蒸馏头的目的是为了避免减压蒸馏时液泛对蒸馏的影响，比常压蒸馏头多出的支管可以起到缓冲的作用。克氏蒸馏头上面的两个接口分别装置毛细管与温度计，毛细管下端距瓶底1～2mm。上端通过胶塞与克氏蒸馏头密封，毛细管上端连有一段带螺旋夹的橡皮管。螺旋夹用以调节进入体系中空气的量，在减压状态下，持续进入体系的微小气泡可以作为液体沸腾的汽化中心，使蒸馏平稳进行。在减压蒸馏操作中，一定不要引入沸石，沸石在减压条件下不但不能起到汽化中心的作用，反而会引起液泛。

接收器可用蒸馏瓶或吸滤瓶，但不能使用平底烧瓶或锥形瓶，否则由于受力不均容易炸裂。蒸馏时可以使用多尾接液管，多尾接液管的几个分支管与多个圆底烧瓶连接起来。转动多尾接液管，就可使不同的馏分进入指定的接收瓶中。

减压蒸馏的热源最好用水浴或油浴，因为水或浴油具有一定的热容量，能够起到缓冲的作用，使烧瓶受热平稳。蒸馏时应控制热浴的温度，使它比液体的沸点高20～30℃。如果蒸馏的少量液体沸点较高，特别是在蒸馏低熔点的固体时，可以不使用冷凝管。

2. 减压装置

实验室通常用水泵或油泵进行减压，水泵所能达到的最低压力为当时室温下水的蒸气压。例如在水温为10℃时，水的蒸气压为1.2kPa；若水温为25℃，则水的蒸气压为3.2kPa左右。如果气温较高，可以在循环真空泵水泵中加入适量冰块来降低水温，从而获得较高的真空度。

如果要获得更高的真空度，就要使用油泵（图3）。油泵的效能决定于油泵的机械结构以及真空泵油的好坏。好的油泵能抽至真空度为13.3Pa。油泵结构较精密，蒸馏时要做好油泵的保护，如果有挥发性的有机溶剂、水或酸的蒸气，都会损坏油泵。挥发性的有机溶剂蒸气被抽吸收后，就会增加油的蒸气压，影响真空度。而酸性蒸气会腐蚀油泵的机件。水蒸气凝结后与油形成浓稠的乳浊液，也会影响油泵的正常工作。

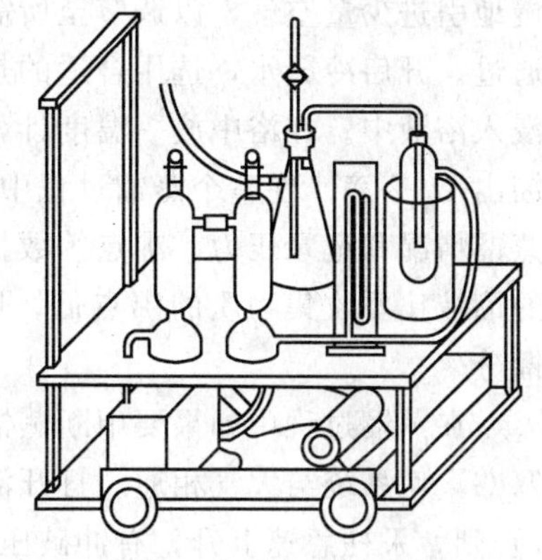

图3 油泵及保护系统

使用三相真空泵时要特别注意真空泵的转动方向。如果电机接线接错，会使泵反向转动，将导致泵油冲出，污染实验室，因此在连接三相泵时最好在专业电工指导下完成。

3. 保护及测压装置

当用油泵进行减压时，为了防止易挥发的有机溶剂、酸性物质和水汽对油泵的影响，必须在接收瓶与油泵之间顺次安装冷却阱和几种吸收塔，以免污染泵油，使真空度降低。冷阱置于盛有冷却剂的广口保温瓶中，冷却剂的选择随需要而定，例如可用冰-水、冰-盐、干冰与丙酮等。常用的吸收塔有无水氯化钙（或硅胶）吸收塔，用于吸收水分；氢氧化钠吸收塔，用于吸收挥发酸；石蜡片吸收塔，用于吸收烃类气体。所有吸收塔都应采用粒状添充物，以减少压力损失。当然，根据被蒸馏液体性质的不同，也可以用其他的保护形式，如蒸馏苯胺时就可以用装有浓硫酸的洗气瓶作为保护装置。

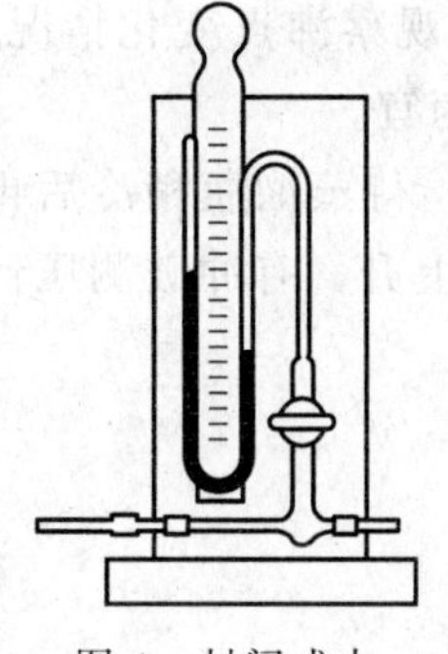

图4 封闭式水银压力计

实验室通常采用水银压力计来测量减压系统的压力。封闭式水银压力计（图4），两臂液面高度之差即为蒸馏系统中的真空度。如果使用水泵也可以用真空表来测压力。

封闭式水银压力计比较轻巧，读数方便，但常常因为有残留空气以致不够准确，需用开口式来校正。使用时应避免水或其他污物进入压力计内，否则将严重影响其准确度。在开启和关闭压力计活塞时要仔细，防止压力波动过大，水银冲破压力计。

在接收瓶与压力计之间还应接上一个安全瓶，瓶上的两通活塞用来调节系统压力。减压蒸馏的整个系统必须保持密封，系统内部通气顺畅，玻璃仪器间由厚壁胶管连接，胶管要短以减少压力损失。在需要较高真空度时各磨口塞应仔细涂好真空脂。

【实验步骤】

当被蒸馏物中含有低沸点的物质时，应先进行普通蒸馏，然后用水泵减压蒸去低沸点物质，冷至室温，再用油泵减压蒸馏。

在克氏蒸馏瓶中，放置待蒸馏的液体的体积不得超过烧瓶容积的 1/2。按图 2 装好仪器，旋紧毛细管上的螺旋夹 D，打开安全瓶上的二通活塞 G，然后开泵抽气。逐渐关闭 G，从压力计上观察系统所能达到的真空度。如果是因为漏气而不能达到所需的真空度，可检查各部分塞子和橡皮管的连接是否紧密等。如果超过所需的真空度，可小心地旋转活塞 G，慢慢地引进少量空气，以调节至所需的真空度。调节螺旋夹 D，使液体中有连续平稳的小气泡通过。开启冷凝水，选用合适的热浴加热蒸馏。加热时，蒸馏烧瓶的圆球部位至少应有 2/3 浸入浴液中。在浴中放一温度计，控制浴温比待蒸馏液体的沸点约高 20～30℃，使每秒钟馏出 1～2 滴。在整个蒸馏过程中，都要密切注意瓶颈上的温度计和压力的读数。经常注意蒸馏情况和记录压力、沸点等数据。纯物质的沸点范围一般不超过 1～2℃，假如起始蒸出的馏液比要收集物质的沸点低，则在蒸至接近预期的温度时转动多尾接液管，可收集不同馏分。

在蒸馏过程中如果要中断蒸馏，应先移去热源，取下热浴。待稍冷后，渐渐打开二通活塞 G，使系统与大气相通。打开活塞一定要慢慢地旋开，使压力计中的汞柱缓缓地恢复原状（否则，汞柱急速上升，有冲破压力计的危险），然后松开毛细管上的螺旋夹 D，放出吸入毛细管的液体。

蒸馏完毕先灭去火源，撤去热浴，待稍冷后缓缓解除真空，使系统内外压力平衡后，方可关闭油泵。

【注意事项】

1. 仪器安装好后，先检查系统是否漏气，方法是：关闭毛细管，减压至压力稳定后，夹住连接系统的橡皮管，观察压力计水银柱有否变化，无变化说明不漏气，有变化即表示漏气。

2. 为使系统密闭性好，磨口仪器的所有接口部分都必须用真空油脂润涂好，检查仪器不漏气后，加入待蒸的液体，量不要超过蒸馏瓶的一半，关好安全瓶上的活塞，开动油泵，调节毛细管导入的空气量，以能冒出一连串小气泡为宜。

3. 当压力稳定后，开始加热。液体沸腾后，应注意控制温度，并观察沸点变化情况。待沸点稳定时，转动多尾接液管接受馏分，蒸馏速度以每秒 0.5～1 滴为宜。

4. 蒸馏完毕除去热源，慢慢旋开夹在毛细管上的橡皮管的螺旋夹，待蒸馏瓶稍冷后再慢慢开启安全瓶上的活塞，平衡内外压力，（若开得太快，水银柱很快上升，有冲破测压计的可能），然后关闭抽气泵。

【思考题】

1. 具有什么性质的化合物需用减压蒸馏进行提纯？
2. 使用水泵减压蒸馏时，应采取什么预防措施？
3. 使用油泵减压时，要有哪些吸收和保护装置？其作用是什么？
4. 当减压蒸完所要的化合物后，应如何停止减压蒸馏？为什么？

第四章　有机化合物的合成

合成实验是训练、巩固学生基本操作的重要环节，也是培养学生正确选择有机化合物的合成方法、分离提纯方法以及分析鉴定方法的主要途径，是有机化学实验的主要内容。通过这个教学环节，较全面地培养学生的动手能力和学会分析问题和解决问题，为今后学习专业课和开展科研奠定良好的基础。

实验九　溴乙烷

卤代烃是一类重要的有机合成中间体。它能发生许多化学反应，如取代反应、消除反应等。通过卤代烃的亲核反应，能制备多种有用的化合物，如腈、胺、醚等。在无水乙醇中，卤代烃与金属镁作用制备的 Grignard 试剂，可以和醛、酮、酯等羰基化合物及二氧化碳反应，用来制备不同结构的醇和羧酸。醇在一定条件下也可以转化成卤代烃（醇与氢卤酸共热），反之，卤代烃在一定条件在也可以转化为醇（卤代烃与碱溶液共热）。所以在有机物合成反应中我们可以根据需要将醇和卤代烃互相转化。

卤代烷制备中的一个重要方法是由醇和氢卤酸发生亲核取代（nucleophilic substitution reaction）来制备。反应一般在酸性介质中进行。实验室制备溴乙烷是用乙醇与氢溴酸反应制备，由于氢溴酸是一种极易挥发的无机酸，因此在制备时采用溴化钠与硫酸作用产生氢溴酸直接参与反应。在该反应过程中，常常伴随消除反应和重排反应的发生。

【实验目的】

1. 学习以结构上相对应的醇为原料制备一卤代烷的实验原理和方法。
2. 学习低沸点蒸馏的基本操作。
3. 巩固分液漏斗的使用方法。

【实验原理】

主反应

$$NaBr + H_2SO_4 \longrightarrow HBr + NaHSO_4$$

$$HBr + C_2H_5OH \rightleftharpoons C_2H_5Br + H_2O$$

副反应

$$C_2H_5OH \xrightarrow{H_2SO_4} C_2H_4 + H_2O$$

$$2C_2H_5OH \xrightarrow{H_2SO_4} C_2H_5OC_2H_5 + H_2O$$

$$2HBr + H_2SO_4(浓) \longrightarrow SO_2 + Br_2 + 2H_2O$$

【仪器试剂】

1. 常量合成

仪器：50mL 圆底烧瓶（2 个），10mL 圆底烧瓶 2 个 50mL 锥形瓶（2 个），100℃温度计（2 支），200mL 烧杯（2 个），100mL 分液漏斗（2 个）；真空接液管，75°蒸馏弯头，蒸馏头，直形冷凝管，温度计套管，10mL 量筒，100mL 电热套，胶头滴管各一个。

试剂：10.0mL 95%乙醇（7.88g，0.19mol），浓硫酸 20mL（36.9g，0.36mol），溴化钠固体 15.00g（0.15mol）。

装置如图 1 和图 2 所示。

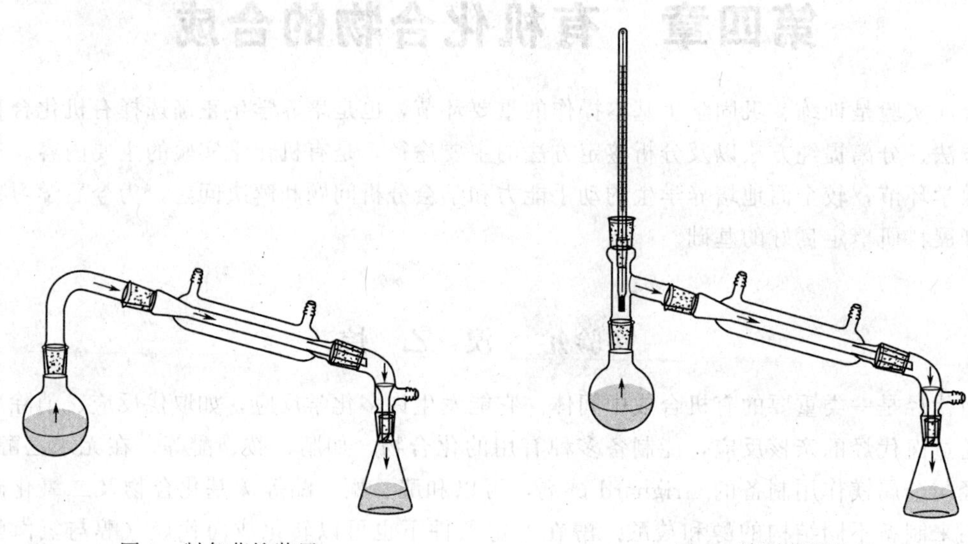

图 1　制备蒸馏装置　　图 2　精制蒸馏装置

2. 半常量合成

仪器：25mL 圆底烧瓶（2 个），10mL 圆底烧瓶（2 个），25mL 锥形瓶（2 个），100℃温度计（2 支），200mL 烧杯（2 个），100mL 分液漏斗（2 个）；真空接液管，75°蒸馏弯头，蒸馏头，直形冷凝管，温度计套管，10mL 量筒，50mL 电热套，胶头滴管各一个。

试剂：95%乙醇 3.3mL（2.60g，0.57mol），浓硫酸 6.30mL（11.62g，0.11mol），溴化钠固体 5.00g（0.05mol）。

【实验步骤】

1. 常量合成

在 100mL 圆底烧瓶中加入 10.0mL95%乙醇，及 10mL 水，在不断振摇和冷水冷却下，慢慢加入 20.0mL 浓硫酸，冷至室温后，在冷却下加入 15.00g 研成细粉状的溴化钠，稍加振摇混合后，加入几粒沸石（或磁子搅拌），安装成制备蒸馏装置（图 1）。接收器内外均应放入冰水混合物，以防止产品的挥发损失。接液管的支管用橡皮管通入下水道或吸收瓶中。在电热套中加热，瓶中反应混合物开始发泡反应时，控制加热温度，维持反应呈微沸状态，使油状物逐渐蒸馏出去，约 30min 后慢慢升高温度，直到无油滴蒸出为止。馏出液为乳白色油状物，沉于瓶底。

将馏出液倒入分液漏斗中，分出的有机层置于干燥的锥形瓶中，在冰水浴中，边振摇边滴加浓硫酸，直至锥形瓶底分出硫酸层为止。用干燥的分液漏斗分去硫酸液，将溴乙烷粗产品倒入干燥的蒸馏瓶中，加热精制蒸馏（图 2），接收器外冰水浴冷却，收集 37～40℃的馏分。称量、计算产率。

纯溴乙烷为无色液体，沸点为 38.4℃，n_D^{20} 为 1.4239，相对密度为 1.46。

2. 半常量合成

在 25mL 圆底烧瓶中加入 95%乙醇 3.3mL，及 3mL 水，在不断振摇和冷水冷却下，慢慢加入 6.3mL 浓硫酸，冷至室温后，在冷却下加入 5.00g 研成细粉状的溴化钠，稍加振摇混合后，加入几粒沸石（或磁子搅拌），安装成制备装置（图 1）。其余步骤同常量合成。

【注意事项】

1. 加溴化钠时最好使用干燥漏斗或用纸桶，尽量防止溴化钠固体沾附在烧瓶磨口处。如果不慎沾上，可用纸擦拭干净。否则会影响反应装置的密闭性，使溴乙烷逃逸而降低产率。

2. 浓硫酸要边加边摇边冷却，充分冷却后（在冰水浴中）再加溴化钠，以防反应放热冲出。

3. 开始加热不能过快，否则不仅会导致硫酸把 HBr 氧化为 Br_2，而且会增加副产物乙醚和乙烯的生成。加热要逐渐增大，使反应平稳发生。

4. 精制时要先彻底分去水，冷却下加硫酸，否则加硫酸产生热量使产物挥发损失。

5. 最后接收产物溴乙烷的锥形瓶和量体积的量筒必须干燥，否则易使产品浑浊。

【思考题】

1. 在制备溴乙烷时，反应混合物中如果不加水会有什么结果？

2. 粗产物中可能有什么杂质，是如何除去的？

3. 一般制备溴代烃都有那些方法，各有什么优缺点？

【附】

溴乙烷的红外谱图和核磁共振图如图 3 和图 4 所示。

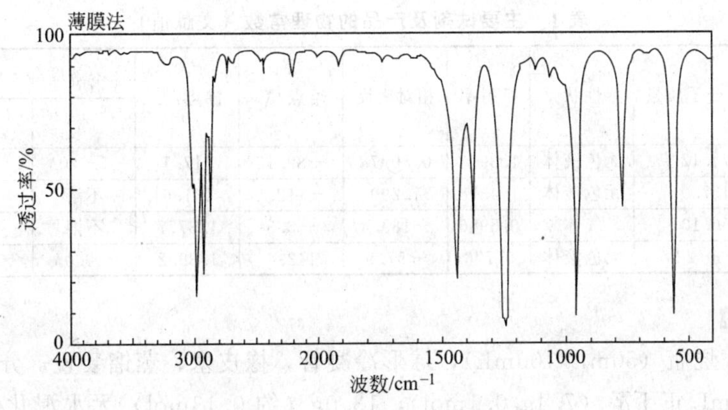

图 3　溴乙烷的红外谱图

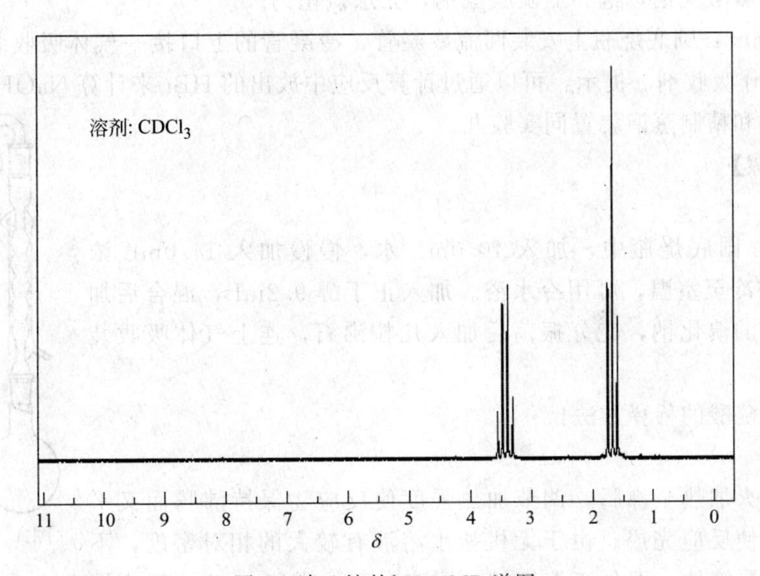

图 4　溴乙烷的^1H NMR 谱图

实验十 正溴丁烷

【实验目的】

1. 学习以溴化钠、浓 H_2SO_4 和正丁醇制备正溴丁烷（*n*-butyl bimide）的原理和方法。

2. 了解回流的原理，学习带有吸收有害气体装置的回流等基本操作。

3. 复习液体的洗涤、干燥方法，熟练掌握蒸馏操作。

【实验原理】

主反应

$$NaBr + H_2SO_4 \longrightarrow HBr + NaHSO_4$$

$$n\text{-}C_4H_9OH + HBr \rightleftharpoons n\text{-}C_4H_9Br + H_2O$$

上述反应是一个可逆反应，本实验采用增加 HBr 的量来增大正丁醇的转化率。若反应体系温度过高可能发生下列一系列副反应：

$$CH_3CH_2CH_2CH_2OH \xrightarrow{H_2SO_4} CH_3CH_2CH{=}CH_2 + CH_3CH{=}CHCH_3 + H_2O$$

$$2CH_3CH_2CH_2CH_2OH \xrightarrow{H_2SO_4} CH_3CH_2CH_2CH_2OCH_2CH_2CH_2CH_3 + H_2O$$

因此，反应体系温度的控制是本实验的关键。主要试剂及产品的物理常数见表 1。

表 1 主要试剂及产品的物理常数（文献值）

名称	相对分子质量	性状	折射率	相对密度	熔点/℃	沸点/℃	溶解度/g·(100mL 溶剂)$^{-1}$		
							水	醇	醚
正丁醇	74.12	无色液体	1.3993	0.80978	−89.12	117.7	7.920	∞	∞
n-C_4H_9Br	137.0	无色液体	1.4398	1.299	−112.4	101.6	不溶	∞	∞
1-丁烯	56.10	气体	0.5946	−185.4	−6.3	1.3777	不溶	易溶	易溶
正丁醚	130.22	无色液体	0.773	−97.9	142.4	1.3992	<0.05	∞	

【仪器试剂】

仪器：圆底烧瓶（50mL/100mL），球形冷凝管，橡皮塞，蒸馏装置，分液漏斗，量筒。

试剂：9.2mL 正丁醇（7.4g/0.1mol），13.0g（约 0.13mol）无水溴化钠，氢氧化钠，浓硫酸，饱和碳酸氢钠，饱和亚硫酸氢钠，无水氯化钙。

装置：100mL 圆底烧瓶上安装回流冷凝管，冷凝管的上口接一气体吸收装置，见图 1，用 5%NaOH 作吸收剂。提示：可以通过计算反应中放出的 HBr 来计算 NaOH 的所需用量。

制备蒸馏和精制蒸馏装置同实验九。

【实验步骤】

1. 加料

在 100mL 圆底烧瓶中，加入 10.0mL 水，慢慢加入 14.0mL 浓 H_2SO_4，混匀冷至室温，可用冷水浴。加入正丁醇 9.2mL，混合后加入 13.0g 研细的溴化钠，充分振荡后加入几粒沸石，连上气体吸收装置（图 1）。

注意：浓硫酸的稀释方法！

2. 反应

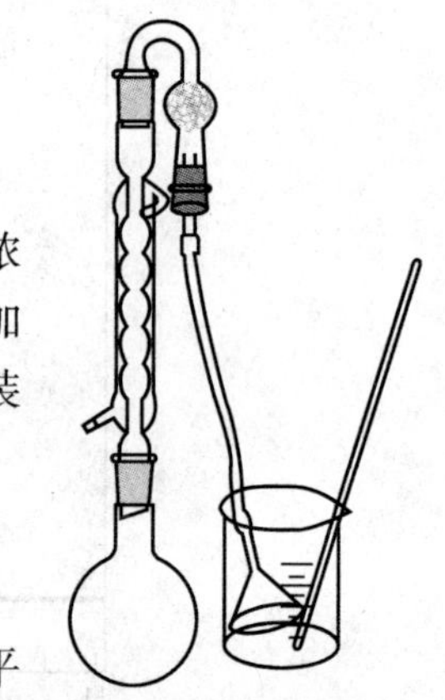

图 1 带气体吸收的回流装置

电热套小火加热至沸腾，调节加热强度使反应物保持沸腾而又平稳地回流，促使反应完成。由于无机盐水溶液有较大的相对密度，不久就会分出上层液体，即是正溴丁烷。回流时间约需流 0.5h（反应周期延长 1h 仅增加 1%～2%的产量）。

3. 蒸馏

反应液稍冷却后，移去回流管，加上蒸馏弯头，加沸石，改成蒸馏装置，注意控制蒸馏速度，加热蒸出所有溴丁烷。目的是除去 H_2SO_4、$NaHSO_4$，同时打破平衡（因反应为可逆反应）。

蒸馏结束的标志：a. 馏出液是否由浑浊至澄清；b. 蒸馏瓶中上层油层是否没有了；c. 取一试管馏出液，加水，无油珠。

4. 洗涤

馏出液转入分液漏斗，用等体积水洗涤，小心地将粗品转入到另一干燥的分液漏斗中。用等体积浓 H_2SO_4 洗涤（主要是为了去除醇和醚，因为正丁醇和 1-溴丁烷能形成共沸物，沸点为 98.6℃，其中 1-溴丁烷为 13%），尽量分去硫酸层，有机层依次分别用等体积水、饱和 $NaHCO_3$ 和水洗涤。

注意：第一次水洗后如果产物呈红色，可用少量的饱和亚硫酸氢钠水溶液洗涤以除去由于浓硫酸的氧化作用生成的游离溴。

5. 干燥

产物移入干燥小三角烧瓶中，加入 1～2g 黄豆大小的块状无水 $CaCl_2$ 干燥，间歇摇动，至液体透明。

6. 蒸馏

由于正丁醇可与正溴丁烷形成共沸物（丁醇 13%），所以所用的仪器均需干燥，取 99～103℃的馏分。注意前馏分的取舍。

7. 称重，测量折射率

纯 1-溴丁烷为无色透明液体，沸点 101.6℃，d_4^{20} 1.275，折射率 n_D^{20} 1.4399。

【思考题】

1. 本实验中，浓硫酸起何作用？其用量及浓度对实验有何影响？
2. 反应后的粗产品中含有哪些杂质？它们是如何被除去的？
3. 为什么用饱和碳酸氢钠水溶液洗酸以前，要先用水洗涤？
4. 用分液漏斗洗涤产物时，正溴丁烷时而在上层，时而在下层，若不知道产物的密度，可用什么简便的方法加以判断？

【附】

正溴丁烷的红外谱图如图 2 所示。

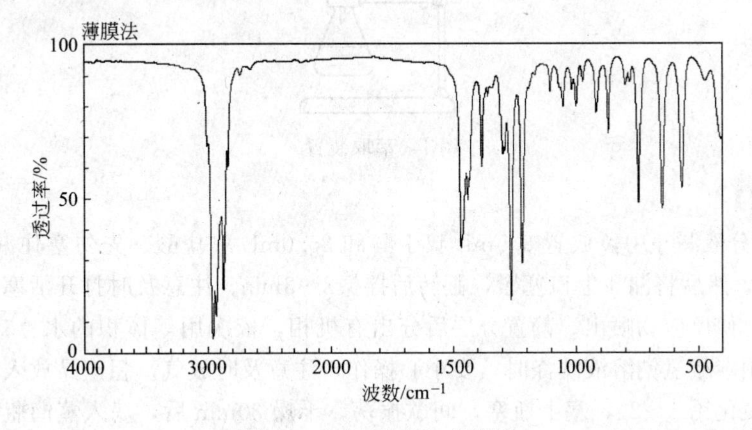

图 2　正溴丁烷的红外谱图

实验十一　叔丁基氯

叔丁基氯（*t*-butyl chloride）是一种有机化合物，在室温下为无色的液体。它微溶于水，在溶剂化过程中，有进行自发性溶剂解的趋势。该化合物有易燃性和挥发性，它的主要用途是作为起始分子进行亲核取代反应，以合成从醇到醇盐的一系列物质。

叔丁基氯溶于水这种极性亲质子性溶剂时，庞大的氯取代基被水夺走，从脂肪链上分离，使化合物形成一对离子，从而生成碳正离子，在与一个水分子反应之后形成叔醇，同时生成盐酸。如果用更强的亲核试剂来进行此反应，产物不一定为醇，而是亲核试剂作为取代基与叔碳相连。

【实验目的】

1. 由叔醇的 S_N1 反应制备叔卤代烃。
2. 学习分液漏斗的使用，小量有机液体的洗涤、干燥及低沸点液体的蒸馏。

【实验原理】

本实验由叔丁醇和浓盐酸反应生成叔丁基氯。

反应方程式如下：

$$(CH_3)_3COH + HCl \longrightarrow (CH_3)_3CCl + H_2O$$

【仪器试剂】

仪器：50mL 锥形瓶（2 个），100℃温度计（2 个），50mL 圆底烧瓶，125mL 分液漏斗，接液管，蒸馏头，直形冷凝管，温度计套管，10mL 量筒，250mL 电热套。

试剂：9.5mL（7.4g，0.1mol）叔丁醇，25mL 浓盐酸，5%碳酸氢钠，无水氯化钙。

萃取装置如图 1 所示，精制蒸馏装置同实验九。

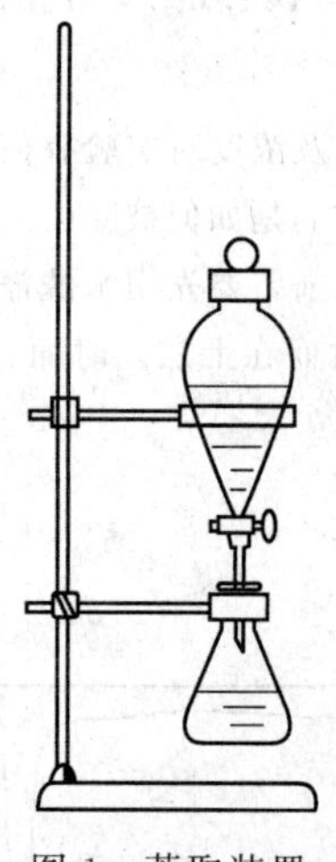

图 1　萃取装置

【实验步骤】

在 125mL 分液漏斗中，放置 9.5mL 叔丁醇和 25.0mL 浓盐酸。先勿塞住漏斗上口塞子，轻轻旋摇 1min，然后将漏斗上口塞紧，翻转后摇振2～3min。注意及时打开活塞放气，以免漏斗内压力过大，使反应物喷出。静置分层后分出有机相，依次用等体积的水、5%碳酸氢钠溶液、水洗涤。用碳酸氢钠溶液洗涤时，要小心操作，注意及时放气。粗产品放入干燥的锥形瓶中，加入无水氯化钙 1～2g，塞上瓶塞，间歇振荡，干燥 30min 后，滤入蒸馏瓶中。干燥后的产物在水浴上蒸馏。接受瓶用冰水浴冷却，收集 48～52℃馏分并称重，计算产率。

纯粹叔丁基氯的沸点为52℃，折射率n_D^{20}1.3877，相对密度为0.934。

【注意事项】

1. 在反应物刚混合时，切记不可盖上盖子振摇分液漏斗，否则会因压力过大，将反应物冲出。

2. 当加入碳酸氢钠溶液时有大量气体产生，必须缓慢加入并慢慢地旋动未塞住上口的漏斗直至气体逸出基本停止。再将分液漏斗塞紧，缓缓倒置后，立即放气。

3. 注意实验过程中放出的溶液应单独保留至实验最后，以免因判断错误而导致实验失败。

4. 分液漏斗使用完毕后应清洗干净，最后在活塞处垫上纸片，以免粘连。

5. 所用蒸馏仪器必须全部烘干。

【思考题】

1. 洗涤粗产品时，如果碳酸氢钠溶液浓度过高，洗涤时间过长有什么不好？

2. 本实验中未反应的叔丁醇如何除去？

实验十二 环己烯

消除反应：又称脱去反应或是消去反应，反应条件是在强酸性介质中加热，反应遵循查依采夫规则。要掌握不同结构的醇进行消除反应的活性顺序：叔醇＞仲醇＞伯醇。

【实验目的】

1. 学习用环己醇制取环己烯的原理和方法。

2. 掌握简单分馏的一般原理及基本操作技能，学会正确安装填料及分馏装置。

3. 复习分液漏斗的使用、液体的洗涤、干燥等基本操作。

4. 正确理解共沸要领及其在有机化学实验中的应用。

【实验原理】

$$\text{环己醇(OH)} \xrightarrow[\triangle]{85\%H_3PO_4} \text{环己烯} + H_2O$$

【仪器试剂】

仪器：25mL锥形瓶2个，50mL圆底烧瓶，分馏柱，直形冷凝管，蒸馏头，温度计套管，接液管，分液漏斗，电热套，10mL量筒，150℃水银温度计。

试剂：10.0mL环己醇（9.6g，0.096mol），85%磷酸3.0mL，食盐，5%碳酸钠水溶液，无水氯化钙。

分馏装置如图1所示，蒸馏装置同实验九。

【实验步骤】

在50mL干燥的圆底烧瓶中，放入9.6g环己醇、3.0mL 85%浓磷酸和沸石（或磁子搅拌），充分振摇使混合均匀。将烧瓶上面安装一维氏分馏柱作分馏装置，接上冷凝管，用锥形瓶作接收器，外用冰水冷却，组装成分馏装置。

将烧瓶在100mL电热套内空气浴加热，控制加热速度使分馏柱上端的温度不要超过90℃，馏液为带水的混合物。当烧瓶中只剩下很少量的残渣并出现阵阵白雾时，即可停止蒸馏。全部蒸馏时间约需1h。

将蒸馏液用精盐饱和，然后加入3～4mL 5%碳酸钠溶液中和微量的酸。将此液体倒入小分液漏斗中，振摇后静置分层。将下层水溶液自漏斗下端活塞放出、上层的粗产物自漏斗

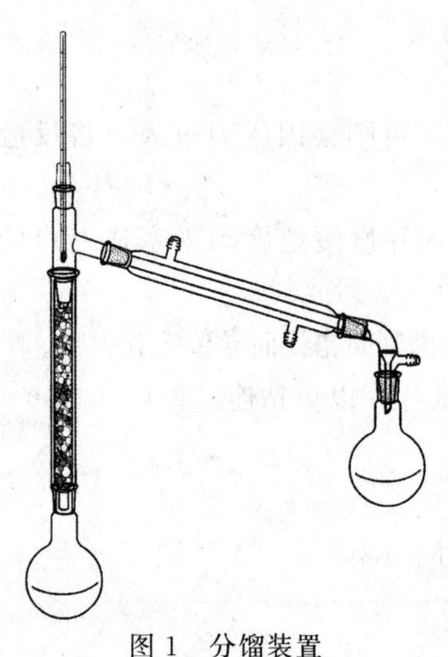
图 1 分馏装置

的上口倒入干燥的小锥形瓶中，加入 1～2g 无水氯化钙干燥。

将干燥后的产物滤入干燥的蒸馏瓶中，加入沸石后用水浴加热蒸馏。收集 80～85℃的馏分于一已称重的干燥小锥形瓶，产量 7～8g。

纯粹环己烯的沸点为 82.98℃，折射率 n_D^{20} 1.4465。

【注意事项】

1. 按图 1 安装仪器。由于该装置较高，因此，安装时要求圆底烧瓶、分馏柱及直形冷凝管均应固定在铁架台上，做到平稳、接口严密。

2. 环己醇在室温下为黏稠的液体（m.p. 25.2℃），量筒内的环己醇难以倒净，会影响产率。若采用称量法则可避免损失。

3. 由于反应中环己烯与水形成共沸物（沸点 70.8℃，含水 10%）；环己醇与环己烯形成共沸物（沸点 64.9℃，含环己醇 30.5%）；环己醇与水形成共沸物（沸点 97.8℃，含水 80%）。因此在加热时控制柱顶温度不超过 90℃，蒸馏速度不宜太快，以减少未作用的环己醇蒸出。调节加热速度，以保证反应速度大于蒸出速度，使分馏得以连续进行，反应时间约 40min 左右。

4. 水层应尽可能分离完全，否则将增加无水氯化钙的用量，使产物更多地被干燥剂吸附而招致损失，这里用无水氯化钙干燥较适合，因它还可除去少量环己醇。

5. 粗产物要充分干燥后方可进行蒸馏。蒸馏所用仪器（包括接收器）要全部干燥。

6. 反应终点的判断：

① 圆底烧瓶中出现白雾；

② 柱顶温度下降后又回升至 85℃以上；

③ 接收器（量筒）中馏出物（环己烯-水的共沸物）的量达到理论计算值。

7. 本实验也可用 1mL 浓硫酸代替 85%浓磷酸作脱水剂，其余步骤相同。

【思考题】

1. 在粗制的环己烯中，加入精盐使水层饱和的目的何在？

2. 在蒸馏终止前，出现的阵阵白雾是什么？

3. 下列醇用浓硫酸进行脱水反应的主要产物是什么？

①3-甲基-1-丁醇；②3-甲基-2-丁醇；②3,3-二甲基-2-丁醇

【附】

实验试剂的物理参数见表 1，环己烯的红外谱图和核磁共振谱图见图 2 和图 3。

表 1 实验试剂的物理参数

化合物名称	相对分子质量	性状	相对密度(d)	熔点/℃	沸点/℃	折射率(n)	溶解度		
							水	乙醇	乙醚
环己醇	100.16	晶体或液体	0.9624	25.2	161	1.4650	略溶	溶	溶
环己烯	82.14	液体	0.810	−103.7	82.98	1.4465	难溶	易溶	易溶

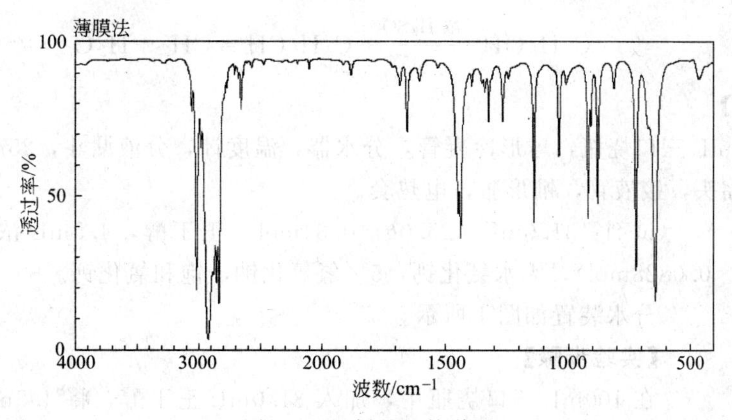

图 2　环己烯的红外谱图

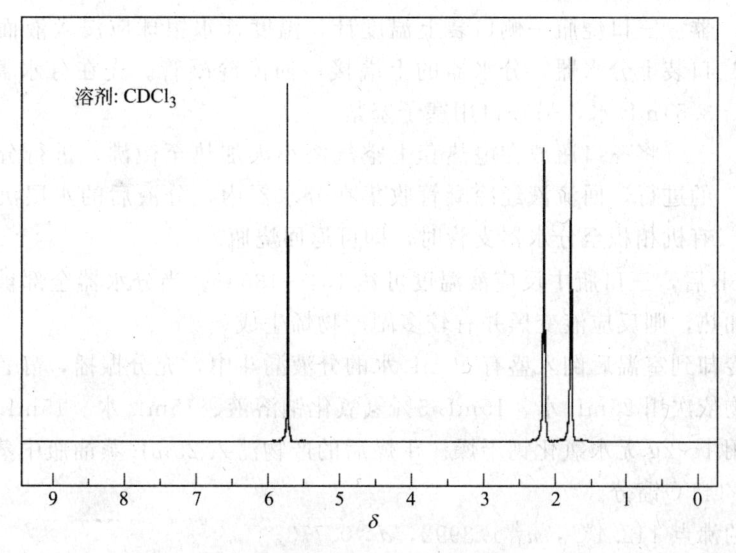

图 3　环己烯的^1H NMR 谱图

实验十三　正 丁 醚

威廉姆森（Williamson）合成法：利用醇钠与卤代烃反应合成醚，仅能制备单醚、也适用于制备混醚。主要用于合成不对称醚，特别是制备芳基烷基醚时产率较高。这种合成方法的反应机理是烷氧（或酚氧）负离子对卤代烷或硫酸酯的亲核取代反应（即 S_N2 反应）。醇分子间脱水生成醚是制备简单醚的常用方法。用硫酸作为催化剂，在不同温度下正丁醇和硫酸作用生成的产物会有不同，主要是正丁醚（*n*-butyl ether）或丁烯，因此反应须严格控制温度。

醚一般为无色、易挥发、易燃、易爆液体。由于醚的自氧化作用，会生成少量遇振或受热易爆炸的过氧化物，故在使用久存的醚时，必须先检验有无过氧化物。

【实验目的】

1. 掌握分子间脱水制醚的反应原理和实验方法。

2. 学习使用分水器，进一步训练和熟练掌握回流、加热和萃取等基本操作。

【实验原理】

主反应　$$2C_4H_9OH \xrightarrow[134\sim135℃]{浓\ H_2SO_4} C_4H_9OC_4H_9 + H_2O$$

副反应 $C_4H_9OH \xrightarrow[>135℃]{浓 H_2SO_4} C_2H_5CH{=}CH_2 + H_2O$

【仪器试剂】

仪器：100mL 三口烧瓶，球形冷凝管，分水器，温度计，分液漏斗，25mL 蒸馏瓶，直形冷凝管，蒸馏头，接液管，锥形瓶，电热套。

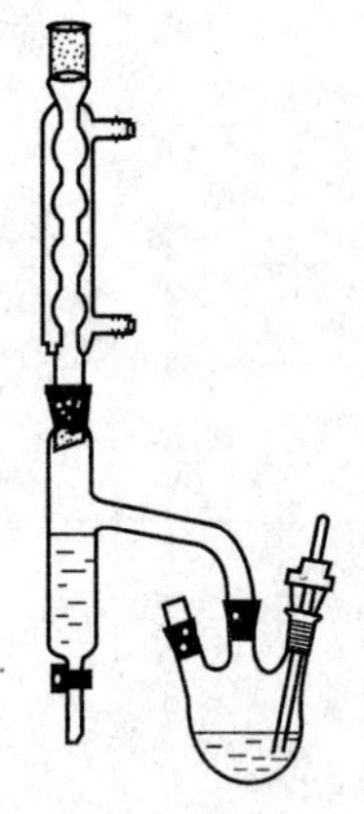
图 1 分水装置

试剂：31.0mL（25.0g，0.34mol）正丁醇，4.5mL 浓硫酸（8.11g，0.0828mol），无水氯化钙，5%氢氧化钠，饱和氯化钙。

分水装置如图 1 所示。

【实验步骤】

在 100mL 三口烧瓶中，加入 31.0mL 正丁醇，将 4.5mL 浓硫酸慢慢加入并摇荡烧瓶使浓硫酸与正丁醇混合均匀，加几粒沸石，按图 1 装置仪器。三口烧瓶一侧口装上温度计，温度计水银球应浸入液面以下，中间分口装上分水器，分水器的上端接一回流冷凝管。先在分水器内放置（$V-3.5$）mL 水，另一口用塞子塞紧。

将三口瓶放在电热套上空气浴小火加热至微沸，进行分水。随着反应的进行，回流液经冷凝管收集在分水器内，分液后的水层沉于下层，上层有机相积至分水器支管时，即可返回烧瓶。

大约经 1.5h 后，三口瓶中反应液温度可达 134～136℃。当分水器全部被水充满时停止反应。若继续加热，则反应液变黑并有较多副产物烯生成。

将反应液冷却到室温后倒入盛有 50mL 水的分液漏斗中，充分振摇，静置后弃去下层液体。上层粗产物依次用 25mL 水、15mL 5%氢氧化钠溶液、15mL 水、15mL 饱和氯化钙溶液洗涤，然后用 1～2g 无水氯化钙干燥。干燥后的产物滤入 25mL 蒸馏瓶中蒸馏，用空气冷凝管收集 140～144℃馏分。

纯正丁醚的沸点 142.4℃，n_D^{20} 1.3992，d_4^{15} 0.773。

本实验约需 6h。

【注意事项】

1. 加料时，正丁醇和浓硫酸如不充分摇动混匀，硫酸局部过浓，加热后易使反应溶液变黑。

2. V 为分水器的体积，本实验根据理论计算，生成水的量约为 3mL，但是实际分出水的体积要略大于理论计算量，因为有单分子脱水的副产物生成，故分水器放满水后先分掉约 3.5mL 水。

3. 本实验利用恒沸混合物蒸馏方法，采用分水器将反应生成的水层上面的有机层不断流回到反应瓶中，而将生成的水除去。在反应液中，正丁醚和水形成恒沸物，沸点为 94.1℃，含水 33.4%。正丁醇和水形成恒沸物，沸点为 93℃，含水 45.5%。正丁醚和正丁醇形成二元恒沸物，沸点为 117.6℃，含正丁醇 82.5%。此外正丁醚还能和正丁醇、水形成三元恒沸物，沸点为 90.6℃，含正丁醇 34.6%，含水 29.9%。这些含水的恒沸物冷凝后，在分水器中分层。上层主要是正丁醇和正丁醚，下层主要是水。利用分水器可以使分水器上层的有机物流回反应器中。

4. 反应开始回流时，因为有含水恒沸物的存在，一般会在 100～115℃之间反应 1.5h 左右。但随着水被蒸出，温度逐渐升高，方可达到 130℃以上。最后达到 135℃以上，即应停止加热。如果温度升得太高，反应溶液会炭化变黑，并有大量副产物丁烯生成。

5. 在碱洗过程中，不要太剧烈地摇动分液漏斗，否则生成乳浊液，分离困难。

6. 正丁醇溶在饱和氯化钙溶液中，而正丁醚微溶。

【思考题】

1. 如何得知反应已经比较完全？

2. 反应物冷却后为什么要倒入 50mL 水中？各步的洗涤目的何在？

3. 能否用本实验方法由乙醇和 2-丁醇制备乙基仲丁基醚？你认为用什么方法比较好？

【附】

主要试剂及产品的物理常数见表 1。正丁醚的红外谱图与核磁共振碳谱见图 2 和图 3。

表 1　主要试剂及产品的物理常数（文献值）

名称	相对分子质量	性状	折射率	相对密度	熔点/℃	沸点/℃	溶解度/g·(100mL 溶剂)$^{-1}$		
							水	醇	醚
正丁醇	74.12	无色液体	1.3992	0.8098	−89.8	117.7	915		
正丁醚	130.23	无色液体	1.3992	0.7689	−98	142.4	<0.05		
浓 H_2SO_4	98.08	无色液体		1.84	10.35	340			

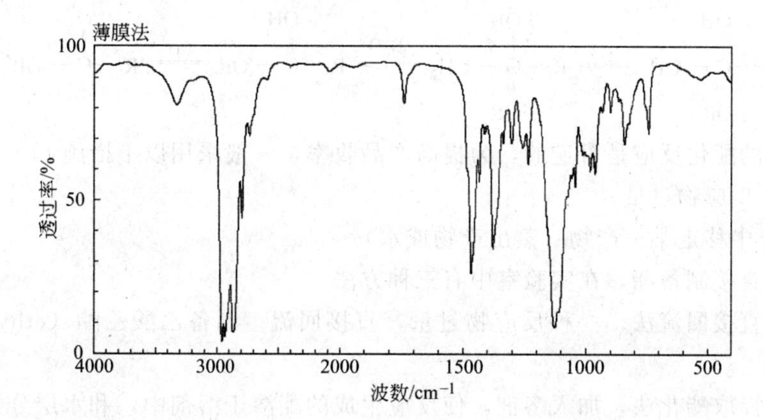

图 2　正丁醚红外图谱

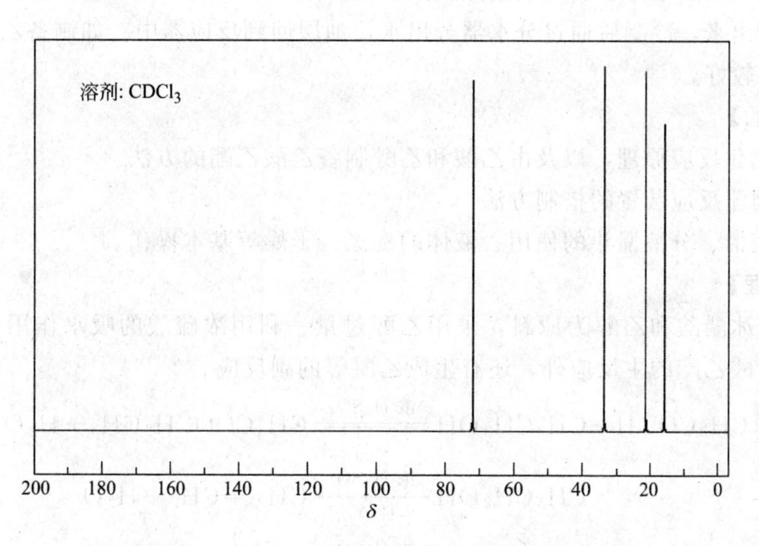

图 3　正丁醚核磁共振碳谱

实验十四 乙酸乙酯

醇与羧酸或含氧无机酸生成酯和水，这种反应叫酯化反应。分两种情况：羧酸与醇反应和无机含氧酸与醇反应。

羧酸与醇的反应过程一般是：羧酸分子中的羟基与醇分子中羟基的氢原子结合成水，其余部分互相结合成酯。羧酸与醇的酯化反应是可逆的，并且一般反应极缓慢，故常用浓硫酸作催化剂。多元羧酸与醇反应，则可生成多种酯。如乙二酸与甲醇可生乙二酸氢甲酯或乙二酸二甲酯。

无机强酸与醇的反应，其速度一般较快，如浓硫酸与乙醇在常温下即能反应生成硫酸氢乙酯。多元醇与无机含氧强酸反应，也生成酯。

酯化反应的可能历程为：

$$R-C(=O)-OH \xrightleftharpoons{H^+} R-C(=\overset{+}{O}H)-OH \xrightleftharpoons{R'\ddot{O}H} R-C(OH)(OH)-\overset{+}{H}OR' \xrightleftharpoons{-H^+} R-C(OH)(OH)-OR'$$

$$R-C(OH)(OH)-OR' \xrightleftharpoons{H^+} R-C(\ddot{O}H)(OR')-\overset{+}{O}H_2 \xrightleftharpoons{-H_2O} R-C(=\overset{+}{O}H)-OR \xrightleftharpoons{-H^+} R-C(=O)-OR'$$

羧酸与醇的酯化反应是可逆的，为提高产品收率，一般采用以下措施：

① 使某一反应物过量。

② 在反应中移走某一产物（蒸出产物或水）。

用酸与醇直接制备酯，在实验室中有三种方法。

第一种是直接回流法，一种反应物过量，直接回流。制备乙酸乙酯（ethyl acetate）用回流法较好。

第二种是提取酯化法，加入溶剂，使反应生成的酯溶于溶剂中，和水层分开。

第三种是共沸蒸馏分水法，利用酯、酸和水形成二元或三元恒沸物，生成的酯和水以恒沸物的形式蒸出来，冷凝后通过分水器分出水，油层回到反应器中。如制备乙酸正丁酯用共沸蒸馏分水法较好。

【实验目的】

1. 掌握酯化反应原理，以及由乙酸和乙醇制备乙酸乙酯的方法。
2. 学会回流反应装置的搭制方法。
3. 复习蒸馏、分液漏斗的使用、液体的洗涤、干燥等基本操作。

【实验原理】

本实验用冰醋酸和乙醇为原料，采用乙醇过量、利用浓硫酸的吸水作用使反应顺利进行。除生成乙酸乙酯的主反应外，还有生成乙醚等的副反应。

主反应 $$CH_3COOH + CH_3CH_2OH \xrightleftharpoons[\triangle]{浓 H_2SO_4} CH_3COOCH_2CH_3 + H_2O$$

副反应 $$CH_3CH_2OH \xrightarrow[170℃]{浓 H_2SO_4} CH_2=CH_2 + H_2O$$

$$2CH_3CH_2OH \xrightarrow[140℃]{浓 H_2SO_4} (CH_3CH_2)_2O + H_2O$$

【仪器试剂】

仪器：100mL圆底烧瓶，冷凝管，温度计，分液漏斗，水浴锅，维氏分馏柱，滴液漏斗，三口烧瓶，接引管等。

试剂：15.0g（14.3mL，0.25mol）冰醋酸，18.4g（23.0mL，0.37mol）95%乙醇，浓硫酸（相对密度1.84），饱和Na_2CO_3溶液，饱和NaCl溶液，饱和$CaCl_2$溶液，无水$MgSO_4$。

【实验步骤】

方法一

（1）装置　在100mL圆底烧瓶中加入14.3mL冰醋酸、23.0mL 95%乙醇，在摇动下慢慢加入7.5mL浓硫酸，混合均匀后加入几粒沸石，装上回流冷凝管，通入冷凝水，如图1所示。

（2）反应　水浴上加热至沸，回流0.5h。

稍冷后改为简单蒸馏装置（同实验九制备蒸馏装置），加入几粒沸石，在水浴上加热蒸馏，直至不再有馏出物为止，得粗乙酸乙酯。

首次蒸出的粗制品常夹杂有少量未作用的乙酸、乙醇以及副产物乙醚、亚硫酸等，洗涤干燥等操作就是为了除去这些杂质。

（3）洗涤

① 在摇动下慢慢向粗产物中加入饱和碳酸钠（Na_2CO_3）水溶液，除去酸，此步要求比较缓慢，注意摇动与放气，随后放入分液漏斗中放出下面的水层，有机相用蓝色石蕊试纸检验至不变色（酸性呈红色）为止，也可用pH试纸检验。

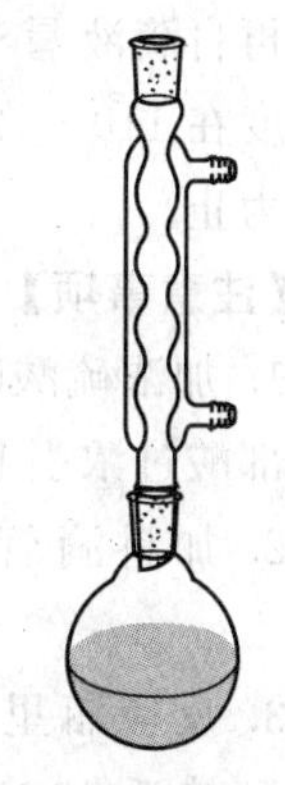
图1　回流装置

放气是为了避免因产生CO_2气体导致分液漏斗内压力过大。因为有以下反应产生：

$$2CH_3COOH + Na_2CO_3 \longrightarrow 2CH_3COONa + CO_2\uparrow + H_2O$$

$$H_2SO_4 + Na_2CO_3 \longrightarrow Na_2SO_4 + CO_2\uparrow + H_2O$$

② 有机相再加10mL饱和食盐水（NaCl）洗涤，用以除去剩余的碳酸钠，否则与下步洗涤所用的$CaCl_2$反应生成$CaCO_3$沉淀。

注意：不用水代替，以减少酯在其中的溶解度（每17份水溶解1份乙酸乙酯）。

③ 最后每次用10mL的氯化钙（$CaCl_2$）洗涤两次，以除去残余的醇。

（4）干燥　将酯层放入干燥的锥形瓶中，加入2～3g的无水$K_2CO_3/MgSO_4$干燥（分别与水结合生成$K_2CO_3 \cdot 2H_2O$、$MgSO_4 \cdot 7H_2O$而达到除水干燥之目的），塞上橡皮塞，放置30min，期间要间歇振荡。

（5）蒸馏　把干燥后的粗乙酸乙酯滤入50mL烧瓶中，水浴蒸馏，收集73～80℃的馏分（装置见实验九图2）。

（6）称量，通过折射率判断其纯度　纯粹乙酸乙酯是具有果香味的无色液体，沸点77.06℃，d_4^{20} 0.901，n_D^{20} 1.3727。

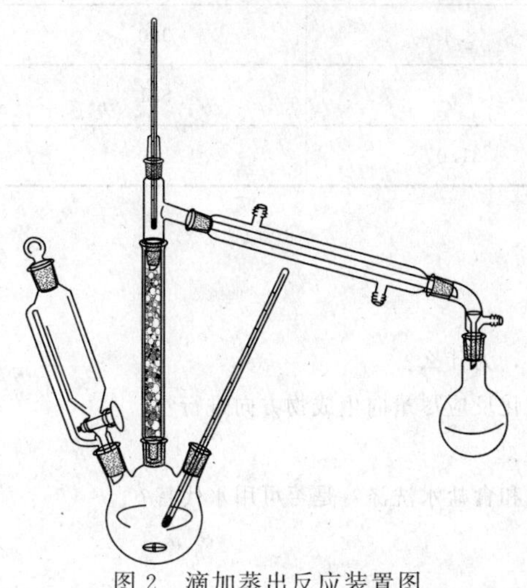
图2　滴加蒸出反应装置图

(7) 理论产量　0.25mol，22g。

方法二

该实验也可采用滴加蒸出反应装置，将方法一中的（1）、（2）替换如下，其余步骤相同。

(1) 装置　在250mL三口烧瓶中，加入9.0mL乙醇，摇动下慢慢加入12.0mL浓硫酸使混合均匀，并加入几粒沸石（或加磁子搅拌）。三口烧瓶一侧口插入温度计到液面下，另一侧口安装滴液漏斗，漏斗末端应浸入液面以下，距瓶底0.5～1cm。中间口连接带刺形分馏柱（维氏分馏柱）的蒸馏装置，如图2所示。

(2) 反应　仪器装好后，在滴液漏斗内加入由14.0mL乙醇和14.3mL冰醋酸组成的混合液，先向瓶内滴入3～4mL，然后将三口烧瓶用小火加热到110～120℃，这时应有液体馏出，再自滴液漏斗慢慢滴入其余的混合液，控制滴加速度和馏出速度大致相等，并维持反应液温度在110～120℃之间。滴加完毕后，继续加热15min，直至温度升高到130℃不再有馏出液为止。

【注意事项】

1. 加浓硫酸时，必须慢慢加入并充分振荡烧瓶，使其与乙醇均匀混合，以免在加热时因局部酸过浓引起有机物炭化等副反应。

2. 加料滴管和温度计必须插入反应混合液中，加料滴管的下端离瓶底约5mm为宜。

3. 反应瓶里的反应温度可由滴加速度来控制。温度接近125℃，适当滴加快点；温度落到接近110℃，可滴加慢点；落到110℃时停止滴加；待温度升到110℃以上时，再滴加。

4. 所用仪器均需烘干，否则，乙酸乙酯与水或醇形成二元或三元共沸物（表1），在73℃之前蒸出，导致产率大大降低。

表1　乙酸乙酯与水或醇形成二元或三元共沸物

沸点/℃	组成/%		
	乙酸乙酯	乙醇	水
70.2	82.6	8.4	9.0
70.4	91.9		8.1
71.8	69.0	31.0	

【思考题】

1. 在本实验中硫酸起什么作用？

2. 为什么要用过量的乙醇？如果采用醋酸过量是否可以，为什么？

3. 酯化反应有什么特点？在实验中如何创造条件促使酯化反应尽量向生成物方向进行？

4. 能否用浓氢氧化钠代替饱和碳酸钠溶液来洗涤蒸馏液？

5. 用饱和氯化钙溶液洗涤，能除去什么，为什么先用饱和食盐水洗涤？是否可用水代替？

【附】

主要物料及产物的物理常数见表2。

表 2　主要物料及产物的物理常数

名　称	相对分子质量	性状	折射率	相对密度	熔点/℃	沸点/℃	溶解度/g·(100mL 溶剂)$^{-1}$		
							水	醇	醚
冰醋酸	60.05	无色液体	1.3698	1.049	16.6	118.1	∞	∞	∞
乙醇	46.07	无色液体	1.3614	0.780	−117	78.3	∞	∞	∞
乙酸乙酯	88.10	无色液体	1.3722	0.905	−84	77.15	8.6	∞	∞

乙酸乙酯的红外及核磁共振氢谱见图 3、图 4。

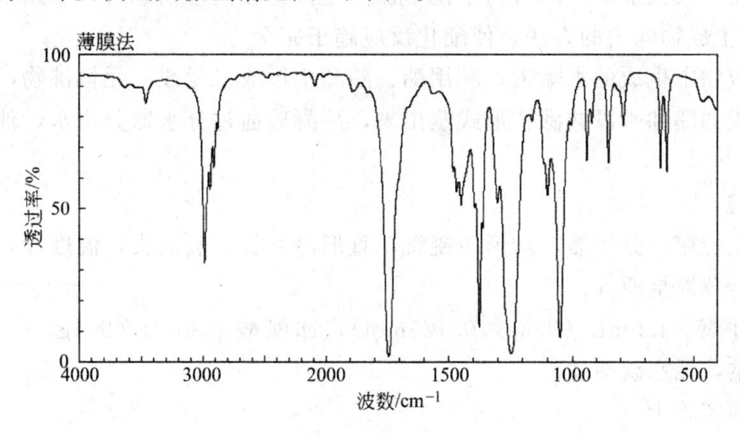

图 3　乙酸乙酯的红外谱图

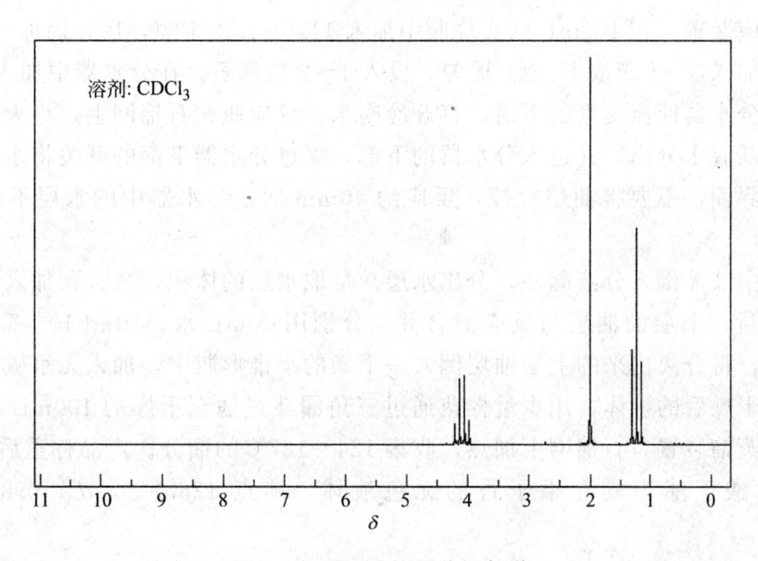

图 4　乙酸乙酯核磁共振氢谱

实验十五　乙酸正丁酯

【实验目的】

1. 掌握共沸蒸馏分水法的原理和油水分离器的使用。
2. 掌握液体化合物的分离提纯方法。

【实验原理】

制备酯类最常用的方法是由羧酸和醇直接合成。合成乙酸正丁酯（butyl ethanoate）的反应如下：

$$CH_3COOH+CH_3CH_2CH_2CH_2OH \xrightleftharpoons{H_2SO_4} CH_3COOCH_2CH_2CH_2CH_3+H_2O$$

副反应：

$$CH_3CH_2CH_2CH_2OH \xrightarrow[\triangle]{H^+} CH_3CH_2CH_2CH_2OCH_2CH_2CH_2CH_3+CH_3CH_2CH=CH_2$$

酯化反应是一个可逆反应，而且在室温下反应速度很慢。加热、加 H_2SO_4 作催化剂，可使酯化反应速率大大加快。同时为了使平衡向生成物方向移动，可以采用增加反应物浓度（冰醋酸）和将生成物除去的方法，使酯化反应趋于完全。

为了将反应物中生成的水除去，利用酯、酸和水形成二元或三元恒沸物，采取共沸蒸馏分水法，使生成的酯和水以共沸物形式蒸出来，冷凝后通过分水器分出水，油层则回到反应器中。

【仪器试剂】

仪器：圆底烧瓶，分水器，球形冷凝管，直形冷凝管，蒸馏头，温度计，接液管，分液漏斗，锥形瓶，蒸馏烧瓶等。

试剂：正丁醇 11.5mL（9.3g，0.125mol），冰醋酸 9.0mL（9.4g，0.15mol），浓硫酸，10%碳酸钠，无水硫酸镁。

反应装置同实验十三。

【实验步骤】

装配好反应装置。在 100mL 圆底烧瓶中加入 11.5mL 正丁醇，用量筒加入 9.0mL 冰醋酸，从滴瓶中加入 3～4 滴浓 H_2SO_4 摇匀，投入 1～2 粒沸石。在分水器中加入计量过的水，使水面稍低于分水器回流支管的下沿，打开冷凝水。反应瓶在石棉网上，小火加热回流。反应过程中，不断有水分出，并进入分水器的下部，通过分水器下部的开关将水分出，要注意水层与油层的界面，不要将油层放掉，反应约 40min 后，分水器中的水层不再增加时，即为反应的终点。

将分水器中液体倒入分液漏斗，分出水层。量取水层的体积，减去预加入的水量，即为反应生成的水量。上层的油层与反应液合并。分别用 10mL 水、10mL10%碳酸钠、10mL 水洗涤反应液，将分离出来的上层油层倒入一干燥的小锥形瓶中，加入无水硫酸镁干燥，直至液体澄清。干燥后的液体，用少量棉花通过三角漏斗过滤至干燥的 100mL 蒸馏瓶中，加入沸石，安装蒸馏装置，石棉网上加热，收集 124～127℃的馏分。产品称重后测定折射率。

纯粹的乙酸丁酯为具有果子香的无色液体，沸点 126.1℃，d_4^{20} 0.8826，折射率 n_D^{20} 1.3951。

【注意事项】

1. 高浓度醋酸在低温时凝结成冰状固体（熔点 16.6℃）。取用时可用温水浴加热使其熔化后量取。注意不要碰到皮肤，防止烫伤。

2. 浓硫酸起催化剂作用，只需少量即可。滴加浓硫酸时，要边加边摇，以免局部炭化，必要时可用冷水冷却。也可用固体超强酸作催化剂。

3. 当酯化反应进行到一定程度时，可连续蒸出乙酸正丁酯、正丁醇和水的三元共沸物（恒沸点 90.7℃），其回流液组成为：上层三者分别为 86%、11%、3%，下层为 19%、2%、97%。故分水时也不要分去太多的水，而以能让上层液溢流回圆底烧瓶继续反应为宜。

4. 碱洗时注意分液漏斗要放气，否则二氧化碳的压力增大会使溶液冲出来。

5. 本实验中不能用无水氯化钙为干燥剂，因为它与产品能形成络合物而影响产率。

6. 正确使用分水器。本实验体系中有正丁醇-水共沸物，共沸点 93℃；乙酸正丁酯-水共沸物，共沸点 90.7℃。在反应进行的不同阶段，利用不同的共沸物可把水带出体系，经冷凝分出水后，醇、酯再回到反应体系。为了使醇能及时回到反应体系中参加反应，在反应开始前，在分水器中应先加入计量过的水，使水面稍低于分水器回流支管的下沿，当有回流冷凝液时，水面上仅有很浅一层油层存在。在操作过程中，不断放出生成的水，保持油层厚度不变。或在分水器中预先加水至支口，放出反应所生成理论量的水（用小量筒量）。

7. 控制反应温度在 120～125℃。

8. 反应终点的判断可观察以下两种现象：①分水器中不再有水珠下沉；②分水器中分出的水量与理论分水量进行比较，判断反应完成的程度。

【思考题】

1. 酯化反应有哪些特点？本实验中如何提高产品收率？又如何加快反应速度？

2. 计算反应完全时应分出多少水。

3. 在提纯粗产品的过程中，用碳酸钠溶液洗涤主要除去哪些杂质？若改用氢氧化钠溶液是否可以？为什么？

【附】

实验试剂主要物理常数见表 1，乙酸正丁酯、水及正丁醇形成的二元或三元恒沸液的组成及沸点见表 2。

表 1　实验试剂主要物理常数

化合物名称	相对分子质量	性状	相对密度（d）	熔点/℃	沸点/℃	折射率（n）	溶解度/g·(100mL 溶剂)$^{-1}$		
							水	乙醇	乙醚
正丁醇	74.32	液体	0.810	−89.8	118.0	1.3991	9	∞	∞
冰醋酸	60.05	液体	1.049	16.6	118.1	1.3715	∞	∞	∞
乙酸正丁酯	116.16	液体	0.882	−73.5	126.1	1.3951	0.7	∞	∞
1-丁烯	56.12	气体	0.5951	−185.4	−6.3	1.3931	i	vs	vs
正丁醚	130.23	液体	0.7689	−95.3	142	1.3992	<0.05	∞	∞

注：i 表示不溶，vs 表示易溶。

表 2　乙酸正丁酯、水及正丁醇形成二元或三元恒沸液的组成及沸点

沸点/℃	组成/%			沸点/℃	组成/%		
	丁醇	水	乙酸正丁酯		丁醇	水	乙酸正丁酯
117.6	67.2		32.8	90.7		27	73
93	55.5	45.5		90.5	18.7	28.6	52.7

实验十六　乙酰水杨酸

乙酰水杨酸（acetyl salicylic acid）即阿司匹林（aspirin），是 19 世纪末合成成功的，是一种有效的解热止痛、治疗感冒的药物，亦可用于预防老年人心血管系统疾病。从药物学角度来看，它是水杨酸的前体药物。早在 18 世纪，人们就已从柳树皮中提取出具有止痛、退热、抗炎的化合物——水杨酸，但由于水杨酸严重刺激口腔、食道及胃壁黏膜而使病人不愿使用。为克服这一缺点，在水杨酸中引进乙酰基，获得了副作用小而疗效不减的乙酰水杨酸。

水杨酸分子中含羟基（—OH）、羧基（—COOH），具有双官能团。本实验以强酸硫酸为催化剂，以乙酸酐为乙酰化试剂，与水杨酸的酚羟基发生酰化作用形成酯。引入酰基的试剂叫酰化试剂，常用的乙酰化试剂有乙酰氯、乙酸酐、冰乙酸。本实验选用经济合理而反应较快的乙酸酐作酰化剂。

【实验目的】

1. 学习酚酰化成酯的原理及方法。
2. 了解乙酰水杨酸的药用价值与历史。
3. 复习重结晶和测熔点的操作。

【实验原理】

乙酰水杨酸是由水杨酸（邻羟基苯甲酸）与乙酸酐进行酯化反应得到的。水杨酸可由水杨酸甲酯，即冬青油（由冬青树提取而得）水解制得。本实验就是用邻羟基苯甲酸（水杨酸）与乙酸酐反应制备乙酰水杨酸。反应式为：

$$o\text{-}HOC_6H_4COOH + (CH_3CO)_2O \xrightarrow{浓H_2SO_4} o\text{-}CH_3COOC_6H_4COOH + CH_3COOH$$

在反应中，除了生成乙酰水杨酸主产物外，还因副反应的发生可能生成水杨酰水杨酸酯、乙酰水杨酰水杨酸酯等副产物。

$$2\ o\text{-}HOC_6H_4COOH \xrightarrow{\triangle} o\text{-}HOC_6H_4C(=O)\text{—}O\text{—}C_6H_4COOH\text{-}o + H_2O$$

$$o\text{-}CH_3COOC_6H_4COOH + o\text{-}HOC_6H_4COOH \xrightarrow{\triangle} o\text{-}CH_3COOC_6H_4C(=O)\text{—}O\text{—}C_6H_4COOH\text{-}o$$

由于分子内氢键的作用，水杨酸与乙酸酐直接反应需在150～160℃才能生成乙酰水杨酸。加入酸的目的主要是破坏氢键，使反应在较低温度下（90℃）就可以进行，而且可以大大减少副产物，因此实验中要注意控制好温度。

由于水杨酸本身具有两个不同的官能团，反应中可形成少量的高分子聚合物，造成产物的不纯。为了除去这部分杂质，可使乙酰水杨酸变成钠盐，利用高聚物不溶于水的特点将它们分开，达到分离的目的。至于反应的完成与否则可以通过三氯化铁进行检测：由于酚羟基可与三氯化铁水溶液反应形成深紫色的溶液，所以未反应的水杨酸与稀的三氯化铁溶液反应呈正结果；而纯净的乙酰水杨酸不会产生紫色。

【仪器试剂】

仪器：水浴锅，布氏漏斗，抽滤瓶，水泵，滤纸，烧杯（150mL），锥形瓶（150mL）温度计（150℃），冰浴，熔点测定仪，试管，玻璃棒，台秤，量筒。

试剂：水杨酸2.0g（0.014mol），乙酸酐（新蒸）5.0mL（0.05mol），浓硫酸，95%乙醇，蒸馏水，0.1%三氯化铁。

【实验步骤】

1. 反应

在干燥的150mL锥形瓶中加入2.0g水杨酸、5.0mL乙酸酐和5滴浓硫酸，旋摇锥形瓶使水杨酸全部溶解后，在水浴上加热5～10min，控制浴温85～90℃。冷却至室温后，即有水杨酸结晶析出。加入50mL水，将混合物继续在冰水浴中冷却结晶完全。减压过滤后将粗产物转移至表面皿上，在空气中风干，称重得粗产物。若冷却时出现油状物，可将析出油状物的溶液加热重新溶解，然后慢慢冷却。一当油状物析出时便剧烈搅拌混合物，使油状物在均匀分散的状况下固化。

2. 精制

将粗产物转移至150mL烧杯中，在搅拌下加入25.0mL饱和碳酸氢钠溶液，加完后继续搅拌几分钟，直至无二氧化碳气泡产生。抽气过滤，副产物聚合物应被过滤出，用5～10mL水冲洗漏斗，合并滤液，倒入预先盛有4～5mL浓盐酸和10mL水配成溶液的烧杯中，搅拌均匀，即有乙酰水杨酸沉淀析出。将烧杯置于冰浴中冷却，使结晶完全。减压过滤，将结晶移至表面皿上，干燥后称量。取几粒结晶加入盛有5.0mL水的试管中，加入1～2滴1%三氯化铁溶液，观察有无颜色变化。

3. 提纯

为了得到更纯的产品，可将上述结晶的一半溶于少量的乙酸乙酯（需2～3mL）中，溶解时应在水浴上小心加热。如有不溶物出现，可用预热过的玻璃漏斗趁热过滤。将滤液冷至室温，阿司匹林晶体析出。如不析出结晶，可在水浴上稍加浓缩，并将溶液置于冰水浴中冷却，或用玻璃棒摩擦瓶壁，抽滤收集产物，干燥后测熔点，称重，

纯粹乙酰水杨酸为白色晶体，熔点135～136℃。

【注意事项】

1. 长时间放置的乙酸酐遇空气中的水，容易分解成乙酸，所以在使用前必须重新蒸馏，收集139～140℃馏分。

2. 因为无水反应，实验前必须先将实验所用锥形瓶等仪器烘干！药品也要事先经过干燥处理。

3. 粗产品可用乙醇-水或1∶1（体积比）的稀盐酸，或苯和石油醚（30～60℃）的混合溶剂进行重结晶。

4. 乙酰水杨酸受热后易发生分解，因此熔点不很明显，它的分解温度为128～135℃，因此在烘干、重结晶、熔点测定时均不宜长时间加热，用毛细管测熔点时宜先加热至120℃左右，再放入样品管中测定。

5. 在重结晶时，其溶液不宜加热过久，也不宜用高沸点溶剂，因为在高温下乙酰水杨酸易发生分解。

【思考题】

1. 制备阿司匹林时，加入浓硫酸的目的何在？

2. 反应中有哪些副产物？如何除去？

3. 阿司匹林在沸水中受热时，分解而得到一种溶液，后者对三氯化铁呈阳性试验，试解释之，并写出反应方程式。

4. 水杨酸与乙酸酐的反应过程中浓硫酸起什么作用？

5. 纯的乙酰水杨酸不会与三氯化铁溶液发生显色反应。然而，在乙醇-水混合溶剂中经重结晶的乙酰水杨酸，有时反而会与三氯化铁溶液发生显色反应，这是为什么？

【附】

乙酰水杨酸的各种谱图见图 1～图 3。

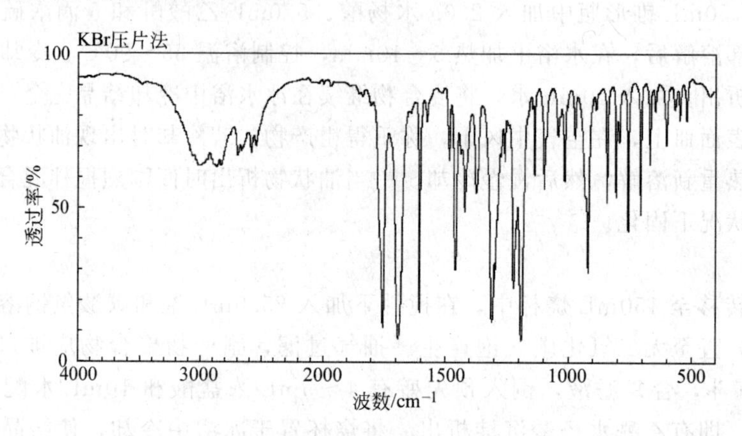

图 1　乙酰水杨酸的红外谱图

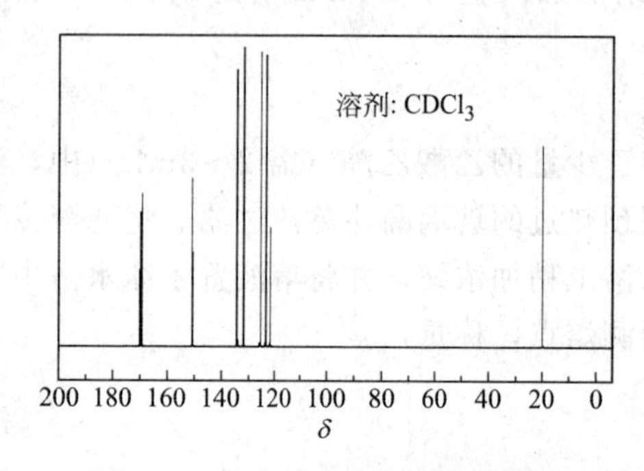

图 2　乙酰水杨酸的核磁共振碳谱

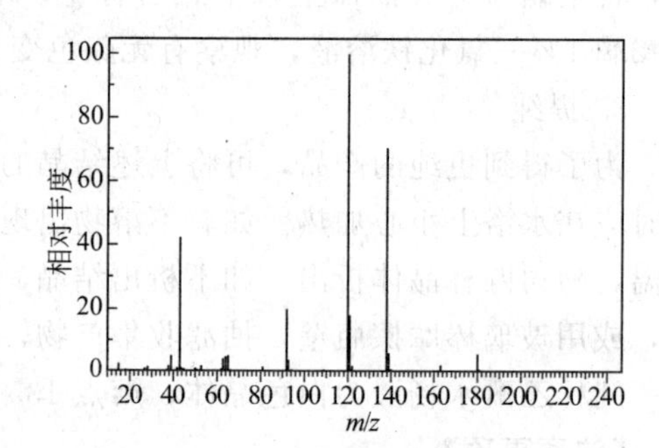

图 3　乙酰水杨酸的质谱图

实验十七　环　己　酮

氧化的典型反应有烯、炔及芳烃侧链的氧化，醇、酚、醛、酮的氧化等。常用的氧化剂有高锰酸钾及重铬酸钾的硫酸溶液、氧气（空气）、臭氧、托伦试剂及斐林试剂等。要注意各种氧化剂的应用范围及作用，例如，根据臭氧氧化再还原水解的产物推测烯烃的结构，用托伦试剂和斐林试剂的氧化来鉴别不同的醛和酮。用高锰酸钾及重铬酸钾氧化醇、醛、酮和芳烃侧链等可制备羧酸。

【实验目的】

1. 学习铬酸氧化法制备环己酮的原理和方法。

2. 通过醇转变为酮的实验，进一步了解醇和酮之间的联系和区别。

【实验原理】

实验室制备脂环醛酮，最常用的方法是将伯醇和仲醇用铬酸氧化。铬酸是重要的铬酸盐和40%～50%硫酸的混合物。仲醇用铬酸氧化是制备酮最常用的方法。酮对氧化剂比较稳定，不易进一步氧化。铬酸氧化醇是一个放热反应，必须严格控制反应的温度，以免反应过于剧烈。反应方程式为：

$$3\ \text{C}_6\text{H}_{11}\text{OH} + Na_2Cr_2O_7 + 4H_2SO_4 \longrightarrow 3\ \text{C}_6\text{H}_{10}\text{O} + Cr_2(SO_4)_3 + Na_2SO_4 + 7H_2O$$

【仪器试剂】

仪器：200mL烧杯，蒸馏装置，温度计，分液漏斗，水浴，电热套。

试剂：环己醇5.3mL（5.091g，0.0509mol），重铬酸钠5.5g，浓硫酸4.5mL，无水碳酸钾，乙醚，精盐，沸石。

制备蒸馏装置与精制蒸馏装置同实验九。

【实验步骤】

① 在200mL烧杯中，溶解5.5g重铬酸钠于30.0mL水中，然后在搅拌下，慢慢加入4.5mL浓硫酸，得一橙红色溶液，冷却至30℃以下备用。

② 在250mL圆底烧瓶中，加入5.3mL环己醇，然后一次加入上述制备好的铬酸溶液，摇振使充分混合。放入一温度计，测量初始温度，并观察温度变化。当温度上升至55℃时，立即用水浴冷却，保持反应温度在55～60℃之间。约0.5h后，温度开始出现下降趋势，移去水浴再放置0.5h以上。其间要不时摇振，使反应完全，反应液呈墨绿色。

③ 在反应瓶内加入30.0mL水和几粒沸石，改成蒸馏装置。将环己酮与水一起蒸出来，直至馏出液不再浑浊后再多蒸8～10mL，约收集馏出液25mL。馏出液用精盐饱和后，转移至分液漏斗，静置后分出有机层。水层用7.5mL乙醚提取一次，合并有机层与萃取液，用1～2g无水碳酸钾干燥，然后在水浴上蒸出乙醚，换空气冷凝管，蒸馏收集151～155℃馏分。

④ 称量产品。纯粹环己酮沸点155.7℃，d_4^{20} 0.9476，折射率 n_D^{20} 1.4507。

【注意事项】

1. 若氧化反应没有发生，不要再继续滴加氧化剂，过量的氧化剂会使反应过于剧烈而难以控制。

2. 水的馏出量不宜过多，否则盐析后，仍不免有少量的环己酮因溶于水而损失掉。环己酮在水中的溶解度在31℃时为2.4g。

【思考题】

1. 本反应可能有哪些副产物？写出有关反应方程式。

2. 反应过程中为什么要振摇？

3. 用铬酸氧化法制备环己酮的实验，为什么要严格控制反应温在55～60℃之间，温度过高或过低有什么不好？

【附】

环己醇与环己酮的红外谱图见图1、图2。

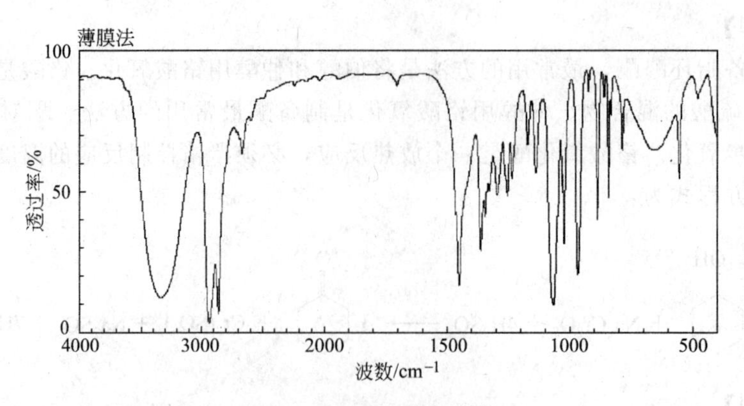

图 1　环己醇的红外谱图

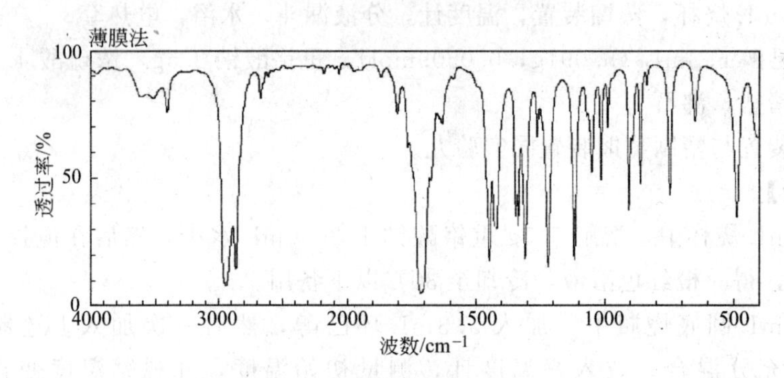

图 2　环己酮的红外谱图

实验十八　苯　甲　酸

苯甲酸（benzoic acid）俗称安息香酸，因最初是由安息香胶制得的。主要用于制备苯甲酸钠防腐剂，并用于制杀菌剂、媒染剂、增塑剂、香料等。

【实验目的】

1. 学习从甲苯、高锰酸钾和盐酸制备苯甲酸的原理的方法。
2. 进一步熟练掌握回流反应、减压过滤、重结晶等操作。

【实验原理】

制备芳香族羧酸的一个简便方法是将烷基芳族化合物氧化。在本实验中，是用 $KMnO_4$ 将甲苯氧化成苯甲酸。反应如下：

$$C_6H_5CH_3 + 2KMnO_4 \longrightarrow C_6H_5COOK + KOH + 2MnO_2 + H_2O$$

$$C_6H_5COOK + HCl \longrightarrow C_6H_5COOH + KCl$$

【仪器试剂】

仪器：150/250mL 圆底烧瓶，150mL 三口烧瓶，球形冷凝管，表面皿，布氏漏斗，吸滤瓶，循环水式多用真空泵。

试剂：甲苯 2.5mL（2.17g，0.024mol），浓盐酸 4～5mL，高锰酸钾 8.0g，亚硫酸氢钠 7g，刚果红试纸。

回流装置如图 1 所示。

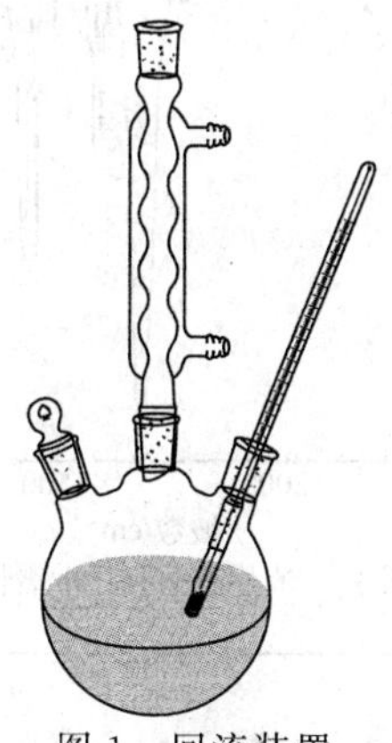

图 1 回流装置

【实验步骤】

1. 苯甲酸的合成

在 250mL 圆底烧瓶中加入 8.0g $KMnO_4$ 和 75.0mL 水，开动搅拌，缓慢加热混合物约 5min。稍冷，再加入 2.5mL 甲苯，然后将烧瓶连接在回流冷凝管器上，加热回流约 1h。冷却烧瓶内容物至室温，用 10% 的 HCl（50～60mL）酸化，再少量分批加入固体的 $NaHSO_3$（5～7g），至溶液退色为止。混合物完全冷却后，减压抽滤，并用少量水洗涤布氏漏斗中的结晶。再用少量的沸水溶解产物进行重结晶，趁热抽滤，并用少量热水洗涤滤渣，合并滤液和洗液，让滤液慢慢冷却结晶。抽滤，干燥，称重，即得苯甲酸。计算产率。

纯苯甲酸为白色单斜片状或针状结晶，熔点 122.4℃，在约 100℃时开始升华。

2. 苯甲酸纯度测定

精确称取苯甲酸 0.10～0.15g（准确至±0.0002g）于 250mL 锥形瓶中，加 50mL 水，加热使其溶解，加入 2 滴酚酞指示剂，用 0.05mol·L^{-1} NaOH 标准溶液滴定至粉红色，记下读数，计算结果。

【注意事项】

1. 高锰酸钾要分批加入，小心操作不能使其粘在管壁上。
2. 控制氧化反应速度；防止发生暴沸冲出现象。
3. 酸化要彻底，使苯甲酸充分结晶析出。
4. $NaHSO_3$ 小心分批加入，温度也不能太高，否则会发生暴沸；而若还原不彻底，会影响产品颜色和纯度。

【思考题】

1. 加 HCl 酸化时，有什么现象出现？为什么？在加 HCl 时，应注意什么？反应完毕，为什么要加 $NaHSO_3$？重结晶时，加水量怎么控制？
2. 反应结束后，滤液呈紫色时为什么要加入少量亚硫酸氢钠？
3. 如何判断酸化过程中已呈强酸性？
4. 精制苯甲酸还有什么方法？

【附】

苯甲酸的红外谱图和核磁共振氢谱见图 2、图 3。

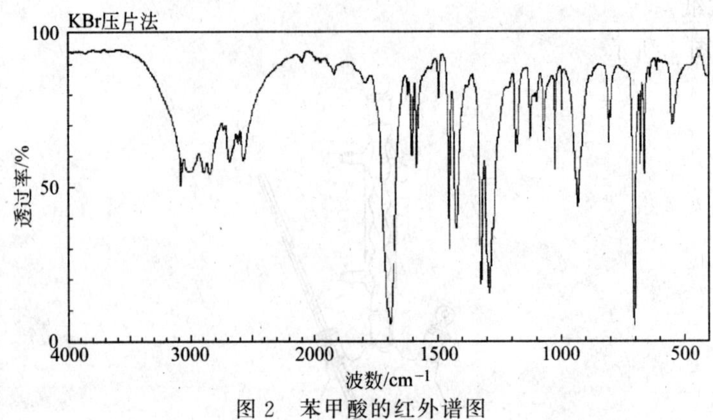

图 2　苯甲酸的红外谱图

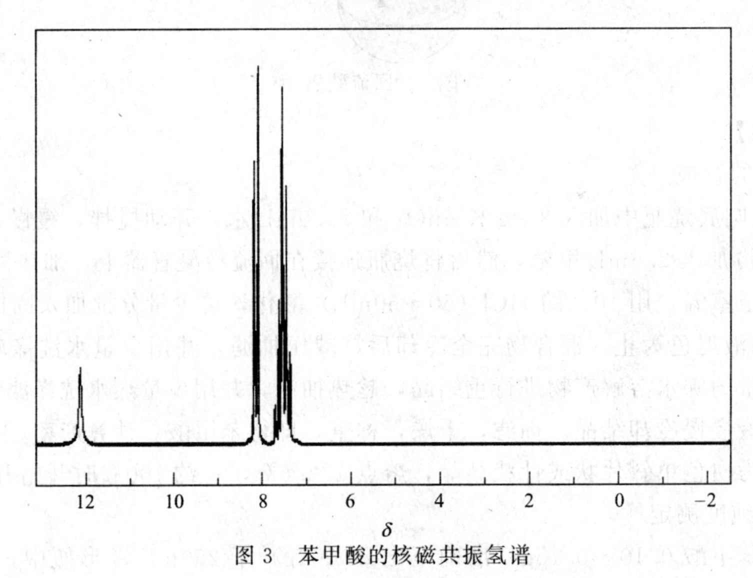

图 3　苯甲酸的核磁共振氢谱

实验十九　己　二　酸

【实验目的】

1. 学习用环己醇制取己二酸（adipic acid）的原理和方法。

2. 掌握抽滤、洗涤、浓缩、重结晶、机械搅拌等基本操作。

【实验原理】

$$3\ \text{C}_6\text{H}_{11}\text{OH} + 8KMnO_4 + H_2O \longrightarrow 3\ \text{HOOC(CH}_2)_4\text{COOH} + 8MnO_2 + 8KOH$$

$$\text{C}_6\text{H}_{11}\text{OH} + KMnO_4 \xrightarrow{OH^-} \text{C}_6\text{H}_{10}\text{O} \rightleftharpoons \left[\ \text{enolate } (O^-) \longleftrightarrow \text{carbanion } (-)\ \right] \xrightarrow{KMnO_4}$$

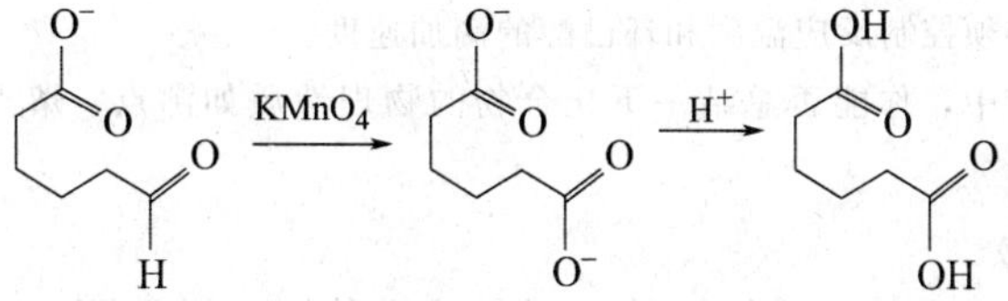

【仪器试剂】

仪器：250mL烧杯，加热电磁搅拌器，布氏漏斗，吸滤瓶，pH/刚果红试纸，循环水式多用真空泵。

试剂：环己醇2.1mL（2g，0.02mol），高锰酸钾6.0g（0.038mol），浓盐酸，10%氢氧化钠，亚硫酸氢钠，活性炭。

【实验步骤】

① 250mL烧杯中装置电动搅拌器或电磁搅拌。

② 烧杯中加入5.0mL 10%氢氧化钠溶液和50.0mL水，在搅拌下加入6.0g研细的高锰酸钾，使之溶解。然后用滴管慢慢滴加2.1mL环己醇，维持瓶内反应物温度在45℃。环己醇滴加完毕，反应物温度降至43℃左右时，用沸水浴加热烧瓶数分钟，使反应生成的二氧化锰沉淀完全。

③ 用玻璃棒蘸一滴反应混合物点到滤纸上做点滴实验。如有高锰酸盐存在，则在棕色二氧化锰点的周围出现紫色的环，可加入少量固体亚硫酸氢钠直到点滴试验无紫色为止。

④ 趁热抽滤，收集滤液。滤渣用少量热水洗涤3次，每次均用玻璃塞挤压，尽量除去滤渣中的水分。

⑤ 将滤液和洗涤液合并，在搅拌下加入约4.0mL浓盐酸酸化，直到溶液呈强酸性（用试纸检验）。

⑥ 小心加热液体使之蒸发浓缩至约10mL左右，加少量活性炭脱色后在冷水浴中冷却，析出己二酸结晶。抽滤，将结晶晾干。

⑦ 称量，己二酸晶体为白色，熔点151～152℃。

【注意事项】

1. $KMnO_4$要研细，以利于$KMnO_4$充分反应。

2. 环己醇m.p.24℃，常温下为黏稠状液体，容易黏附在量筒内壁。为减少损失，加完后可用少量水冲洗量筒，加入烧瓶中。环己醇要逐滴加入，滴加速度不可太快，否则，因反应强烈放热，使温度急剧升高而难以控制。

3. 严格控制反应温度，稳定在43～49℃之间。

4. 反应终点的判断：

① 反应温度降至43℃以下。

② 用玻璃棒蘸一滴混合物点在平铺的滤纸上，若无紫色存在表明已没有$KMnO_4$。

5. 用热水洗涤MnO_2滤饼时，每次加水量约5～10mL，不可太多。

6. 用浓盐酸酸化时，要慢慢滴加，酸化至pH=1～3。

7. 浓缩蒸发时，加热不要过猛，以防液体外溅。浓缩至10mL左右后停止加热，让其自然冷却、结晶。

8. 15℃时己二酸在水中的溶解度为1.44g。浓缩母液可增加产量。

【思考题】

1. 本实验中为什么必须控制反应温度和环己醇的滴加速度?

2. 从已经做过的实验中，你能否总结一下化合物的物理性质如沸点、熔点、相对密度、溶解度等，在有机实验中有哪些应用?

【附】

试剂物理常数见表 1，已二酸的红外谱图和核磁共振氢谱见图 1、图 2。

表 1 试剂物理常数

名 称	相对分子质量	性状	相对密度(d)	熔点/℃	沸点/℃	折射率(n)	溶解度/g·(100mL 溶剂)$^{-1}$		
							水	乙醇	乙醚
环己醇	100.16	液体或晶体	0.9624	25.2	161	1.461	3.520	可溶	可溶
己二酸	146.14	单斜晶棱柱体	1.360	151～152	265(10mmHg①)	—	微溶	易溶	0.615

① 1mmHg=133.322Pa。

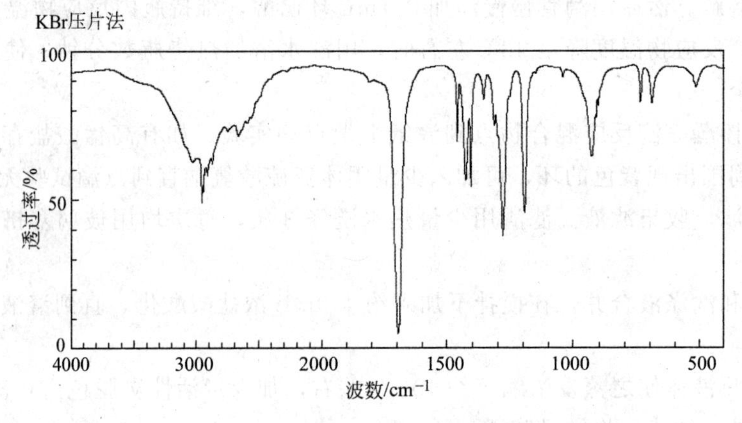

图 1 己二酸的红外谱图

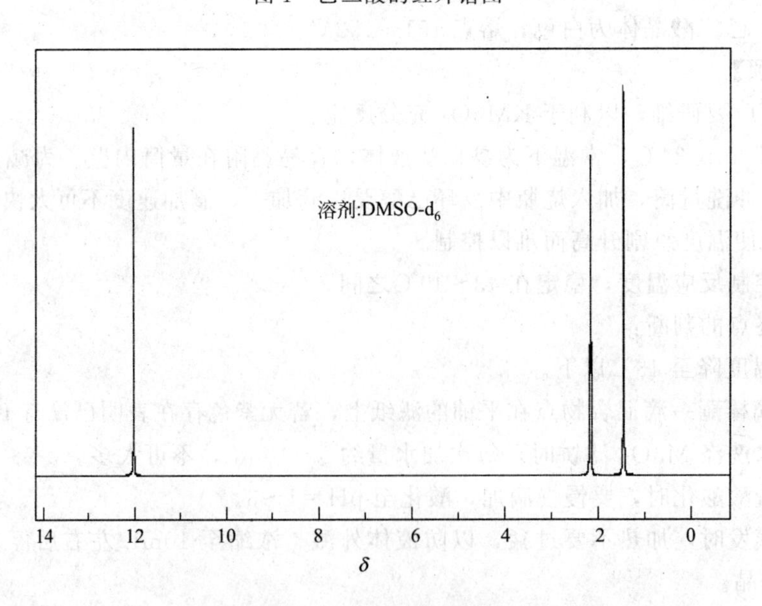

图 2 己二酸的核磁共振氢谱

实验二十　肉　桂　酸

在碱性催化剂的作用下，芳香醛与乙酸酐反应生成β-芳基-α,β-不饱和酸的反应称为珀金（Perkin）反应。所用的碱性催化剂通常是与乙酸酐相对应的羧酸盐。

【实验目的】

1. 通过肉桂酸（cinnamic acid）的制备学习并掌握 Perkin 反应及其基本操作。
2. 巩固掌握固体有机化合物的提纯方法：脱色、重结晶。
3. 掌握回流、热过滤、重结晶质操作。
4. 掌握水蒸气蒸馏的原理及应用。

【实验原理】

肉桂酸又名β-苯丙烯酸，有顺式和反式两种异构体。通常以反式形式存在，为无色晶体，熔点 133℃。肉桂酸是香料、化妆品、医药、塑料和感光树脂等的重要原料。肉桂酸的合成方法有多种，实验室里常用珀金反应来合成肉桂酸。以苯甲醛和乙酸酐为原料，在无水乙酸钾（钠）的存在下，发生缩合反应，即得肉桂酸。

反应时，乙酸酐受乙酸钾（钠）的作用，生成乙酸酐负离子；负离子和醛发生亲核加成生成β-羧基乙酸酐；然后再发生失水和水解作用得到不饱和酸。

珀金法制肉桂酸具有原料易得、反应条件温和、分离简单、产率高、副反应少等优点，工业上也采用此法。

由于乙酸酐遇水易水解，催化剂乙酸钾易吸水，故要求反应器是干燥的。如有条件，乙酸酐和苯甲醛最好用新蒸馏的，催化剂可进行熔融处理。

本实验中，反应物苯甲醛和乙酸酐的反应活性都较小，反应速度慢，必须提高反应温度来加快反应速度。但反应温度又不宜太高，一方面由于乙酸酐和苯甲醛的沸点分别为 140℃和 178℃，温度太高会导致反应物的挥发；另一方面，温度太高，易引起脱羧、聚合等副反应，故反应温度一般控制在 150～170℃。

合成得到的粗产品通过水蒸气蒸馏、重结晶等方法提纯精制。

$$C_6H_5CHO + (CH_3CO)_2O \xrightarrow[150\sim170^\circ C]{K_2CO_3} C_6H_5CH{=}CHCOOK$$

$$C_6H_5CH{=}CHCOOK \xrightarrow{HCl} C_6H_5CH{=}CHCOOH + CH_3COOH$$

【仪器试剂】

仪器：100mL 三口烧瓶，球形冷凝管，简单水蒸气蒸馏装置，布氏漏斗，吸滤瓶，循环水式多用真空泵，电热套。

试剂：苯甲醛（新蒸）5.0mL（5.3g，0.05mol），乙酸酐（新蒸）7.5mL（8.0g，0.078mol），碳酸钠 7.5g（0.09mol），浓盐酸，活性炭，pH 试纸，滤纸，无水碳酸钾 3.0g（0.03mol 新熔焙）。

装置：回流时，为了有效地控制反应过程中的温度，温度计必须插入反应液中。由于蒸气温度高于 140℃，故采用空气冷凝管。

后处理中，水蒸气蒸馏是为了除去少量的油状物杂质，故采用在反应瓶中加入水，直接蒸馏。

【实验步骤】

在100mL三口烧瓶中加入3.0g研细的无水碳酸钾，5.0mL新蒸馏的苯甲醛，7.5mL乙酸酐，振荡使其混合均匀。三口烧瓶中间口接上空气冷凝管，侧口其一装上温度计，另一个用塞子塞上。用电热套低电压加热使其回流，反应液始终保持在150～170℃，使回流反应进行1h。取下三口烧瓶，向其中加入少量沸水，5～7.5g碳酸钠，摇动烧瓶使固体溶解，使溶液呈碱性。然后进行水蒸气蒸馏。用三口烧瓶作为水蒸气发生器及蒸馏器，用电热套加热。注意不能用电热套直接加热烧瓶，采用空气浴加热。要尽可能地使蒸汽产生速度快，蒸到蒸出液中无油珠为止。卸下蒸馏装置，向三口烧瓶中加入1.0g活性炭，加热沸腾2～3min。然后进行热过滤。将滤液转移至干净的200mL烧杯中，慢慢地用浓盐酸进行酸化至呈酸性（大约用25mL浓盐酸）。冷却至肉桂酸充分结晶，之后进行减压过滤。晶体用少量冷水洗涤。减压抽滤，要把水分彻底抽干，在100℃下干燥。可在热水或3∶1稀乙醇中进行重结晶，称重，计算产率，理论产量为7.4g（0.05mol）。

【注意事项】

1. 所用仪器必须是干燥的。因乙酸酐遇水能水解成乙酸；无水CH_3COOK，遇水失去催化作用，影响反应进行（包括称取苯甲醛和乙酸酐的量筒）。

2. 放久了的乙酸酐易潮解吸水成乙酸，故在实验前必须将乙酸酐重新蒸馏，否则会影响产率。

3. 久置后的苯甲醛易自动氧化成苯甲酸，这不但影响产率而且苯甲酸混在产物中不易除净，影响产物的纯度，故苯甲醛使用前必须蒸馏。

4. 无水碳酸钾，必须是新干燥的，它的吸水性很强，操作要快。它的干燥程度对反应能否进行和产量的提高都有明显的影响。

5. 加热回流，控制反应呈微沸状态，如果反应液激烈沸腾易使乙酸酐蒸出影响产率。

6. 在反应温度下长时间加热，肉桂酸脱羧成苯乙烯，进而生成苯乙烯低聚物。

7. 反应物必须趁热倒出，否则易凝成块状。热过滤时布式漏斗要事先在沸水中预热，动作要快。

8. 进行酸化时要慢慢加入浓盐酸，一定不要加入太快，以免产品冲出烧杯造成产品损失。中和时必须使溶液呈碱性，控制pH=8较合适，不能用NaOH中和，否则会发生康尼查罗反应。生成的苯甲酸难于分离出去，影响产物的质量。

9. 进行脱色操作时一定取下烧瓶，稍冷之后再加热活性炭。

10. 肉桂酸要结晶彻底，进行冷过滤；不能用太多水洗涤产品。

【思考题】

1. 在肉桂酸制备实验中，为什么要用新蒸馏过的苯甲醛？
2. 在制备肉桂酸操作中，温度计读数是如何变化的？
3. 在肉桂酸的制备实验中，能否用浓NaOH溶液代替碳酸钠溶液来中和水溶液？
4. 在肉桂酸的制备实验中，水蒸气蒸馏除去什么？可否不用通水蒸气，直接加热蒸馏？
5. 用有机溶剂对肉桂酸进行重结晶，操作时应注意些什么？
6. 制备肉桂酸时，往往出现焦油，它是怎样产生的？又是如何除去的？

【附】

试剂物理常数见表1，肉桂酸紫外光谱和红外光谱见图1、图2，谱带归属见表2。

表 1　试剂物理常数

化合物	相对分子质量	熔点/℃	沸点/℃	相对密度 d_4^{20}	折射率 n_D^{20}	溶解度/g·(100mL 水)$^{-1}$
苯甲醛	106.13	−56	179	1.047	1.5456	0.3
乙酸酐	102.09	−73	140	1.080	1.3904	12(热解)
反式肉桂酸	148.16	135	300	1.2475^4	—	0.04^{18}
顺式肉桂酸	148.17	68	125^{19}①	1.284^4	—	略溶
乙酸	60.05	16.6	118	1.049	1.3716	互溶

① 19 表示在 19mmHg 条件下测量。

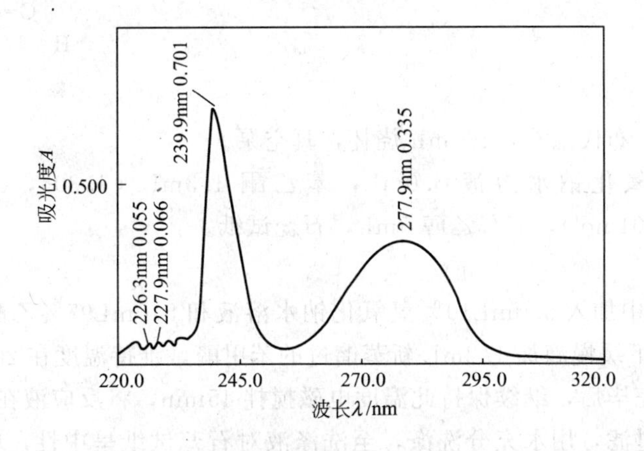

图 1　肉桂酸的紫外光谱

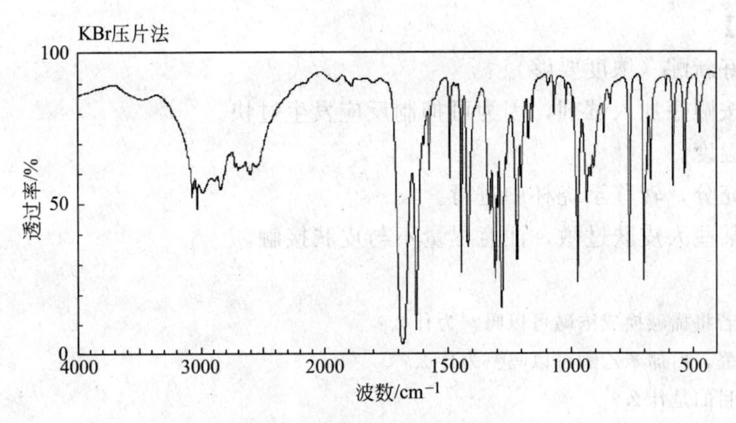

图 2　肉桂酸的红外光谱

表 2　肉桂酸红外光谱的各主要谱带归属

谱带位置/cm^{-1}	归属	谱带位置/cm^{-1}	归属
3200～2500	ν_{OH}	1288、1127	
1685	$\nu_{C=O}$	1080、1030	$\beta_{=C-H}$
1600、1500、1450	$\nu_{C=C}$	935	γ_{OH}
1425、1330、1289	ν_{C-O}与δ_{OH}相互作用	715、690	$\gamma_{CH(Ar-H)}$

实验二十一　苯亚甲基苯乙酮

【实验目的】

1. 掌握羟醛缩合反应的原理和机理。
2. 学会查尔酮的合成方法。
3. 掌握机械搅拌器、恒压滴液漏斗的使用。

【实验原理】

$$C_6H_5CHO + CH_3COC_6H_5 \xrightarrow{NaOH} C_6H_5CH(OH)CH_2COC_6H_5 \xrightarrow{-H_2O} C_6H_5CH{=}CHCOC_6H_5$$

【仪器试剂】

仪器：吸滤瓶，布氏漏斗，100mL 烧杯，真空泵。

试剂：10％氢氧化钠水溶液 5.0mL，苯乙酮 1.3mL（1.30g，0.01mol），苯甲醛 1.2mL（1.18g，0.01mol），95％乙醇 5mL，石蕊试纸。

【实验步骤】

在 100mL 烧杯中加入 5.0mL10％氢氧化钠水溶液和 5.0mL95％乙醇，加入 1.3mL 苯乙酮，在 20℃搅拌下缓慢滴加 1.2mL 新蒸馏过的苯甲醛，维持温度在 20～25℃。必要时用冷水浴冷却。滴加完毕后，继续保持此温度电磁搅拌 45min，将反应液在冰水浴中充分冷却使结晶完全。减压过滤，用水充分洗涤，至洗涤液对石蕊试纸呈中性。粗产品可用 95％乙醇重结晶。称重，计算产率。

【注意事项】

1. 稀碱最好新配（浓度要够）。
2. 一定要按顺序加入试剂，因为可抑制反应发生过快。
3. 控制好温度。
4. 洗涤要充分，转移至烧杯中进行。
5. 产物对某些人皮肤过敏，注意尽量不与皮肤接触。

【思考题】

1. 本反应中若将稀碱换成浓碱可以吗？为什么？
2. 先加苯甲醛，后加苯乙酮可以吗？为什么？
3. 用水洗的目的是什么？

【附】

物质名称：苯亚甲基苯乙酮

别名：查耳酮、苯乙烯基苯基酮、亚苄基苯乙酮

英文名：chalcone；benzylideneacetophenone；1，3-diphenyl-2-propen-1-one；phenyl styryl ketone

分子式：$C_{15}H_{12}O$

相对分子质量：208.26

CAS 号：94-41-7

性质：淡黄色斜方或菱形结晶，熔点 57～58℃，沸点 345～348℃（微分解），相对密度

1.0712，折射率（n_D^{62}）1.6458，易溶于醚、氯仿、二硫化碳和苯，微溶于醇，难溶于冷石油醚。

用途：用于有机合成，如甜味剂。

实验二十二　苯甲醇和苯甲酸

康尼查罗（Cannizzaro）反应，是无α-活泼氢的醛在强碱作用下发生分子间氧化还原反应，生成一分子羧酸和一分子醇的有机歧化反应。意大利化学家康尼查罗通过用草木灰处理苯甲醛，得到了苯甲酸和苯甲醇，首先发现了这个反应，反应名称也由此得来。

交叉康尼查罗反应是康尼查罗反应的一种类型。混合两个不同的不含α-氢的醛，如甲醛和苯甲醛，使其在碱性条件下发生交叉氧化还原反应，称为交叉康尼查罗反应。由于甲醛在醛类中的还原性最强，因此总是自身被氧化为甲酸，而另一个反应物被还原为醇。

【实验目的】

1. 熟悉康尼查罗反应原理，掌握苯甲醇和苯甲酸的制备方法。

2. 复习分液漏斗的使用及重结晶、抽滤等操作。

【实验原理】

不含α-H的醛在稀碱的条件下可以发生自身氧化还原反应。

$$2\,C_6H_5CHO + KOH \longrightarrow C_6H_5COOK + C_6H_5CH_2OH$$

$$C_6H_5COOK + HCl \longrightarrow C_6H_5COOH + KCl$$

【仪器试剂】

仪器：60mL锥形瓶，空气冷凝管，圆底烧瓶，直形冷凝管，接液管，接受器，蒸馏头，温度计，分液漏斗，布氏漏斗，电热套，吸滤瓶。

试剂：10mL（10.5g，0.1mol）苯甲醛（新蒸），9g（0.16mol）氢氧化钾，浓盐酸，乙醚，饱和亚硫酸氢钠，10%碳酸钠，无水硫酸镁，刚果红试纸。

【实验步骤】

1. 苯甲醛的反应

在60mL锥形瓶中，放入9.0g氢氧化钾和9.0mL水，振荡使氢氧化钾完全溶解。冷却至室温。在振荡下，分批加入10.0mL新蒸馏过的苯甲醛，每次约加2mL；每加一次，都应塞紧瓶塞，用力振荡，使反应物混合均匀。若温度过高，可将锥形瓶放入冷水浴中冷却片刻。最后反应物应变成白色糊状物。塞紧瓶塞，放置过夜。

2. 苯甲醇的分离

反应物中逐渐加入足够量的水（约30mL），塞紧瓶塞不断振荡或再用水浴微热片刻使其中的苯甲酸完全溶解。冷却后将溶液倒入分液漏斗中，每次用10mL乙醚萃取3次（萃取出苯甲醇）。合并乙醚提取液（注意提取过的水层要保存好，供下步制苯甲酸用），依次用3mL饱和亚硫酸氢钠，5.0mL10%碳酸钠和5.0mL水洗涤，最后用无水硫酸镁或无水碳酸钾干燥30min。

将干燥后的乙醚溶液滤入圆底烧瓶，连接好普通蒸馏装置，投入沸石后用电热套水浴加热，蒸出乙醚；最后改用空气冷凝管，加热蒸馏，收集200～204℃的馏分，产量约4g。

纯苯甲醇的沸点为205.3℃，折射率 n_D^{20} 1.5396。

3. 苯甲酸的分离

乙醚萃取后的水溶液在不断搅拌下，用浓盐酸酸化至刚果红试纸变蓝。充分冷却使苯甲酸析出完全，抽滤，粗苯甲酸用水重结晶，产量约4g。

纯苯甲酸为白色单斜片状或针状结晶，熔点122.4℃，在约100℃时开始升华。

【注意事项】

1. 使用浓碱时，操作要小心，不要沾到皮肤上。

2. 苯甲醛要求用新蒸的，否则苯甲醛已氧化成苯甲酸而使苯甲醇的产量相对减少。

3. 反应物要充分混合，充分摇振是反应成功的关键。如混合充分，放置24h后混合物通常在瓶内固化，苯甲醛气味消失。

4. 本反应是放热反应，但反应温度不宜过高而要适时冷却，以免过量的苯甲酸生成。

5. 蒸馏乙醚时严禁使用明火，实验室内也不准有他人在使用明火。

【思考题】

1. 本实验中两种产物是根据什么原理分离提纯的？

2. 乙醚萃取液用饱和亚硫酸氢钠溶液洗涤的目的何在？萃取过的水溶液为什么不用饱和亚硫酸氢钠溶液处理？

【附】

试剂物理常数见表1，苯甲醇及苯甲酸的谱图见图1～图3。

表1　试剂物理常数

化合物	相对分子质量	相对密度(*d*)	熔点/℃	沸点/℃	折射率(*n*)	溶解度/g·(100mL溶剂)$^{-1}$		
						水	乙醇	乙醚
苯甲醛	105.12	1.046	−26	179.1	1.5456	0.3	溶	溶
苯甲醇	108.13	1.0419	−15.3	205.3	1.5396	4^{17}	∞	∞
苯甲酸	122.12	1.2659	122	249	1.501	微溶	溶	溶

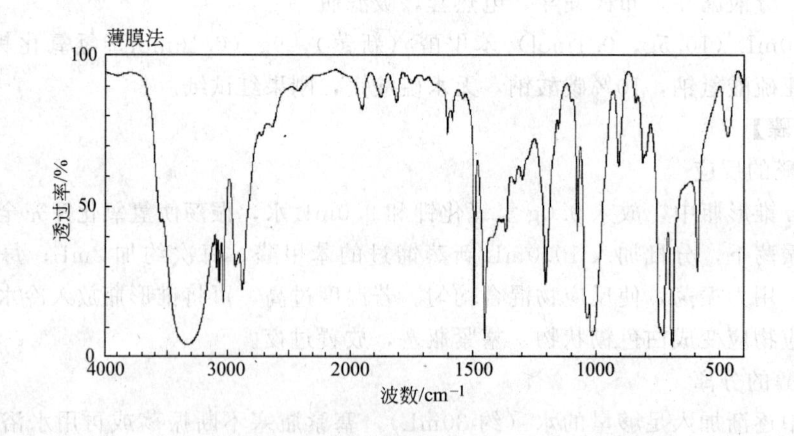

图1　苯甲醇的红外谱图

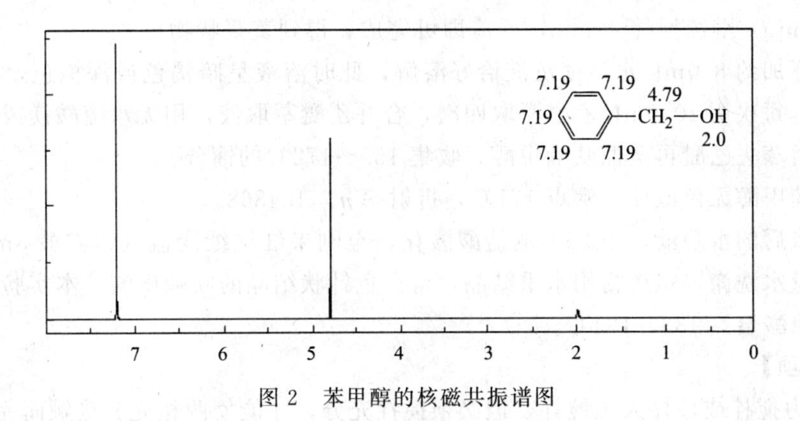

图 2　苯甲醇的核磁共振谱图

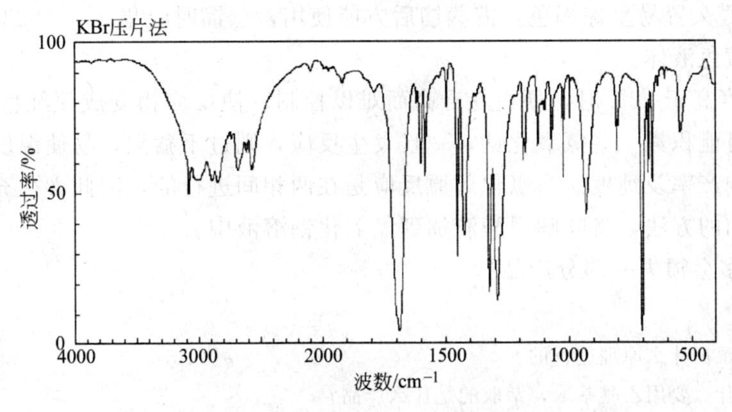

图 3　苯甲酸的红外谱图

实验二十三　呋喃甲醇和呋喃甲酸

【实验目的】

1. 掌握呋喃甲醛进行康尼查罗反应的原理及实验条件。
2. 进一步熟悉液体产物与固体产物的分离与纯化的方法。

【实验原理】

$$\text{(呋喃环)-CHO} \xrightarrow{NaOH} \text{(呋喃环)-}CH_2OH + \text{(呋喃环)-COONa}$$

$$\text{(呋喃环)-COONa} \xrightarrow{HCl} \text{(呋喃环)-COOH} + NaCl$$

【仪器试剂】

仪器：烧杯，滴液漏斗，分液漏斗，普通蒸馏装置。

试剂：呋喃甲醛 8.2mL（新蒸，9.5g，0.1mol），33%氢氧化钠 8.0mL，乙醚 10.0mL，无水硫酸镁，25%盐酸。

【实验步骤】

在 100mL 烧杯中，加入 9.5g 新蒸馏过的呋喃甲醛，将烧杯置于冰水浴中冷却至 5℃左右，在搅拌下滴入 33%氢氧化钠溶液 8.0mL，保持反应温度在 8～12℃之间，氢氧化钠加完后（约 20min）继续搅拌 30min，反应即可完成，得到黄浆状物。

在搅拌下加约 8.0mL 水，使沉淀恰好溶解，此时溶液呈暗褐色或深棕色，将溶液移入分液漏斗中，每次用 10.0mL 乙醚萃取四次，合并乙醚萃取液，用无水硫酸镁或无水碳酸钾干燥，先水浴蒸去乙醚再蒸馏呋喃甲醇，收集 169～172℃的馏分。

纯粹呋喃甲醇无色液体，沸点 171℃，折射率 n_D^{20} 1.4868。

乙醚萃取后的水溶液，用 25%的盐酸酸化，至刚果红试纸变蓝（约需酸 8mL）。冷却，抽滤，用少量水洗涤，粗产物用水重结晶，得白色针状结晶的呋喃甲酸。本实验约需 8h。

纯呋喃甲酸熔点 133～134℃。

【注意事项】

1. 用磁力搅拌或玻棒人工搅拌，但必须搅拌充分，才能使两相充分接触而完全溶解。

2. 呋喃甲醛久置易呈棕褐色，需蒸馏后方能使用，蒸馏时收集 55～162℃的馏分，纯产品为无色或淡黄色液体。

3. 反应温度高于 12℃时，便极易升高而难以控制，使反应物变成深红色；如低于 8℃，则反应过慢，可能积累一些氢氧化钠，一旦发生反应，则过于猛烈，易使温度迅速上升，增加副反应，影响产率及纯度。自氧化还原反应是在两相间进行的，因此必须充分搅拌。此法也可以采用反加的方法，将呋喃甲醛滴加到氢氧化钠溶液中。

4. 加水过多会损失一部分产品。

【思考题】

1. 本反应是根据什么原理进行的？
2. 反应液为什么要用乙醚萃取，萃取的是什么产品？
3. 怎样利用康尼查罗反应将呋喃甲醛全部转变成呋喃甲醇？
4. 为什么需控制反应温度在 8～12℃之间？如何控制？

【附】

试剂物理常数见表 1。

表 1　试剂物理常数

名称	分子式或结构式	相对分子质量	密度/g·mL^{-1}	用量/mL	沸点/℃	折射率 n_D^{20}	溶解度
呋喃甲醛	$C_5H_4O_2$	96.09	1.1600	10	161	1.525	易溶于热水、乙醇等
乙醚	$(CH_3CH_2)_2O$	74.12	0.7137	40	34.51	1.352	可溶于水，能与多数有机溶剂互溶
聚乙二醇(600)	$HO(CH_2CH_2O)_nH$	570～630	1.125	2g	—	1.458～1.461	易溶于水，溶于丙酮、氯仿等溶剂
氢氧化钠	NaOH	40	2.130	9	1390	—	可溶水

实验二十四　甲　基　橙

脂肪族、芳香族和杂环的一级胺都可进行重氮化反应。通常，重氮化试剂是由亚硝酸钠与盐酸作用临时产生的。除盐酸外，也可使用硫酸、过氯酸和氟硼酸等无机酸。脂肪族重氮盐很不稳定，能迅速自发分解；芳香族重氮盐较为稳定。芳香族重氮基可以被其他基团取代，生成多种类型的产物。所以芳香族重氮化反应在有机合成上很重要。

重氮化反应的机理是首先由一级胺与重氮化试剂结合，然后通过一系列质子转移，最后生成重氮盐。重氮化试剂的形式与所用的无机酸有关。当用较弱的酸时，亚硝酸在溶液中与三氧化二氮达成平衡，有效的重氮化试剂是三氧化二氮。当用较强的酸时，重氮化试剂是质子化的亚硝酸和亚硝酰正离子。因此重氮化反应中，控制适当的pH值是很重要的。芳香族一级胺碱性较弱，需要用较强的亚硝化试剂，所以通常在较强的酸性下进行反应。

【实验目的】

1. 了解芳香族伯胺的重氮化反应及其偶联反应。

2. 学习重氮化反应和偶合反应的实验操作。

3. 掌握冰盐浴低温反应操作，巩固盐析和重结晶的原理和操作。

【实验原理】

$$HO_3S-C_6H_4-NH_2 \longrightarrow {}^-O_3S-C_6H_4-\overset{+}{N}H_3 \xrightarrow{NaOH} NaO_3S-C_6H_4-NH_2 + H_2O$$

$$NaO_3S-C_6H_4-NH_2 \xrightarrow[HCl]{NaNO_2} [HO_3S-C_6H_4-\overset{+}{N}{\equiv}N]Cl^- \xrightarrow[HOAc]{C_6H_5N(CH_3)_2}$$

$$[HO_3S-C_6H_4-\underset{+}{\overset{H}{N}}{=}N-C_6H_4-N(CH_3)-CH_3]OAc^- \xrightarrow{\text{原子迁移}} NaO_3S-C_6H_4-N{=}N-C_6H_4-N(CH_3)-CH_3$$

红色(酸式甲基橙)　　　　甲基橙

【仪器试剂】

仪器：200mL烧杯，恒温水浴，布氏漏斗，吸滤瓶，表面皿（沸水干燥），滤纸，循环水式多用真空泵，淀粉-KI试纸。

试剂：对氨基苯磺酸2.1g（0.01mol），亚硝酸钠0.8g（0.011mol），乙醚少量，5%氢氧化钠35.0mL，*N*,*N*-二甲基苯胺1.3mL（1.2g，0.01mol），氯化钠（冰盐浴用），浓盐酸3.0mL，稀盐酸，冰醋酸1.0mL，稀氢氧化钠，乙醇少量，氢氧化钠固体。

【实验步骤】

1. 对氨基苯磺酸重氮盐的制备

在100mL烧杯中，加入2.1g对氨基苯磺酸晶体，加10.0mL 5% NaOH，热水浴温热溶解。另溶0.8g亚硝酸钠于6.0mL水中，加入上述烧杯中，用冰盐浴冷至0～5℃。在搅拌下，将3.0mL浓盐酸与10.0mL水配成的溶液缓慢滴加到上述混合溶液中，并控制温度在5℃以下。滴加完后用淀粉-碘化钾试纸检验。（若试纸不显蓝色，尚需补充亚硝酸钠溶液。）然后在冰盐浴中放置15min以保证反应完全。此时，往往析出对氨基苯磺酸的重氮盐。这是因为重氮盐在水中可以电离，形成中性内盐，在低温时难溶于水而形成小晶体析出。

2. 偶联

在一支试管中加入1.3mL *N*,*N*-二甲基苯胺和1.0mL冰醋酸，振荡混合。搅拌下，将此液慢慢加到上述冷却重氮盐中，搅拌10min。冷却搅拌，慢慢加入25.0mL 5% NaOH至为橙色。（若反应物中含有未反应的*N*,*N*-二甲基苯胺醋酸盐，在加入氢氧化钠后，就会有难溶于水的 N,N-二甲基苯胺析出，影响产物的纯度。湿的甲基橙的空气中受光的照射后，颜色很快变深，所以一般得紫红色粗产物。）这时反应液呈碱性，粗制的甲基橙呈细粒状沉淀析出。将反应物在沸水浴上加热 5min，溶解后，稍冷，置于冰水浴中冷却，使甲基橙全部重新结晶析出后，抽滤收集结晶。依次用少量水、乙醇、乙醚洗涤，压干。

3. 精制

若要得到较纯的产品，可用溶有少量氢氧化钠（0.1～0.2g）的沸水（每克粗产物约需 25mL）进行重结晶。待结晶析出完全后，抽滤收集，沉淀依次用少量乙醇、乙醚洗涤。得到橙色的小叶片状甲基橙结晶。

称重产品并溶解少许产品，加几滴稀 HCl，然后用稀 NaOH 中和，观察颜色变化。甲基橙溶解于水中得到橙色液体，遇酸变红，遇碱变黄。

4. 理论产量

0.01mol，3.2g。

【注意事项】

1. 对氨基苯磺酸为两性化合物，酸性强于碱性，它能与碱作用成盐而不能与酸作用成盐。

2. 重氮化过程中，应严格控制温度，反应温度若高于 5℃，生成的重氮盐易水解为酚，降低产率。

3. 若试纸不显色，需补充亚硝酸钠溶液。

4. 重结晶操作要迅速，否则由于产物呈碱性，在温度高时易变质，颜色变深。用乙醇和乙醚洗涤的目的是使其迅速干燥。

【思考题】

1. 在重氮盐制备前为什么还要加入氢氧化钠？如果直接将对氨基苯磺酸与盐酸混合后，再加入亚硝酸钠溶液进行重氮化操作行吗？为什么？

2. 制备重氮盐为什么要维持 0～5℃的低温，温度高有何不良影响？

3. 重氮化为什么要在强酸条件下进行？偶联反应为什么要在弱酸条件下进行？

【附】

甲基橙的红外谱图和核磁共振碳谱见图 1、图 2。

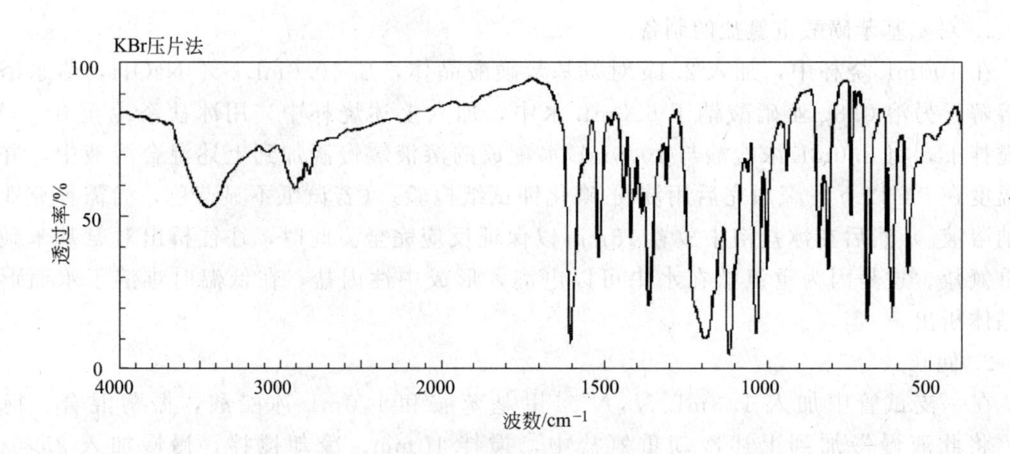

图 1　甲基橙的红外谱图

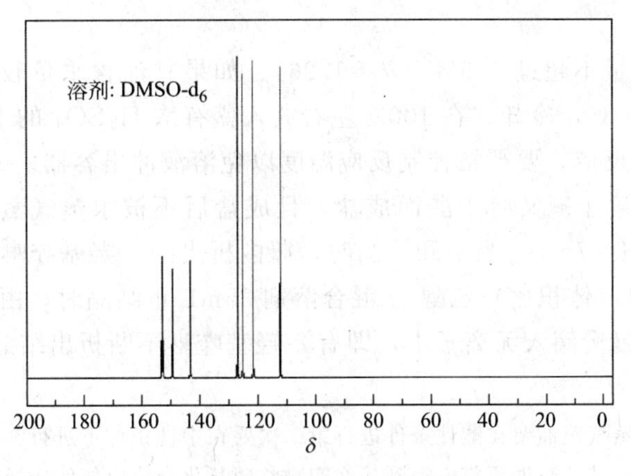

图 2　甲基橙的核磁共振碳谱

实验二十五　8-羟基喹啉

【实验目的】

1. 学习合成 8-羟基喹啉（8-hydroxyquiline）的原理和方法。

2. 巩固回流加热、水蒸气蒸馏和重结晶等基本操作。

【实验原理】

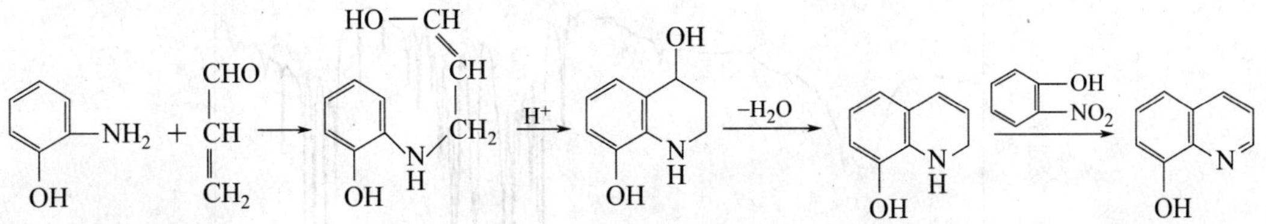

【仪器试剂】

仪器：100mL 圆底烧瓶，干燥器，球形冷凝管，水蒸气蒸馏装置，升华（蒸发皿），烧杯，玻璃漏斗，布氏漏斗，吸滤瓶，滤纸，循环水式多用真空泵，三口烧瓶，玻璃毛（或脱脂棉）。

试剂：无水甘油（新加热）7.5mL（9.5g，0.1mol），邻硝基苯酚 1.8g（0.013mol），邻氨基苯酚 2.8g（0.025mol），浓硫酸 9.0mL，氢氧化钠 6.0g，饱和碳酸钠溶液，4∶1 乙醇-水（重结晶用），pH 试纸。

【实验步骤】

在 100mL 圆底烧瓶中称取 9.5g 无水甘油，并加入 1.8g 邻硝基苯酚和 2.8g 邻氨基苯酚，混合均匀。然后缓缓加入 9.0mL 浓硫酸，装上回流冷凝管，用电热套加热。当溶液微沸时，立即停止加热。反应大量放热，待作用缓和后，继续加热，保持反应物微沸 1.5～2h。

稍冷后，进行水蒸气蒸馏，除去未作用的邻硝基苯酚。瓶内液体冷却后，加入 6.0g 氢氧化钠溶于 6.0mL 水的溶液。再小心加入饱和碳酸钠溶液，使呈中性。再进行水蒸气蒸馏，蒸出 8-羟基喹啉。馏出液充分冷却后，抽滤收集析出物，洗涤后干燥得到粗产物。

粗产物用 4∶1 乙醇-水溶剂混合液重结晶，得 8-羟基喹啉。取上述 0.5g 产物进行升华操作，可得美丽的针状结晶。

理论产量为：3.6g（0.025mol）。

【注意事项】

1. 所用甘油含水量不超过 0.5%（$d=1.26$）。如果甘油含水量较大，则喹啉的产量不高。可将其加热到 180℃，冷却，在 100℃左右放入盛有浓 H_2SO_4 的干燥器中备用。

2. 此反应为放热反应，要严格控制反应温度以免溶液冲出容器。

3. 8-羟基喹啉既溶于碱又溶于酸而成盐，且成盐后不被水蒸气蒸馏出来，为此必须小心中和，严格控制 pH=7～8。当中和恰当时，瓶内析出的 8-羟基喹啉沉淀最多。

4. 粗产物用 4∶1（体积比）乙醇-水混合溶剂 25mL 重结晶时，由于 8-羟基喹啉难溶于冷水，于放置滤液中慢慢滴入无离子水，即有 8-羟基喹啉不断析出结晶。

【思考题】

1. 为什么第一次水蒸气蒸馏要在酸性条件进行第二次要在中性条件下进行？

2. 在反应中如用对甲基苯胺做原料应得到什么产物？硝基化合物应如何选择？

【附】

8-羟基喹啉的分子量 145.06，熔点为 75～76℃。

对硝基苯酚 $C_6H_5NO_3$，分子量 139.1，淡黄色结晶，熔点 113.4℃，沸点 279℃，稍溶于水，溶于酒精、醚，为医药、染料的原料，亦可作指示剂。

对氨基苯酚 $NH_2C_6H_4OH$，分子量 109，白色或米色结晶颗粒，能溶于乙醇和水，用于制药中间体，橡胶防老剂和照相显影剂，染料等。

8-羟基喹啉的红外谱图与核磁共振碳谱见图 1、图 2。

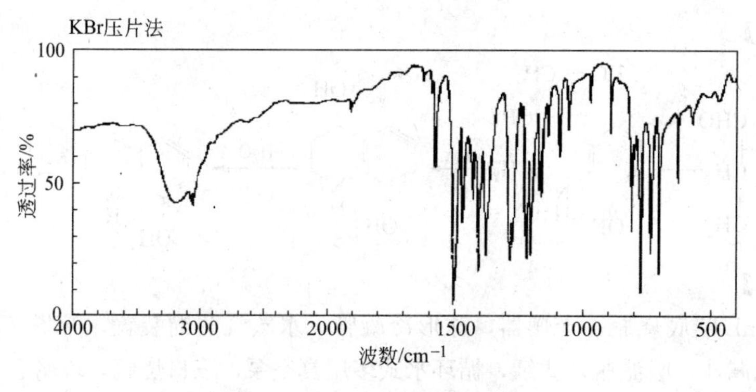

图 1　8-羟基喹啉的红外谱图

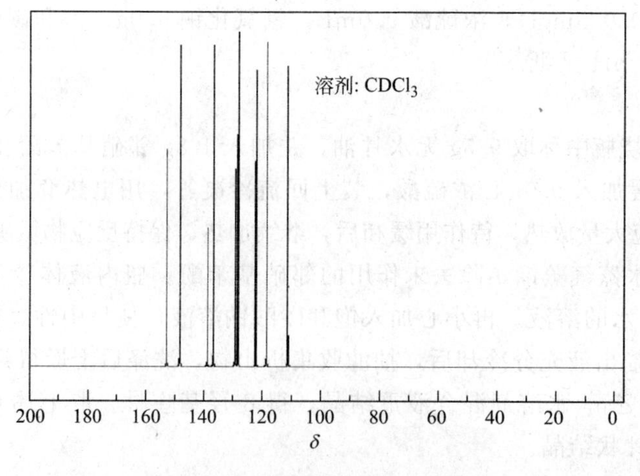

图 2　8-羟基喹啉的核磁共振碳谱

实验二十六　2,4-二氯苯氧乙酸

【实验目的】

1. 对植物生长调节剂的相关知识有所了解。

2. 学习合成2,4-二氯苯氧乙酸的原理与方法。

3. 进一步熟悉搅拌、回流、重结晶等基本操作。

【实验原理】

植物生长调节剂是在任何浓度下能影响植物生长和发育的一类化合物，包括肌体内产生的天然化合物和来自外界环境的一些天然产物。人类已经合成了一些与生长调节剂功能相似的化合物。如吲哚乙酸是第一个被鉴定的植物激素，能促进植物生长；2,4-二氯苯氧乙酸（2,4-D）就是一种有效的除草剂。另外有些调节剂可以改变植物的生理过程，使植物果实中的胡萝卜素增加，如2-二乙氨基乙基-4-甲苯基醚和它的同系物。

2,4-二氯苯氧乙酸（2,4-dichloro-phenoxyacetic acid），又名除莠剂，可选择性地除掉杂草，本实验遵循先缩合后氯化的合成路线，采用浓盐酸加过氧化氢和次氯酸钠在酸性介质中的分步氯化来加以制备。

反应式如下：

① $ClCH_2COOH \xrightarrow{Na_2CO_3} ClCH_2COONa \xrightarrow{C_6H_5OH\ +\ NaOH} C_6H_5OCH_2COONa \xrightarrow{HCl} C_6H_5OCH_2COOH$

② $C_6H_5OCH_2COOH + HCl + H_2O_2 \xrightarrow{FeCl_3} 4\text{-}ClC_6H_4OCH_2COOH$

③ $4\text{-}ClC_6H_4OCH_2COOH + NaOCl \xrightarrow{H^+} 2,4\text{-}Cl_2C_6H_3OCH_2COOH$

第一步是制备酚醚，这是一个亲核取代反应，在碱性条件下易于进行。

第二步是苯环上的亲电取代，$FeCl_3$作催化剂，氯化剂是Cl^+，引入第一个Cl。

$$2HCl + H_2O_2 \longrightarrow Cl_2 + 2H_2O$$

$$Cl_2 + FeCl_3 \longrightarrow [FeCl_4]^- + Cl^+$$

第三步仍是苯环上的亲电取代，从HOCl产生的H_2O+Cl和Cl_2O作氯化剂，引入第二个Cl。

$$HOCl + H^+ \rightleftharpoons H_2O + Cl^+$$

$$2HOCl \rightleftharpoons Cl_2O + H_2O$$

【仪器试剂】

仪器：100mL三口烧瓶，水浴加热，滴液漏斗（分液漏斗），球形冷凝管，沸水浴，锥形瓶，玻璃棒，电热套。

试剂：氯乙酸3.8g（0.04mol），5%次氯酸钠19.0mL，饱和碳酸钠7.0mL，6mol·L^{-1}盐酸，苯酚2.5g(0.27mol)，乙醚50.0mL，35%氢氧化钠，10%碳酸钠15.0mL，浓盐

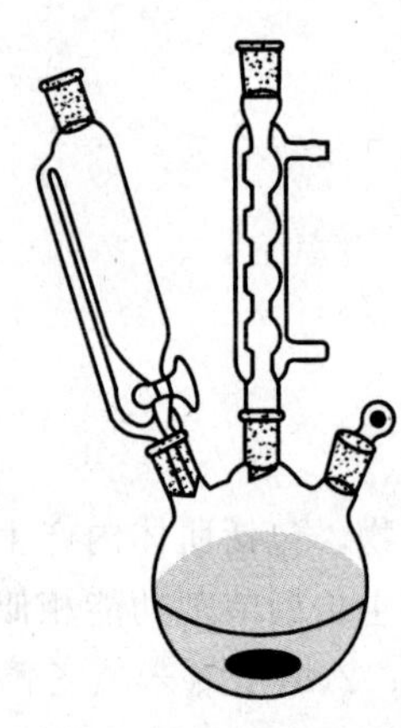
图1 配有滴液漏斗的搅拌回流装置

酸 10.0mL，四氯化碳（重结晶用），冰醋酸 22.0mL，刚果红试纸，三氯化铁 20.0mg，pH 试纸，33%过氧化氢 3.0mL，固体碳酸钠，1∶3 乙醇-水（重结晶用），冰。

装置如图 1 所示。

【实验步骤】

1. 苯氧乙酸的制备

本实验采用配有滴液漏斗的搅拌回流装置，三口烧瓶中加入 3.8g 氯乙酸和 5.0mL 水，在此混合液中慢慢滴加饱和 Na_2CO_3 溶液 7.0mL，必要时加固体 Na_2CO_3 至 pH7～8。然后加 2.5g 苯酚，慢加 35%NaOH 溶液至混合液 pH 值为 12。沸水浴加热回流 0.5h，保持 pH 值为 12，继续反应 15min。反应完毕，趁热转移到烧杯中。用浓盐酸酸化至 pH 值为 3～4。冰浴冷却析出固体（摩擦可促使固体析出）。抽滤，冷水洗涤，60～65℃下干燥后得粗苯氧乙酸，测其熔点。纯粹苯氧乙酸的熔点为 98～99℃。

注：氯乙酸较易水解，故加饱和 Na_2CO_3 使之成盐，以防止水解。Na_2CO_3 浓度过稀会带入较多水分，至使酸化后，产品难析出。

2. 对氯苯氧乙酸的制备

在配有滴液漏斗的搅拌回流装置中加入 3.0g（0.02mol）上述产品和 10.0mL 冰醋酸。水浴加热，同时搅拌。待水温 55℃时，加 20.0mg $FeCl_3$ 和 10.0mL 浓 HCl。水温升到约 60～70℃时 10min 内滴加 3.0mL H_2O_2（33%）。保持 65℃反应 20min。升温使瓶内固体溶解，冷却析出结晶。抽滤，适量水洗涤 3 次。粗品用 1∶3 乙醇-水重结晶，干燥后得产物。纯粹对氯苯氧乙酸的熔点为 158～159℃。

注：开始加浓 HCl 时，$FeCl_3$ 水解会有 $Fe(OH)_3$ 沉淀生成。继续加 HCl 又会溶解。

3. 2,4-二氯苯氧乙酸的制备

在 100mL 锥形瓶中加入 1.0g（0.0066mol）上述产品和 10.0mL 冰醋酸，搅拌使之溶解。将锥形瓶置于冰浴中冷却，在摇动下分批加 19.0mL 5%的 NaClO 溶液；将锥形瓶取出冰浴，升至室温保持 5min。反应液变深；再向瓶中加 50mL 水，并用 6mol/L 盐酸酸化至刚果红试纸变蓝。

用 25.0mL 乙醚萃取 2 次。合并醚层，先用 15.0mL 水洗涤，再用 15.0mL 10% Na_2CO_3 萃取产物。产品转为盐进入 Na_2CO_3 水层，加 25.0mL 水，用 6mol/L 浓盐酸酸化至刚果红试纸变蓝。晶体析出，并用冷水洗涤 2～3 次，抽滤后干燥得纯粹 2,4-二氯苯氧乙酸。粗品可用四氯化碳重结晶，熔点 134～136℃。纯粹 2,4-二氯苯氧乙酸的熔点为 138℃。

【注意事项】

1. 先用饱和碳酸钠溶液将氯乙酸转变为氯乙酸钠，以防氯乙酸水解。因此，滴加碱液的速度宜慢。

2. HCl 勿过量，滴加 H_2O_2 宜慢，严格控温，让生成的 Cl_2 充分参与亲核取代反应。Cl_2 有刺激性，特别是对眼睛、呼吸道和肺部器官。应注意操作勿使逸出，并注意开窗通风。

3. 开始加浓 HCl 时，$FeCl_3$ 水解会有 $Fe(OH)_3$ 沉淀生成。继续加 HCl 又会溶解。

4. 严格控制温度、pH 和试剂用量是 2，4-D 制备实验的关键。NaOCl 用量勿多，反应保持在室温以下。

【思考题】

1. 从亲核取代反应、亲电取代反应和产品分离纯化的要求等方面说明本实验中各步反应调节 pH 值的目的和作用。

2. 以苯氧乙酸为原料，如何制备对溴苯氧乙酸？为何不能用本法制备对碘苯氧乙酸？

【附】

主要试剂及产品的物理常数见表 1。

表 1 主要试剂及产品的物理常数

名称	相对分子质量	性状	n_D	熔点/℃	沸点/℃	溶解度		
						H_2O	EtOH	Et_2O
苯酚	94.11	无色晶体	1.0576	43	181.75	热溶	溶	易
苯氧乙酸	152	无色晶体		98～100	285	热溶	溶	溶
氯乙酸	94.50	无色晶体	1.5800	63	189	易	溶	溶
乙醚	74.12	无色液体	0.7138	116.2	34.51	微	∞	∞

2,4-二氯苯氧乙酸的红外谱图和核磁共振氢谱见图 2、图 3。

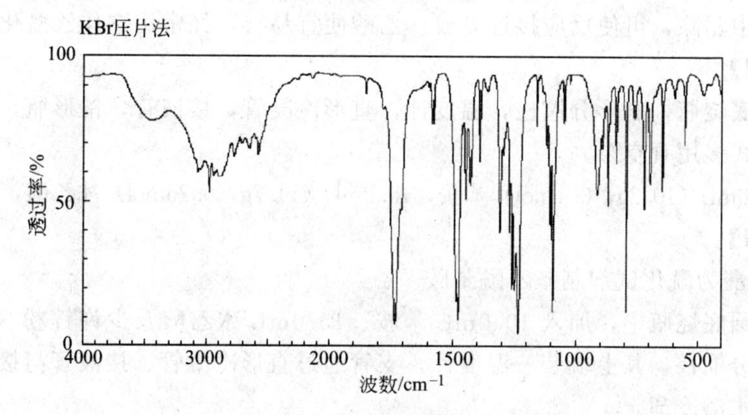

图 2 2,4-二氯苯氧乙酸的红外谱图

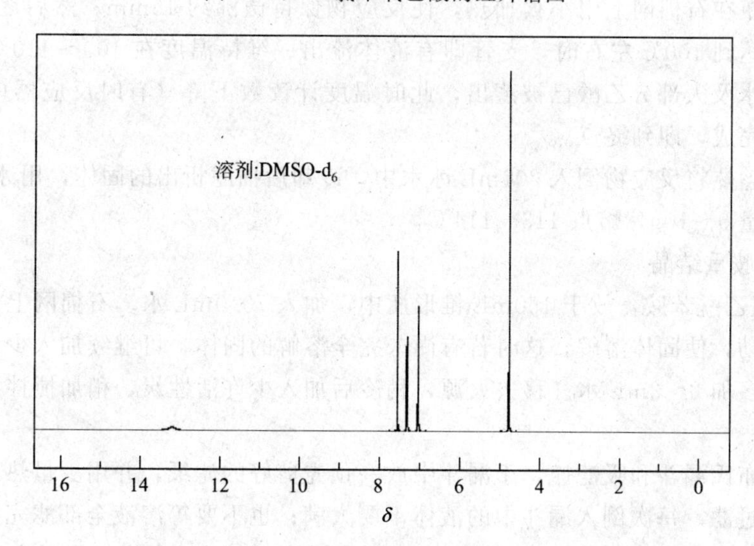

图 3 2,4-二氯苯氧乙酸的核磁共振氢谱

实验二十七　乙酰苯胺

胺的酰化在有机合成中有着重要的作用。作为一种保护措施，一级和二级芳胺在合成中通常被转化为它们的乙酰基衍生物以降低胺对氧化降解的敏感性，使其不被反应试剂破坏；同时氨基酰化后降低了氨基在亲电取代反应（特别是卤化）中的活化能力，使其由很强的第Ⅰ类定位基变为中等强度的第Ⅰ类定位基，使反应由多元取代变为有用的一元取代，由于乙酰基的空间位阻，往往选择性地生成对位取代物。

【实验目的】

1. 掌握苯胺乙酰化反应的原理和实验操作。

2. 掌握固体有机物的提纯方法——重结晶操作。

【实验原理】

$$C_6H_5\text{-}NH_2 + CH_3COOH \xrightleftharpoons{\text{Zn粉}} C_6H_5\text{-}NHCOCH_3 + H_2O$$

乙酰苯胺（acetanitide）为无色晶体，可由苯胺与乙酰化试剂直接作用制备。常用的乙酰化试剂有乙酰氯、乙酸酐和乙酸，三者的反应活性是乙酰氯＞乙酸酐＞乙酸。本实验采用乙酸为乙酰化试剂，反应速率很慢，是一个可逆平衡反应。如果采用适当的操作，将生成的水从反应体系中驱除，可使反应接近完成。乙酸便宜易得，经常用它作乙酰化试剂。

【仪器试剂】

仪器：圆底烧瓶，刺形分馏柱，温度计，直形冷凝管，接液管，锥形瓶，布氏漏斗，吸滤瓶，循环水式多用真空泵。

试剂：10.0mL（10.2g，0.1mol）苯胺，15.0mL（14.7g，0.26mol）冰乙酸，锌粉，活性炭。

【实验步骤】

1. 用冰乙酸为酰化试剂制备乙酰苯胺

在50mL圆底烧瓶中，加入10.0mL苯胺、15.0mL冰乙酸及少许锌粉（约0.1g），装上一短的刺形分馏柱，其上端装一温度计，支管通过直形冷凝管、接液管与接受瓶相连，接受瓶外部用冷水浴冷却。

将圆底烧瓶在石棉网上用小火加热，使反应物保持微沸约15min。然后逐渐升高温度，当温度计读数达到100℃左右时，支管即有液体流出。维持温度在100～110℃之间反应约1.5h，生成的水及大部分乙酸已被蒸出，此时温度计读数下降（有时反应器中出现白雾），表示反应已经完成，即到终点。

在搅拌下趁热将反应物倒入200mL冰水中，冷却后抽滤析出的固体，用冰水洗涤。

粗产物产量9～10g，熔点113～114℃。

2. 乙酰苯胺重结晶

取2.0g粗乙酰苯胺，放于150mL锥形瓶中，加入70.0mL水。石棉网上加热至沸，并用玻棒不断搅动，使固体溶解，这时若有尚未完全溶解的固体，可继续加入少量热水，至完全溶解后，再多加2～3mL水。移去火源，稍冷后加入少许活性炭，稍加搅拌继续加热微沸5～10min。

事先预热布氏漏斗和吸滤瓶，于漏斗中放一预先剪好的滤纸，并用少量热水润湿，将上述热溶液趁热过滤。每次倒入漏斗中的液体不要太满；也不要等溶液全部滤完后再加。在过滤过程中，应保持溶液的温度。为此将未过滤的部分继续用小火加热以防冷却。待所有的溶液过滤完毕后，用少量热水洗涤锥形瓶和滤纸。

滤毕，用表面皿将盛滤液的烧杯盖好，放置一旁，稍冷后，用冷水冷却以使结晶完全。如要获得较大颗粒的结晶，可在滤完后将滤液中析出的结晶重新加热使溶，于室温下放置，让其慢慢冷却。

结晶完成后，用布氏漏斗抽滤（滤纸先用少量冷水润湿，抽气吸紧），使结晶与母液分离，并用玻塞挤压，使母液尽量除去。拔下抽滤瓶上的橡皮管（或打开安全瓶上的活塞），停止抽气。加少量冷水至布氏漏斗中，使晶体润湿（可用刮刀使结晶松动），然后重新抽干，如此重复 1～2 次，最后用刮刀将结晶移至表面皿上，摊开成薄层，置空气中晾干或在干燥器中干燥。

测定干燥后精制产物的熔点，并与粗产物熔点作比较，称重并计算收率。

纯粹乙酰苯胺的熔点为 114.3℃，为白色结晶体。

【注意事项】

1. 久置的苯胺色深有杂质，会影响乙酰苯胺的质量，故最好用新蒸的苯胺。

2. 反应过程中加入少许锌粉，锌粉在酸性介质中可使苯胺中有色物质还原，防止苯胺继续氧化。锌粉加得适当，反应混合物呈淡黄色或接近无色。但是加得过多，一方面消耗乙酸；另一方面在精制过程中乙酸锌水解成氢氧化锌，很难从乙酰苯胺中分离出去。

3. 因属小量制备，最好用微量分馏管代替刺形分馏管。分馏管支管用一段橡皮管与一玻璃弯管相连，玻管下端伸入试管中，试管外部用冷水浴冷却。

4. 收集乙酸及水的总体积约为 4.5mL。

5. 反应物冷却后，固体产物立即析出，粘在瓶壁较难处理。故须趁热在搅动下倒入冷水中，以除去过量的乙酸及未作用的苯胺（可成为苯胺醋酸盐而溶于水）。

6. 重结晶热溶解时，每次加入 3～5mL 热水，若加入溶剂加热后并未能使未溶物减少，则可能是不溶性杂质，此时可不必再加溶剂。但为了防止过滤时有晶体在漏斗中析出，溶剂用量可比沸腾时饱和溶液所需的用量适当多一些。

7. 活性炭绝对不可加到正在沸腾的溶液中，否则将造成暴沸现象！加入活性炭的量约相当于样品量的 1%～5%。

【思考题】

1. 反应时为什么要控制分馏柱上端的温度在 100～110℃之间？温度过高有什么不好？
2. 根据理论计算，反应完成时应产生几毫升水？为什么试剂收集的液体远多于理论值？
3. 为什么用水重结晶乙酰苯胺时，往往会出现油珠？

【附】

主要试剂及产品的物理常数见表 1。乙酰苯胺在水中的溶解度见表 2，其红外光谱与核磁共振氢谱见图 1、图 2。

表 1　主要试剂及产品的物理常数

化合物名称	相对分子质量	性状	相对密度 (d)	熔点 /℃	沸点 /℃	折射率 (n)	溶解度/g·(100mL 溶剂)$^{-1}$		
							水	乙醇	乙醚
苯胺	93.13	无色液	1.0217	−5.89	184.4	1.5863	3.4^{20}	∞	∞
乙酰苯胺	135.17	白色固	1.0261	114.3	304	2.22^{120}	0.56^{25}	易	易
乙酸	60.05	无色液	1.0492	16.75	118.1	1.3720	∞	∞	∞

注：数字右上角为测试温度，℃。

表 2 乙酰苯胺在水中的溶解度

t/℃	20	25	50	80	100
溶解度/g·(100mL 水)$^{-1}$	0.46	0.56	0.84	3.45	5.5

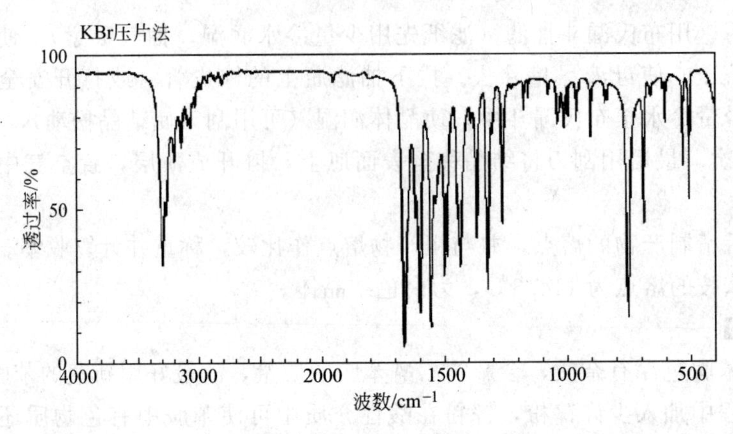

图 1 乙酰苯胺的红外光谱

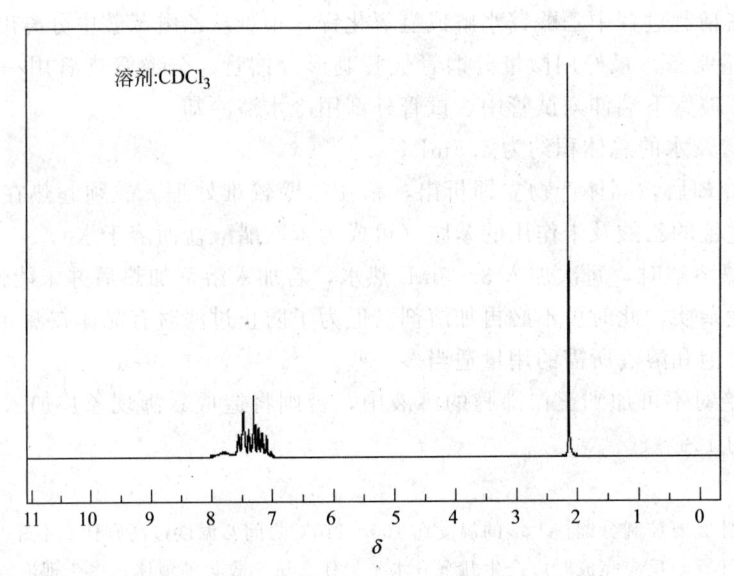

图 2 乙酰苯胺的核磁共振氢谱

实验二十八 2-甲基-2-己醇

【实验目的】

1. 学习格利雅（Grignard）试剂的制备方法、技巧和应用。
2. 学习由格利雅试剂制备结构复杂的醇的原理与方法。
3. 学习有机合成化学实验中的无水操作基本技巧。

【实验原理】

在无水乙醚中，卤代烃与金属镁作用生成的烃基卤化镁（RMgX）称为格利雅（Grignard）试剂。格利雅试剂中，碳—金属键是极化的，具有强的亲核性，在增长碳链的方法中有重要用途，能与环氧乙烷、醛、酮、羧酸衍生物等进行加成反应。除此之外，格氏试剂还能与水、氧气、二氧化碳反应，因此格利雅试剂参与的反应必须在无水和无氧等条件下进行。实验室中，结构复杂的醇主要由格氏反应来制备。2-甲基-2-己醇（2-methyl-2-hexanol）的合成路线：

$$n\text{-}C_4H_9Br + Mg \xrightarrow{\text{无水乙醚}} n\text{-}C_4H_9MgBr$$

$$n\text{-}C_4H_9MgBr + CH_3COCH_3 \longrightarrow n\text{-}C_4H_9\overset{\displaystyle OMgBr\atop|}{C}(CH_3)_2$$

$$n\text{-}C_4H_9\overset{\displaystyle OMgBr\atop|}{C}(CH_3)_2 + H_2O \xrightarrow{H^+} n\text{-}C_4H_9\overset{\displaystyle OH\atop|}{C}(CH_3)_2 + Mg(OH)Br$$

【仪器试剂】

仪器：50mL 三颈圆底烧瓶，球形冷凝管，滴液漏斗，干燥管，分液漏斗，25mL 蒸馏烧瓶，蒸馏头，接液管，锥形瓶，温度计。

试剂：镁屑 1.1g（0.045mol），正溴丁烷 4.8mL（6.1g，0.045mol），无水乙醚 15.0mL，普通乙醚，丙酮 3.5mL（2.8g，0.048mol），10%硫酸溶液 40.0mL，5%碳酸钠溶液 10.0mL，无水碳酸钾。

【实验步骤】

1. 正丁基溴化镁的制备

在 50mL 的三颈圆底烧瓶上分别装置搅拌器、回流冷凝管和恒压滴液漏斗，在冷凝器和滴液漏斗的上口装置氯化钙干燥管，瓶内加入镁屑 1.1g 和一小粒碘。恒压滴液漏斗中加入 4.8mL 正溴丁烷和 15.0mL 无水乙醚，混匀。滴加正溴丁烷的无水乙醚溶液 2～3mL 以引发反应，片刻微沸（若不反应，可用水浴温热）。反应开始比较激烈，待反应平缓后，开动搅拌，并滴入剩下的正溴丁烷乙醚溶液，控制滴加速度，以维持乙醚溶液呈微沸状态。加完后，用水浴温热回流 20min，使镁几乎作用完全。

2. 2-甲基-2-己醇的合成

冰水浴冷却反应混合物，在搅拌下，由滴液漏斗滴入 3.5mL 丙酮和 10mL 无水乙醚的混合液，滴加速度以维持乙醚微沸为宜。滴毕，室温继续搅拌 15min，瓶中有灰白色黏稠状物析出。

在冷水浴和搅拌下，自漏斗慢慢滴加入 40mL10%硫酸溶液（开始滴入宜慢，以后可以逐渐加快）。待产物完全分解后，将反应混合物转入分液漏斗。分出醚层，水层每次用 10mL 乙醚萃取两次，合并有机层。用 10mL 5%碳酸钠溶液洗涤一次。分出有机层，用无水碳酸钾干燥。

将干燥后的粗产物转移到干燥的 25mL 圆底烧瓶中，安装好常压蒸馏装置，热水浴蒸去乙醚。再空气浴加热继续蒸馏，收集 138～143℃的馏分，产量 1.5～2.8g。

【注意事项】

1. 所用的仪器在烘箱烘干后，取出稍冷即放入干燥器中冷却。试剂必须充分干燥。正溴丁烷用无水氯化钙干燥并蒸馏纯化；丙酮用无水碳酸钾干燥，亦经蒸馏纯化。

2. 镁屑不宜长期存放。如长期放置，镁屑表面常有一层氧化膜，可采取下述方法除去：用5%的盐酸作用数分钟，抽滤除去酸液后，依次用水、乙醇、乙醚洗涤。抽干后置于干燥器内备用。

3. J. L. Luche等在1980年报道，借助超声波辐射，即使使用工业乙醚，格利雅试剂也能顺利地、高产率地制备（J. Am. Chem. Soc.，1980，102：7926）。

4. 开始时，为了使正溴丁烷局部浓度较大，易于发生反应，可不搅拌，等反应开始后再进行搅拌。

5. 对于遇到酸极易脱水的醇，最好用氯化铵溶液。

6. 2-甲基-2-己醇与水能形成共沸物，因此必须很好地干燥，否则前馏分将大大地增加。

【思考题】

1. 反应若不能立即开始，应采取哪些措施？如反应未真正开始，却加入了大量的正溴丁烷，后果如何？

2. 本实验有哪些副反应？如何避免？

3. 为什么用硫酸酸化时，要在冷却条件下并不断搅拌？

4. 工业乙醚中常有乙醇存在，若用此乙醚，对制备格氏试剂有什么影响？为什么？

【附】

有关化合物的物理常数见表1。

表1 有关化合物的物理常数

化合物名称	相对分子质量	性状	折射率	相对密度	沸点/℃	溶解度/g·(100mL 溶剂)$^{-1}$		
						水	醇	醚
正溴丁烷	138.90	液态	1.4399	1.2764	101.6	不溶	溶解	溶解
乙醚	74.12	液态	1.3526	0.7138	34.5	微溶	溶解	溶解
2-甲基-2-己醇	116	液态	1.4175	0.8119	143	微溶	溶解	溶解

2-甲基-2-己醇的红外谱图和核磁共振氢谱见图1、图2。

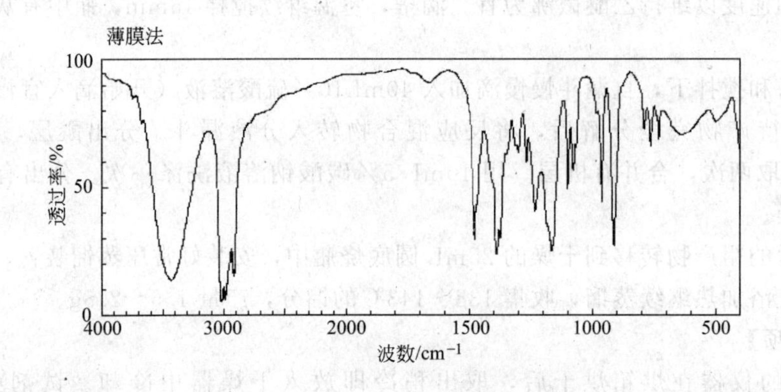

图1 2-甲基-2-己醇的红外谱图

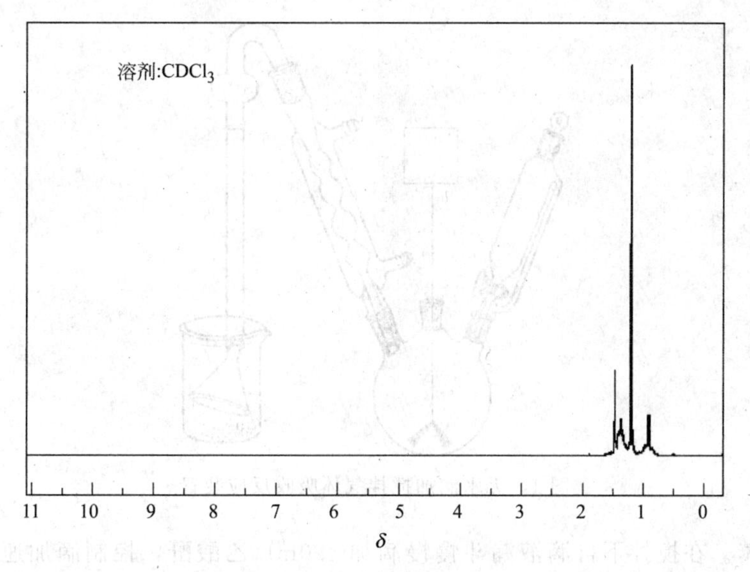

图 2 2-甲基-2-己醇的核磁共振氢谱

实验二十九 苯乙酮

【实验目的】

1. 学习利用 Friedel-Crafts 酰基化反应制备芳香酮的原理与方法。

2. 巩固无水实验操作的基本实验技巧。

【实验原理】

Friedel-Crafts 酰基化反应是制备芳香酮的最重要和常用的方法之一，乙酸酐是常用的酰化试剂，无水 $FeCl_3$、BF_3、$ZnCl_2$ 和 $AlCl_3$ 等路易斯酸作催化剂，分子内的酰基化反应还可用多聚磷酸（PPA）作催化剂。酰基化反应常用过量的液体芳烃、二硫化碳、硝基苯、二氯甲烷等作为反应的溶剂。该类反应一般为放热反应，通常是将酰基化试剂配成溶液后，慢慢滴加到盛有芳香族化合物的反应瓶中。用苯和乙酸酐制备苯乙酮的反应方程式如下：

$$C_6H_6 + (CH_3CO)_2O \xrightarrow{\text{无水}AlCl_3} C_6H_5COCH_3 + CH_3COOH$$

【仪器与药品】

仪器：100mL 三颈圆底烧瓶，恒压滴液漏斗，机械搅拌器，回流冷凝管，分液漏斗，蒸馏装置。

试剂：无水三氯化铝 13.0g（0.097mol），无水苯 16.0mL（14g，0.18mol），乙酸酐 4.0mL（4.3g，0.04mol），浓盐酸 18.0mL，10%氢氧化钠 15.0mL，无水硫酸镁。

【实验步骤】

向装有恒压滴液漏斗、机械搅拌器和回流冷凝管（上端通过一氯化钙干燥管与氯化氢气体吸收装置相连）的 50mL 三颈烧瓶（图 1）中迅速加入研细的 13.0g 无水三氯化铝和

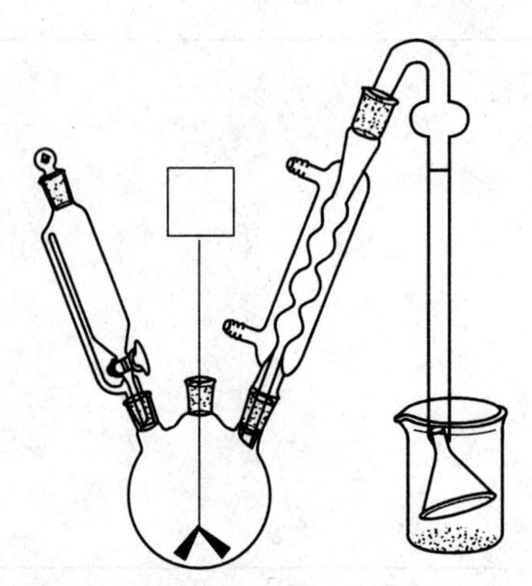

图 1　无水滴加搅拌气体吸收反应装置

16.0mL 无水苯。在搅拌下自滴液漏斗慢慢滴加 4.0mL 乙酸酐，控制滴加速度，使烧瓶稍热为宜。加完（需 10～15min）并反应速度稍缓和后，水浴加热回流，直到不再有氯化氢气体逸出为止（约 30min）。

将反应混合物冷却到室温，在搅拌下倒入盛有 18mL 浓盐酸和 35.0g 碎冰的烧杯中（在通风橱中进行）。若仍有固体不溶物，可补加适量浓盐酸使之完全溶解。将混合物转入分液漏斗中，分出有机层，水层用苯萃取（8mL×2）。合并有机层，依次用 15.0mL10%氢氧化钠、15.0mL 水洗涤，无水硫酸镁干燥。

将干燥后的反应混合物在水浴上蒸馏回收苯，然后在石棉网上加热蒸去残留的苯，稍冷却后改用减压蒸馏，蒸馏收集馏分，产量约为 4g，计算产率。

【注意事项】

1. 本实验所用仪器和试剂均需充分干燥，否则影响反应顺利进行，装置中凡是与空气相连的部位，应安装干燥管。

2. 由于芳香酮与三氯化铝可形成配合物，与烷基化反应相比，酰基化反应的催化剂用量要大得多。对烷基化反应 $AlCl_3/RX$（摩尔比）$=0.1$，酰基化反应 $AlCl_3/RCOCl=1.1$，由于芳烃与乙酸酐反应产生的有机酸会与 $AlCl_3$ 反应，所以 $AlCl_3/Ac_2O=2.2$。

3. 也可减压蒸馏。苯乙酮在不同压力下的沸点如下：

压力/kPa	0.53	0.67	0.8	0.93	1.1	1.2	1.33	3.33	4.0	5.32	6.7	8.0
沸点/℃	60	64	68	71	73	76	78	98	102	109.4	115.5	120

【思考题】

1. 请总结 Friedel-Crafts 酰基化反应和烷基化反应各有何特点。

2. 反应完成后为什么要加入浓盐酸和冰水的混合物来分解产物？

3. 为什么硝基苯可作为反应的溶剂？芳环上有 OH、NH_2 等基团存在时对反应不利，甚至不发生反应，为什么？

【附】

纯苯乙酮为无色透明油状液体，熔点为 20.5℃，沸点为 202℃，d_4^{20} 1.0281，n_D^{20} 1.5372，其核磁共振氢谱及红外谱图见图 2、图 3。

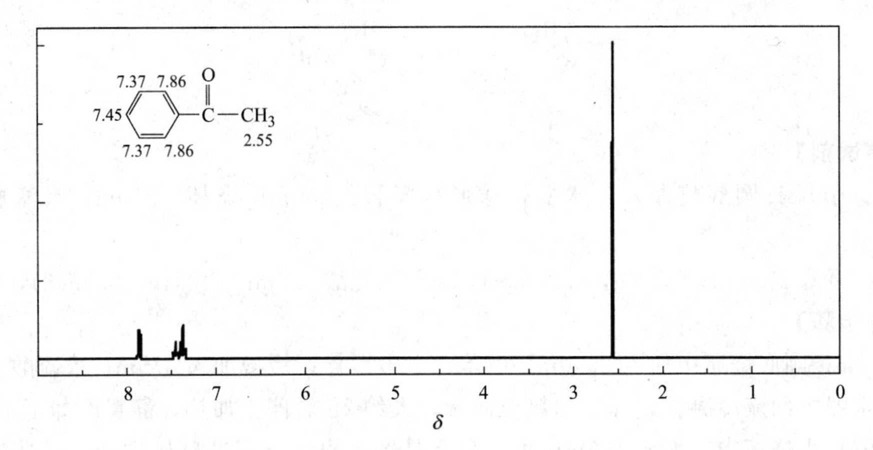

图 2　苯乙酮核磁共振氢谱图

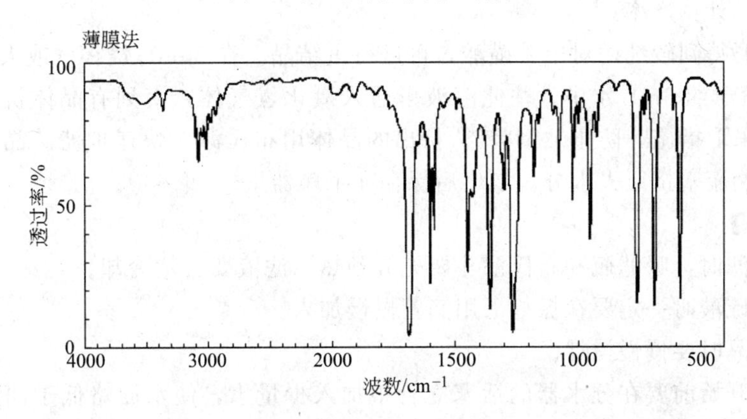

图 3　苯乙酮红外谱图

实验三十　对甲苯磺酸

磺化反应：一种向有机分子中引入磺酸基（$—SO_3H$）或磺酰氯基（$—SO_3Cl$）的反应过程。磺化过程中磺酸基取代碳原子上的氢称为直接磺化；磺酸基取代碳原子上的卤素或硝基，称为间接磺化。通常用浓硫酸或发烟硫酸作磺化剂，有时也用三氧化硫、氯磺酸、二氧化硫加氯气、二氧化硫加氧以及亚硫酸钠等作磺化剂。脂肪族化合物通常用间接的方法磺化。芳香族化合物主要用直接磺化（亲电取代反应）。

【实验目的】

1. 了解芳香族化合物磺化的基本原理、方法及反应温度的影响。

2. 进一步熟悉回流、减压过滤、重结晶等基本操作。

【实验原理】

主反应

CH_3（甲苯） $\xrightarrow{H_2SO_4}$ CH_3 / SO_3H（对甲苯磺酸）

副反应 甲苯 $\xrightarrow{H_2SO_4}$ 邻甲苯磺酸（CH_3，SO_3H）

【仪器试剂】

仪器：100mL 圆底烧瓶，分水器，球形冷凝管，250mL 烧杯，250mL 吸滤瓶，布氏漏斗。

试剂：甲苯 25.0mL（22.1g，0.24mol），98%浓硫酸 5.5mL（10.1g，0.1mol），浓盐酸。

【实验步骤】

在 100mL 圆底烧瓶中加入 25.0mL 甲苯，电磁搅拌，缓慢加入 5.5mL 浓硫酸，再依次安装好分水器，回流冷凝管，开始加热至回流，大约 2h 后停止加热，静置冷却至不烫手后，转移至 50mL 小烧杯中，加入 1.5mL 水，会有晶体析出，再用玻璃棒搅拌，晶体完全析出后，减压抽滤，计算产率。

纯化：若要得到较纯的对甲苯磺酸，可进行重结晶。在 50mL 烧杯（或大试管）里，将 12.0g 粗产物溶于约 6mL 水中。往此溶液里通入氯化氢气体，直到有晶体析出。在通氯化氢气体时，要采取措施，防止“倒吸”。析出的晶体用布氏漏斗快速抽滤。晶体用少量浓盐酸洗涤。用玻璃瓶塞挤压去水分，取出后保存在干燥器里。

【注意事项】

1. 趁热过滤时，吸滤瓶和布氏漏斗要充分预热。滤液要自然冷却。

2. 滴加浓硫酸时一定要在振摇下用滴管慢慢加入。

3. 析出结晶时要慢慢搅拌。

4. 在实验开始前要在分水器的活塞立管中加入少量水，使水面略低于回流支管（大约 1cm），当水面接近支管处时，打开活塞，适当放出部分水分，当反应所生成理论量的全部水时，反应结束。

【思考题】

1. 利用什么性质除去对甲苯磺酸中的邻位衍生物？

2. 在本实验条件下，会不会生成相当量的甲苯二磺酸？为什么？

【附】

实验试剂的物理参数见表 1。

表 1 实验试剂的物理常数

化合物名称	相对分子质量	性状	相对密度（d）	熔点/℃	沸点/℃	折射率（n）	溶解度		
							水	乙醇	乙醚
甲苯	92.13	无色液体	0.8669	−95	110.6	1.4969	不溶	溶	∞
浓硫酸	98.08	无色油状液体	1.84	10.35	340（分解）	—	∞		
对甲苯磺酸钠	194.18	无色片状晶体					溶		
对甲苯磺酸	172.20	无色针状晶体		106～107	140(20 mmHg①)		溶	溶	溶

① 1mmHg=133.322Pa。

实验三十一 微波化学

【实验目的】

1. 熟悉微波实验的原理、适用范围与方法。

2. 学习典型的微波反应，合成 9,10-二氢蒽-9,10-α,β-马来酸酐及邻苯二甲酰氨基乙酸。

【实验原理】

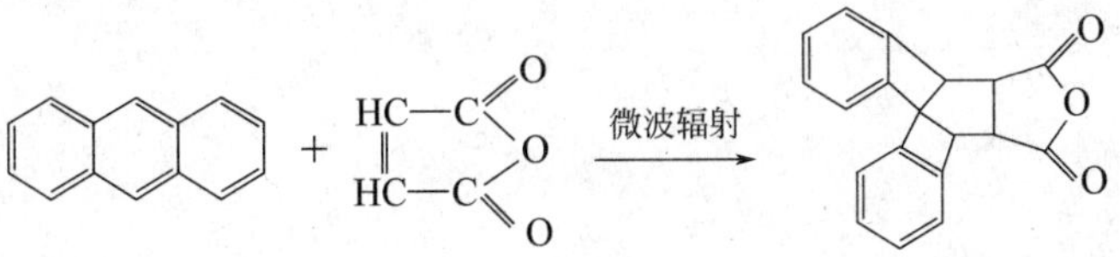

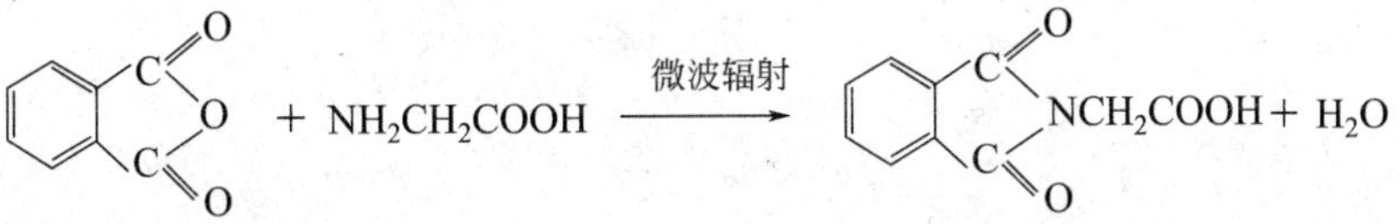

$$+ \ \text{HC—C(=O)—O—C(=O)—CH} \xrightarrow{\text{微波辐射}}$$

$$+ \ NH_2CH_2COOH \xrightarrow{\text{微波辐射}} NCH_2COOH + H_2O$$

【仪器试剂】

仪器：50mL 烧杯，研钵（粉碎机），表面皿，布氏漏斗，吸滤瓶，循环水式多用真空泵，700W 微波炉。

试剂：

合成 9,10-二氢蒽-9,10-α,β-马来酸酐：蒽 1.8g（0.01mol）；顺丁烯二酸酐 0.98g（0.01mol）；二甲氧基二乙醚 5mL；乙醚 4mL（2.85g，0.039mol）。

合成邻苯二甲酰氨基乙酸：苯酐 1.48g（0.01mol）；甘氨酸 0.75g（0.01mol）；N,N-二甲基甲酰胺 5mL、N-甲基吗啉 0.25mL。

【实验步骤】

1. 9,10-二氢蒽-9,10-α,β-马来酸酐的制备

将 1.8g 蒽和 0.98g 顺丁烯二酸酐放入研钵中研细、混合均匀后，转移到 50mL 烧杯中，加入 5mL 二甲氧基二乙醚，混合均匀后盖上表面皿，放入微波炉的托盘上。用中火（50% 功率）加热 3min。取出烧杯，冷却，析出浅绿色晶体，抽滤，用乙醚洗涤两次，每次用乙醚 2mL。得微绿色晶体，称重，测其熔点。纯 9,10-二氢蒽-9,10-α,β-马来酸酐的熔点 263～264℃。

2. 邻苯二甲酰氨基乙酸的制备

将 1.48g 的苯酐和 0.75g 甘氨酸放到研钵中研细，转移到 50mL 烧杯中，并加入 5mL N,N-二甲基甲酰胺和 0.25mL 的 N-甲基吗啉，混合均匀。用表面皿盖好烧杯并移入微波炉中，调节功率指示 50% 水平。然后用微波辐射约 1min，取出烧杯，冷却至室温，加入 10mL 水，抽滤得到晶体粗产物。然后用少许 95% 乙醇重结晶，测定其熔点。纯邻苯二甲酰氨基乙酸的熔点 192～195℃。

【注意事项】

1. 由于使用的溶剂量较少，室温下邻苯二甲酸酐和甘氨酸不能完全溶解，必须在研钵中充分研细，混合均匀，以增加微波加热的效果，提高反应效率。

2. 实验中不可选用太小的烧杯。由于玻璃不会吸收微波能量，反应过程中烧杯上部温

度较低，足够的低温空间可使溶剂蒸气凝结，形成微小的回流过程。

3. 加热时应注意调节输入功率和加热时间，以避免溶剂挥发。加热时间太短，无产物析出：延长加热时间虽然收率更高，但溶剂量明显减少。

【思考题】

1. 本实验中采用甲苯作溶剂，会出现什么情况？
2. 微波法有机合成中常规的加热反应过程如何实现？本实验装置的缺陷何在？

第五章 有机色谱分离技术

在前面的基本操作训练实验中已经详细介绍了重结晶、蒸馏、萃取、升华等有机化合物的提纯方法。但是，面对复杂多样的有机化合物，尤其是很多结构相近，物理和化学性质相仿的化合物，仅仅用上述分离提纯的方法显然是无法满足需要的，因此，色谱分离技术应运而生。随着科学技术的发展，色谱分离技术的应用越来越广泛，已经发展成为分离、纯化、鉴定有机物和跟踪反应进程的重要实验技术。

色谱法又称层析法。它是有机化合物分离、分析的重要方法之一。既可用于分离复杂的混合物，又可用来定性鉴定，尤其适用于少量物质的分离和鉴定。这一技术不仅用于石油、化学化工等部门，而且在药物分析、中草药有效成分的分离分析、药物体内代谢研究、毒物分析及环境保护等方面也是必不可少的工具。

色谱法与溶剂萃取法相似，也是以相分配原理为依据。利用混合物中各组分在某一物质中的吸附、溶解性能的不同或其它亲和作用性能的差异，在混合物的溶液流经该种物质时，通过反复的吸附或分配作用，将各组分分开。流动的混合物溶液称为流动相；固定的物质称为固定相。如果化合物和固定相的作用较弱，那它将在流动相的冲洗下较快地从层析体系中流出来；反之化合物和固定相的作用较强，它将较慢地从层析体系中流出来。

根据组分在固定相中的作用原理不同，可将色谱法分为吸附色谱、分配色谱、离子交换色谱、凝胶色谱、亲和色谱、排阻色谱等。根据操作条件的不同，色谱法可分为柱色谱、纸色谱、薄层色谱、气相色谱及高效液相色谱等类型。有机化学实验常用的有薄层色谱、柱色谱和纸色谱。按照流动相的物态可分为气相色谱和液相色谱等。

应用色谱法的目的有两个：一是用于分析；二是用于制备分离。根据实验目的的不同，实际操作中要把握好速度、分离度与分析样品量的关系，如果想得到比较纯的样品，那么上样量就不必太多，样品量少有利于各组分的分离。

色谱法分离混合物时各组分在固定相表面存在不同的吸附与脱附平衡，一个分子的吸附性能与极性有关，也与吸附剂的活性及流动相的极性有关。

化合物的极性很大程度上依赖于官能团的极性强弱，因此不同类型的化合物往往表现出不同的吸附能力，常见官能团的极性顺序如下：

饱和烃＜烯烃＜芳烃、卤代烃＜硫化物＜醚类

硝基化合物＜醛、酮、酯＜醇、胺＜亚胺＜酰胺＜羧酸

当然这一顺序只是经验值，比较粗略，对于复杂化合物的极性只能通过实验比较。

在层析中选用何种吸附剂要视被分离的化合物性质而定。理想的吸附剂应该具备以下条件：能够可逆地吸附待分离的物质；不能使被吸附物质发生化学变化；粒度大小应使展开剂以均匀的流速通过。

硅胶是实验室应用最广的吸附剂，吸附作用也较强，可用于多种有机物的分离，市场上有各种不同孔径大小的硅胶供应。由于它略带酸性（能与强碱性有机物发生作用），所以适用于极性较大的酸性和中性化合物的分离。纤维素和淀粉的吸附活性最小，因而多用于分离多官能团的天然产物。氧化铝也是一个用途很广的吸附剂，吸附能力强，而且有酸性、碱性

和中性三种，酸性氧化铝的 pH 接近于 4，可用于分离氨基酸和羧酸，碱性氧化铝的 pH 在 10 左右，用于分离胺类化合物，中性氧化铝 pH 在 7 左右，用于分离中性有机物。

影响色谱分离度的另一个重要因素是洗脱剂，洗脱剂的选择主要根据样品的极性、溶解度和吸附剂的活性等因素来考虑。洗脱剂的极性越大，对特定化合物的洗脱能力也越大。色谱用的展开剂绝大多数是有机溶剂，各种溶剂极性顺序如下：

己烷和石油醚＜环己烷＜四氯化碳＜三氯乙烯＜二硫化碳＜甲苯＜苯＜二氯甲烷 ＜氯仿＜乙醚＜乙酸乙酯＜丙酮＜丙醇＜乙醇＜甲醇＜水＜吡啶＜乙酸

其中四氯化碳、苯、氯仿、甲醇等有一定毒性，应减少使用。这些溶剂可以单独使用，也可以组成混合溶剂使用，特殊情况下还可以先后采用不同极性的溶剂实现梯度淋洗。

实验三十二　薄层色谱法检验甲基橙纯度

【实验目的】

1. 学习薄层色谱的原理和应用。
2. 掌握薄层色谱的操作技术。

【实验原理】

薄层色谱（Thin Layer Chromatography）常用 TLC 表示，属于固-液吸附色谱。通常是把吸附剂附着在玻璃板上成为一个薄层，作为固定相，以有机溶剂作为流动相。实验时，把要分离的混合物点在薄层板的一端，用适当的溶剂展开。当溶剂流经吸附剂时，由于各物质被吸附的强弱不同，就以不同的速率随着溶剂移动。展开一定时间后，让溶剂停止流动，混合物中各组分就停留在薄层板上显示出一个个色斑的色谱图。若各组分无色，可喷洒一定的显色剂使之显色。

薄层色谱还可使用腐蚀性的显色剂，如浓硫酸、浓盐酸和浓磷酸等。在紫外光下观察含有荧光剂的薄层板，展开后的有机化合物在亮的荧光背景上呈暗色斑点。另外也可将几粒碘置于密闭容器中，待容器充满碘的蒸气后将展开后的色谱板放入，碘与展开后的有机化合物可逆地结合，在几秒钟内化合物斑点的位置呈黄棕色。用碘显色时一定要晾干溶剂，因为碘蒸气能与溶剂分子结合，如果不晾干就会掩盖样品点的颜色。

薄层色谱的简单操作如下：在洗涤干净且干燥的玻璃板上均匀地涂一层吸附剂或支持剂，待干燥、活化后，将样品溶液用管口平整的毛细管点加于薄层板（固定相）一端，晾干后置薄层板于盛有展开剂（流动相）的层析缸中（图 1），利用各组分在展开剂中的溶解能力和被吸附剂吸附能力的不同，最终将各组分分开。待展开剂前沿接近顶端时，将薄层板取出，干燥后喷以显色剂，或在紫外灯下显色，计算比移值（R_f 值：表示物质移动的相对距离）。

$$R_f=\frac{\text{溶质的最高浓度中心至原点中心的距离}}{\text{溶剂前沿至原点中心的距离}}$$

在图 2 中：

$$R_f(\text{化合物 1})=\frac{3.0\text{cm}}{12\text{cm}}=0.25$$

$$R_f(\text{化合物 2})=\frac{8.4\text{cm}}{12\text{cm}}=0.70$$

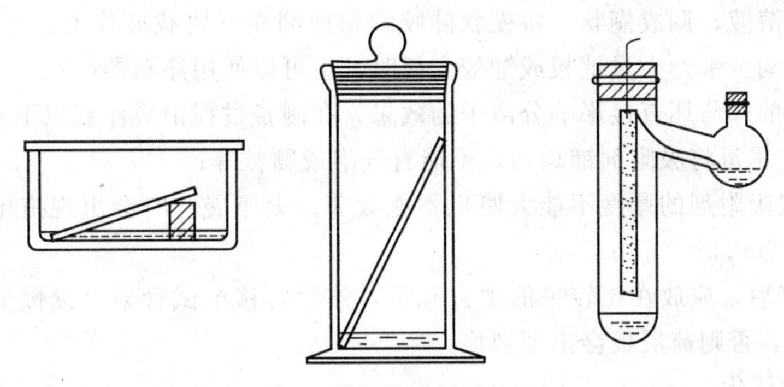

图 1　薄层色谱展开装置

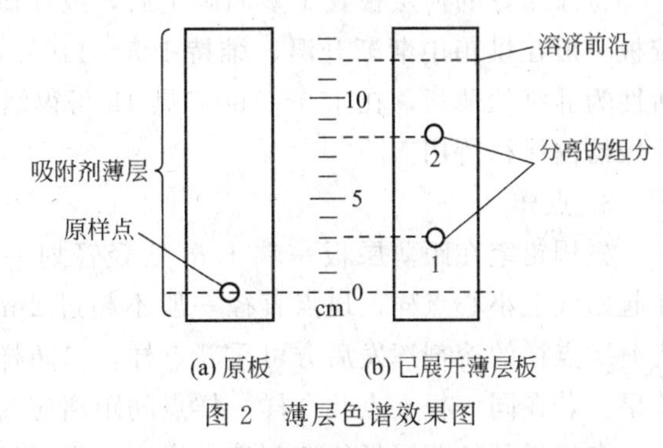

图 2　薄层色谱效果图

化合物的吸附性与其极性成正比，化合物分子中含有极性较大的基团时吸附性也较强。展开剂（溶剂）的极性越大，则对化合物的洗脱力越大，则 R_f 越大（如果样品在溶剂中有一定的溶解度）。在一定条件下，各物质具有一定的 R_f 值。不同物质在相同条件下，具有不同的 R_f 值。因此，可利用 R_f 值对物质进行定性鉴定。但物质的 R_f 值常因吸附剂的种类和活性、薄层的厚度、展开剂及温度等的不同而异。所以在鉴定样品时，常用已知成分作对照试验，在同一个薄层板上进行层析，然后通过 R_f 值的比较，对物质作定性鉴定。根据斑点的面积大小和颜色的深浅，在有标准物对照下还可进行定量。

薄层色谱最常用的吸附剂是氧化铝和硅胶。薄层色谱用的硅胶分为多种类型，如硅胶 H 为不含黏合剂的硅胶，硅胶 G 为含煅石膏黏合剂的硅胶，硅胶 HF254 为含荧光物质的硅胶，可于波长 254nm 紫外光下观察荧光，硅胶 GF254 为既含煅石膏又含荧光剂的硅胶。氧化铝可根据所含黏合剂或荧光剂而分为氧化铝 G、氧化铝 GF254 及氧化铝 HF254 等。黏合剂除熟石膏（$2CaSO_4 \cdot H_2O$）外，还可用淀粉、羧甲基纤维素钠。通常将薄层板按加黏合剂和不加黏合剂分为两种，加黏合剂的薄层板称为硬板，不加黏合剂的称为软板。

薄层色谱是一种微量、快速而简单的色谱法。它兼备了柱色谱和纸色谱的优点。一方面适用于小量样品（几十微克）的分离；另一方面若在制作薄层板时把吸附层加厚，将样品点成一条线，则可分离多达 500mg 的样品。因此又可用来精制样品。该法设备简单、快速简便、选择性强，不仅适用于有机物的鉴定、纯度的检验、定量分离和反应过程的监控，而且还常用于柱色谱的先导，即在大量分离之前，先用薄层色谱进行探索，初步了解混合物的组成情况，寻找适宜的分离条件。在柱色谱之后，还可用薄层色谱鉴定洗脱液中的组分。

【操作方法】

1. 薄层板的制备

薄板的制备方法有两种：一种是干法制板；另一种是湿法制板。干法制板常用氧化铝作为吸附剂，将氧化铝倒在玻璃上，取直径均匀的一根玻璃棒，将两端用胶布缠好，在玻璃板上滚压，把吸附剂均匀地铺在玻璃板上。这种方法操作简便，展开快，但是样品展开点易扩散，制成的薄板不易保存。实验室最常用湿法制板。取 2g 硅胶 G，加入 5～7mL 0.7%的羧甲基纤维素钠水溶液，调成糊状。将糊状硅胶均匀地倒在三块载玻片上，先用玻璃棒铺平，然后用手轻轻震动至平。大量铺板或铺较大板时，也可以使用涂布器。

薄层板制备的好与坏直接影响分离子的效果，在制备过程中应注意以下几点：

① 铺板时，尽量将吸附剂铺均匀，不能有气泡或颗粒等；

② 铺板时，吸附剂的厚度不能太厚也不能太薄，太厚展开时会出现拖尾，太薄样品分不开，一般厚度为0.5～1mm；

③ 湿板铺好后，应放在比较平的地方晾干，然后转移至试管架上慢慢地自然干燥，千万不要快速干燥，否则薄层板会出现裂痕。

2. 薄层板的活化

将涂布好的薄层板置于室温晾干后，放在烘箱内加热活化，活化条件根据需要而定。硅胶板一般在烘箱中渐渐升温，维持105～110℃活化30min。氧化铝板在200℃烘4h可得到活性为Ⅱ级的薄板，在150～160℃烘4h可得活性为Ⅲ～Ⅳ级的薄板。活化后的薄层板放在干燥器内保存待用。

3. 点样

先用铅笔在距薄层板一端1cm处轻轻划一横线作为起始线，然后用毛细管吸取样品，在起始线上小心点样，斑点直径一般不超过2mm。若因样品溶液太稀，可重复点样，但应待前次点样的溶剂挥发后方可重新点样，以防样点过大，造成拖尾、扩散等现象而影响分离效果。若在同一板上点几个样，样点间距离应为1cm。点样要轻，不可刺破薄层。

点好样品的薄层板待溶剂挥发后再放入展开缸中进行展开。

4. 展开

薄层色谱的展开需要在密闭容器中进行。为使溶剂蒸气迅速达到平衡，可在展开槽内衬一滤纸。在层析缸中加入配好的展开溶剂，使其高度不超过1cm。将点好的薄层板小心放入层析缸中，点样一端朝下，浸入展开剂中。盖好瓶盖，观察展开剂前沿上升到一定高度时取出，尽快在板上标上展开剂前沿位置。晾干，观察斑点位置，计算 R_f 值。

5. 显色

被分离物质如果是有色组分，展开后薄层色谱板上即呈现出有色斑点。

如果化合物本身无色，则可用碘蒸气熏的方法显色。还可使用腐蚀性的显色剂如浓硫酸、浓盐酸和浓磷酸等。

含有荧光剂的薄层板在紫外光下观察，展开后的有机化合物在亮的荧光背景上呈暗色斑点。

本实验样品本身具有颜色，不必在荧光灯下观察。

【实验内容】

1. 检验甲基橙的纯度（通过与已知标准物对比的方法检验物质是否纯净）。

实验样品：甲基橙粗品（自制）、甲基橙纯品。

溶剂：乙醇∶水＝1∶1（体积比）。

展开剂：丁醇∶乙醇∶水＝10∶1∶1（体积比）。

2. 混合物的分离

实验样品：圆珠笔芯油。

溶剂：95％乙醇。

展开剂：丁醇∶乙醇∶水＝9∶3∶1（体积比）。

【注意事项】

1. 载玻片应干净且不被手污染，吸附剂在玻片上应均匀平整。

2. 点样不能戳破薄层板面，各样点间距1～1.5cm，样点直径应不超过2mm。

3. 展开时，不要让展开剂前沿上升至底线。否则，无法确定展开剂上升高度，即无法求得R_f值和准确判断粗产物中各组分在薄层板上的相对位置。

【思考题】

1. 如何利用R_f值来鉴定化合物？

2. 薄层色谱法点样应注意些什么？

3. 常用的薄层色谱的显色剂是什么？

实验三十三　薄层色谱法分离和提取菠菜色素

【实验目的】

1. 通过绿色植物色素的提取和分离，了解天然物质分离提纯方法。

2. 通过薄层色谱分离操作，加深了解微量有机物色谱分离鉴定的原理。

3. 从菠菜中提取出叶绿素、胡萝卜素、叶黄素等色素并利用柱色谱加以分离。

【实验原理】

绿色植物（如菠菜叶）中含有叶绿素（绿）、胡萝卜素（橙）和叶黄素（黄）等多种天然色素。本实验从菠菜中提取上述几种色素，并通过薄层色谱进行分离。

叶绿素存在两种结构相似的形式——叶绿素a（$C_{55}H_{72}O_5N_4Mg$）以及叶绿素b（$C_{55}H_{70}O_6N_4Mg$），其差别仅是a中一个甲基被b中的甲酰基所取代。它们都是吡咯衍生物与金属镁的配合物，是植物进行光合作用所必需的催化剂。植物中叶绿素a的含量通常是b的3倍。尽管叶绿素分子中含有一些极性基团，但大的烃基结构使它易溶于醚、石油醚等一些非极性溶剂。

胡萝卜素（$C_{40}H_{56}$）是具有长链结构的共轭多烯。它有三种异构体，即α-、β-和γ-胡萝卜素，其中β-异构体含量最多，也最重要。在生物体内，β-胡萝卜素受酶催化氧化即形成维生素A。目前β-胡萝卜素已可进行工业生产，可作为维生素A使用，也可作为食品工业中的色素。

叶黄素（$C_{40}H_{56}O_2$）是胡萝卜素的羟基衍生物，它在绿叶中的含量通常是胡萝卜素的两倍。与胡萝卜素相比，叶黄素较易溶于醇而在石油醚中溶解度较小。

各天然色素结构见图1。

【仪器试剂】

20.0g菠菜叶，20.0mL甲醇，40.0mL石油醚（60～90℃）-甲醇（3∶2）溶液，硅胶G，0.5%羧甲基纤维素钠，无水硫酸钠，石油醚-丙酮（8∶2），石油醚-乙酸乙酯（6∶4），石油醚-丙酮（9∶1），石油醚-丙酮（7∶3），正丁醇-乙醇-水（3∶1∶1），中性氧化铝（150～160目）。

【实验步骤】

1. 薄层板的制备

取四块显微载玻片，洗净晾干。

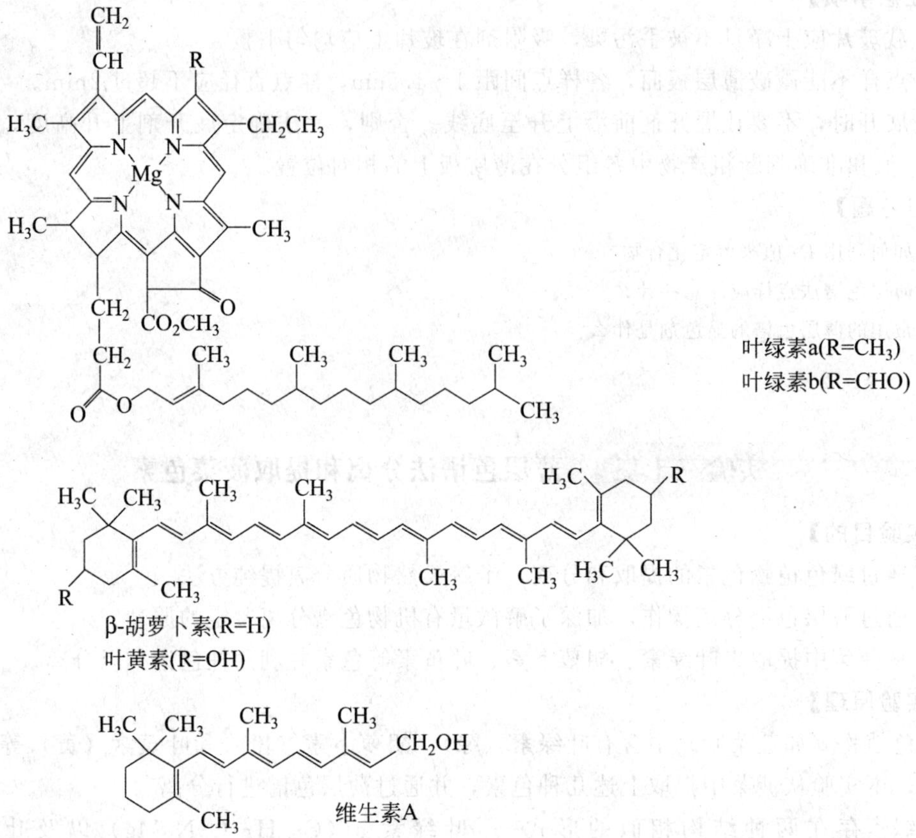

叶绿素a($R=CH_3$)
叶绿素b($R=CHO$)

β-胡萝卜素($R=H$)
叶黄素($R=OH$)

维生素A

图1 菠菜中各种天然色素的结构

在小烧杯中，放置3.0g硅胶，逐渐加入0.5%羧甲基纤维素钠水溶液6～7mL，调成均匀的糊状，其稀稠为在振动下可流动，倒在洁净的载玻片上，用食指和拇指拿住玻璃板，前后左右振摇、摆动，并不时转动方向，制成薄厚均匀、表面光洁平整、无气泡的薄层板，厚度为0.25～1.0mm。

涂好后的硅胶G薄层板置于水平的玻璃板上，在室温下放置0.5h后（注意：室温放置必须使玻板干透，否则会出现断裂现象），放入烘箱中缓慢升温至110℃，恒温0.5～1h后取出，稍冷备用。

2. 菠菜色素的提取

称取20.0g洗净并用滤纸吸干的新鲜（或冷冻）菠菜叶，用剪刀剪碎并与20.0mL甲醇拌匀，在研钵中研磨约5min，然后用布氏漏斗抽滤菠菜汁，弃去滤液。

将菠菜渣放回研钵，每次用20.0mL 3∶2（体积比）的石油醚-甲醇混合液萃取两次，每次需加以研磨充分并且抽滤。

注意：因石油醚易挥发，抽滤时先倒少许清液浸润滤纸，抽滤时真空度不要太大！

合并滤液，用吸管取上层深绿色萃取液，转入分液漏斗，每次用10mL水洗涤两次，以除去萃取液中的甲醇。洗涤时要轻轻旋荡，以防止乳化。

弃去水-甲醇层，石油醚层用无水硫酸钠干燥30min后，滤入圆底烧瓶（勿将干燥剂滤入），在水浴上蒸去大部分石油醚至体积约为1mL为止。石油醚回收。

3. 点样

取活化后的薄层板，分别在距一端 10mm 处用铅笔轻轻画一横线作为起始线。另一端距约 5mm 处也画一横线作为终止线（画线时不能将薄层板表面破坏）。取毛细管（直径 0.5mm）插入样品溶液中，在一块板的起点线上点两个点。样点间相距 1～1.5cm。样点直径不应超过 2mm。

注意：点样时手指捏住毛细管下端，垂直点样，轻触薄层板后立即抬起。点样要轻，不可刺破薄层。因溶液太稀或样点太小，可重复点样。但应在前次点样的溶剂挥发后，方可重点，以防样点被溶解掉。

薄层色谱中样品的用量对物质的分离效果有很大在影响，所需样品的量与显色剂的灵敏度、吸附剂的种类、薄层厚度均有关系。样品太少时，斑点不清楚，难以观察；但样品量太多时往往出现斑点太大，造成拖尾，扩散等现象，影响分离效果。

4. 展开

薄层色谱展开剂的选择主要根据样品的极性、溶解度和吸附剂的活性等因素。溶剂的极性越大，则对化合物的解吸能力越强，即 R_f 值也越大。

如 R_f 值较大，可考虑换用一种极性较小的溶剂，或在原用展开剂中加入适量极性较小的溶剂。相反，如原用展开剂使样品各组分的 R_f 值较小，则可加入适量极性较大的溶剂，如氯仿中加入适量的乙醇。常用展开剂的极性大小如下：

水＞乙醇＞乙酸乙酯氯仿＞苯＞环己烷＞石油醚

本次实验采用以下展开剂：

① 石油醚-丙酮＝8∶2（体积比）　　点三块板

② 石油醚-乙酸乙酯＝6∶4（体积比）　　点一块板

薄层色谱的展开，须在密闭容器中进行。

在容器中加入一定体积的展开剂，内壁贴一张高 5cm，绕周长约 4/5 的滤纸（目的是使展开剂蒸气在烧杯内迅速达到平衡），下部浸入展开剂中，盖好玻璃片。

点样后的薄层板小心放入预先加入选定展开剂的容器内，点样一端应浸入展开剂中 0.5cm（注意不得超过点样线，否则样点将被溶解掉）。

待展开剂上升至终止线时，取出薄层板，在空气中晾干，用铅笔做出标记，并进行测量，记录溶质的最高浓度中心至原点中心距离和展开剂前沿至原点中心距离，分别计算出 R_f 值。

分别用展开剂①和②展开，比较展开效果。注意更换展开剂时，须干燥仪器，不允许前一种展开剂带入后一系统。

【注意事项】

1. 薄层色谱时，薄层板的制备要厚薄均匀，表面平整光洁。

2. 点样时，各样点间距 1～1.5cm，样点直径应不超过 2mm。

3. 点样后，展开前，一定要使溶剂挥发完全。

4. 薄层板在使用以前必须经过烘烤活化。

【思考题】

1. 为什么极性大的组分要用极性较大的溶剂洗脱？

2. 点样后，立刻将薄板放入展缸，可能会有什么样的结果？

3. 如何利用 R_f 值来鉴定化合物？

4. 薄层色谱都有哪些用途?

5. 点样点过大会有什么结果?

6. 试比较叶绿素、叶黄素和胡萝卜素三种色素的极性，为什么胡萝卜素在色谱柱中移动最快?

实验三十四 柱色谱法分离菠菜色素

【实验目的】

1. 学习柱色谱技术的原理和应用。

2. 掌握柱色谱分离技术和操作。

【实验原理】

柱色谱法又称柱上层析法，简称柱层析，它是提纯少量物质的有效方法。常见的有吸附色谱、分配色谱和离子交换色谱。吸附色谱常用氧化铝和硅胶为吸附剂，填装在柱中的吸附剂把混合物中各组分先从溶液中吸附到其表面上，而后用溶剂洗脱。溶剂流经吸附剂时发生无数次吸附和脱附过程，由于各组分被吸附的程度不同，吸附强的组分移动得慢留在柱的上端，吸附弱的组分移动得快在下端，从而达到分离的目的。分配色谱与液-液连续萃取法相似，它是利用混合物中各组分在两种互不相溶的液相间的分配系数不同而进行分离，常以硅胶、硅藻土和纤维素作为载体，以吸附的液体作为固定相。离子交换色谱是基于溶液中的离子与离子交换树脂表面的离子之间的相互作用，使有机酸、碱或盐类得到分离。

在用柱色谱分离混合物时，将已经溶解的样品加入到已装好的色谱柱顶端，吸附在固定相（吸附剂）上，然后用洗脱剂（流动相）进行淋洗，流动相带着混合物的组分下移。样品中各组分在吸附剂上的吸附能力不同，一般来说，极性大的吸附能力强，极性小的吸附能力弱。且各组分在洗脱剂中的溶解度也不一样，被解吸出来的非极性组分随着流动相向下移动与新的吸附剂接触再次被固定相吸附。随着洗脱剂向下流动，被吸附的非极性组分再次与新的洗脱剂接触，并再次被解吸出来随着流动相向下流动。而极性组分由于吸附能力强，不易被解吸，其随着流动相移动的速度比非极性组分要慢得多。这样经过反复的吸附和解吸后，各组分在色谱柱上形成了一段一段的层带，若是有色物质，可以看到不同的色带。每一色带代表一个组分，分别收集不同的色带，再将洗脱剂蒸发，就可以获得单一的纯净物质。

（1）吸附剂的选择

常用的吸附剂有：氧化铝、硅胶、氧化镁、碳酸钙和活性炭等。吸附剂一般要经过纯化和活性处理。选择吸附剂的首要条件是与被吸附物及展开剂均无化学作用。吸附能力与颗粒大小有关。颗粒太粗，流速快分离效果不好。颗粒小，表面积大，吸附能力就高，但流速慢，因此应根据实际分离需要而定。

吸附剂的用量与待分离样品的性质和吸附剂的极性有关。通常吸附剂用量为样品量的30～50倍，如样品中各组分性质相似，则用量应更大。

（2）溶剂和洗脱剂的选择

一般把用以溶解样品的液体称为溶剂，而用来洗色谱柱的液体叫做洗脱剂或淋洗液，两者常为同一物质。

洗脱剂的极性大小对混合物的分离影响较大。极性越大，洗脱能力或展开能力越强，因此，所用的洗脱剂应从极性小的开始，以后逐渐增加极性。也可以使用混合溶剂，其极性介于两单一溶剂极性之间，并采取逐步增加极性较大溶剂的比例，使吸附强的组分洗脱下来。有时还可以采用梯度淋洗法，即在洗脱过程中，连续改变洗脱剂的组成，使溶剂极性逐渐增加，这样洗脱可使样品中的组分在较短时间内分离完毕。

化合物的吸附能力与分子极性有关。分子极性越强，吸附能力越大。分子中所含基团极性越大，其吸附能力也越强。具有下列极性基团的化合物，其吸附能力按下列排列次序递增：

Cl^-，Br^-，$I^- < C{=}C < OCH_3 < CO_2R < C{=}O < -CHO < -SH < -NH_2 < -OH < -COOH$

氧化铝对各种化合物的吸附性按以下次序递减：

酸和碱＞醇、胺、硫醇＞酯、醛、酮＞芳香族化合物＞卤代物、醚＞烯＞饱和烃

(3) 色谱柱的装填

色谱柱一般用透明的玻璃做成，便于观察实验情况。底部的玻璃活塞应尽量不涂油脂，以免污染洗脱液。柱子大小视处理量而定，通常柱的直径与高度之比为（1∶70）～（1∶10）。

先将色谱柱垂直地固定于支架上，柱的下端铺一层脱脂棉（或玻璃棉）。为了保持平整的表面，可在脱脂棉上再铺一层约 5mm 厚的石英砂，有的色谱柱下端已是用砂心片烧结而成，可直接装柱。

干法装柱：在柱的上端放一玻璃漏斗，使吸附剂经漏斗成一细流，慢慢注入柱中，并经常用橡皮锤或大橡皮塞轻轻敲击管壁，使填装均匀，直到吸附剂的高度约为柱长的四分之三为止。然后沿管壁慢慢地倒入洗脱剂，使吸附剂全部润湿，并略有多余。最后在吸附剂顶部盖一层约 5mm 厚的石英砂。由于这种方法在添加溶剂时易出现气泡，吸附剂也可能发生溶胀，所以一般很少采用。为了克服上述缺点，通常先将洗脱剂加入柱内，约为柱高的四分之三处，然后一边通过活塞使洗脱剂缓缓流出，一边将吸附剂通过玻璃漏斗慢慢地加入，同时用橡皮锤轻轻敲击柱身，待完全沉降后，再铺上砂子或用小的圆滤纸覆盖，以防加入样品或洗脱剂冲动吸附剂表面。

湿法装柱：将洗脱剂装入约为柱高的二分之一后，把下端的活塞打开，使洗脱剂一滴一滴地流出，然后通过玻璃漏斗将调好的吸附剂和洗脱剂的糊状物，慢慢地倒入柱内。加完后继续让洗脱剂流出，直到吸附剂完全沉降，高度不变为止，最后再加入石英砂或一张圆滤纸。这种方法比干法好，因为它可把留在吸附剂内的空气全部赶出，使吸附剂均匀地填在柱内。

(4) 加样与洗脱

柱填装后，让洗脱剂继续流出，到液面刚好接近吸附剂表面时关闭活塞。将样品溶于少量洗脱剂中，小心地沿柱壁加入柱中，形成均匀的薄层，打开活塞，直到液面接近吸附剂表面时再关闭活塞。用少量洗脱剂洗涤柱壁上的样品，重新打开活塞使液面下降至吸附剂表面。重复 3 次，使样品全部进入吸附剂，然后用洗脱剂洗脱。洗脱速度不宜过快，以每秒 1～2滴为宜，否则柱中交换来不及达到平衡会影响分离效果。操作过程中要及时添加洗脱剂，不要让洗脱剂走干，否则易产生气泡或裂缝，影响分离效果。

收集的洗脱液一般 5～20mL 为一瓶，具体的量要视情况而定。所得洗脱液可用薄层色谱或纸色谱跟踪，并决定能否合并在一起。对有色物质，也可按色带分别收集。无色的样品如经紫外光照射能呈荧光的，可用紫外光照射来观察和监测混合物展开和洗脱的情况。

洗脱液合并后，蒸去溶剂就可以得到某一组分。如果是几个组分的混合物，需用新的色谱柱或通过其它方法进一步分离。

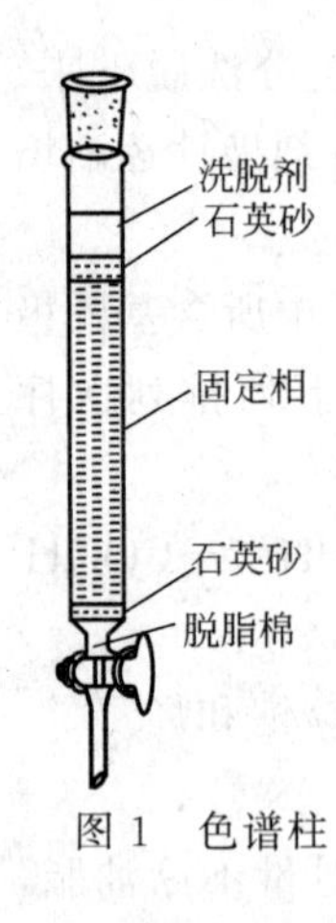

图 1　色谱柱

【实验仪器】

色谱柱是一根下端具塞的玻璃管，如图 1 所示。柱高和直径比为 8∶1。在柱底部塞脱脂棉，上盖石英砂，中间是固定相，最上层铺一层石英砂。

【操作方法】

吸附柱色谱的分离效果不仅依赖于吸附剂和洗脱溶剂的选择，而且与制成的色谱柱有关。色谱柱的大小视处理量而定。柱的长度与直径之比约为（1∶20）～（1∶10），固定相用量与分离物质的量比约为 1∶（50～100）。先将玻璃管洗净干燥，柱底铺一层玻璃棉或脱脂棉，再铺上一层约 0.5cm 厚的石英砂，然后将氧化铝装入管内，必须装填均匀，严格排除空气，吸附剂不能有裂缝，装填方法有湿法和干法两种。

（1）湿法　是将溶剂装入管内，再将氧化铝和溶剂调成浆状，慢慢倒入管中，将管子下端活塞打开，使溶剂流出，吸附剂渐渐下沉，加完氧化铝后，继续让溶剂流出，至氧化铝高度不变为止。

（2）干法　在管的上端放一漏斗，将氧化铝均匀装入管内，轻敲玻璃管，使之填装均匀，然后加入溶剂，至氧化铝全部润湿，氧化铝的高度为管长的 3/4。氧化铝顶部盖一层约 0.5cm 厚的砂子，敲打柱子，使氧化铝顶端和砂子上层保持水平。先用纯溶剂洗柱，再将要分离的物质加入，溶液流经柱后，流速保持 1～2 滴/s，可由柱下端的活塞控制。最后用溶剂洗脱。整个过程都应有溶剂覆盖吸附剂。

【实验内容】

1. 取 25mL 酸式滴定管一支作色谱柱，垂直装置以 25mL 锥行瓶作洗脱液的接受器。

2. 按图所示依次装入脱脂棉、石英砂。

3. 取少量石油醚于层析柱中，打开旋塞，检查其密闭性，确定不漏水后，再加入石油醚至层析柱高的 2/3。

4. 称取 20g 中性氧化铝，从玻璃漏斗中缓缓加入到层析柱中，小心打开柱下旋钮，保持石油醚高度不变，并轻轻敲击（轻敲柱子将填料弄平，必要时可用吸气机将氧化铝填料吸实），流下的氧化铝在柱子中堆积。

5. 当溶剂石油醚的高度距氧化铝表面 5mm 时，关闭旋塞，然后在层析柱上端加入少量脱脂棉（注：脱脂棉必须完全盖住氧化铝表面，任何情况下，氧化铝表面不得露出液面）。

6. 将菠菜色素的浓缩液滴入层析柱中（使用滴管），打开下端旋塞，让液面下降到柱面以下 1mm 左右，关闭旋塞，用滴管加数滴石油醚，打开旋塞，使液面下降，重复，直到色素全部进入柱体，控制流速。

7. 加入约 25mL 的 9∶1 石油醚与丙酮混合液，打开旋塞，当第一个有色成分即将滴出时，取一试管收集，得橙黄溶液（β-胡萝卜素），控制流速。

8. 用同样的方法，用体积比 7∶3 石油醚-丙酮作洗脱剂，分出第二个色带（浅黄液，叶黄素），再用 95%乙醇洗脱得蓝色液（叶绿素 a）和黄绿色液（叶绿素 b）（叶绿素 a，b 两组分颜色差别小，可能导致色带模糊）。

9. 实验完毕，洗净仪器，整理实验台。

【实验注意事项】

1. 色谱柱填装紧密与否，对分离效果很有影响。若柱中留有气泡或各部分松紧不匀

(更不能有断层或暗沟）时，会影响渗滤速度和显色的均匀性。但如果填装时过分敲击，又会因太紧密而流速太慢。

2. 为了保持色谱柱的均一性，使整个吸附剂浸泡在溶剂或溶液中是必要的。否则当柱中溶剂或溶液流干时，就会使柱身干裂，影响渗透和显色的均一性。

3. 最好用移液管或滴管将分离的溶液转移至柱中。

4. 如不装置滴液漏斗，也可用每次倒入 10mL 洗脱剂的方法进行洗脱。

5. 中性氧化铝应在 500℃烘干 4h，然后冷却至 100℃，迅速装瓶，置于干燥器中待用。

6. 分离后的单一色素提取液不宜长期存放，必要时应抽干充氮避光低温保存。

【思考题】

1. 柱色谱中为什么极性大的组分要用极性较大的溶剂洗脱？

2. 柱中若留有空气或填装不匀，对分离效果有何影响？如何避免？

实验三十五　纸色谱法分离氨基酸

【实验目的】

通过对氨基酸的分离，学习运用纸色谱法分离混合物的基本原理，掌握纸色谱的操作方法。

【实验原理】

纸色谱法又称纸上层析法，其实验技术与薄层色谱有些相似，但分离原理更接近于萃取。在纸色谱中，滤纸是载体，不是固定相，滤纸上的水才是固定相（纤维素能吸收高达22%的水），展开剂为流动相。当色谱展开时，溶剂受毛细作用，沿滤纸上升经过点样处，样品中各组分在两相中不断进行分配。由于它们的分配系数不同，结果在流动相中具有较大溶解度的组分移动速度较快，而在水中溶解度较大的组分移动速度较慢，从而达到分离的目的。因此，纸色谱法也称为纸上分配色谱。

与薄层色谱一样，纸色谱也用于有机物的分离、鉴定和定量测定。它特别适用于多官能团或极性大的化合物的分析，例如碳水化合物、氨基酸和天然色素等，只要纸的质量、展开剂和温度等条件相同，比移值（R_f 值）对于每种化合物都是一个特定的值，可作为各组分的定性指标。实际上，由于影响比移值的因素很多，实验数据与文献记载的不完全相同，因此在测定时要与标准样品对照才能断定是否为同一物质。纸色谱的缺点是溶剂的展开所需的时间长，操作不如薄层色谱方便。

1. 滤纸的选择

选择的滤纸应厚薄均匀、平整无折痕，通常用新华 1 号滤纸。滤纸大小可自行选择，一般长 20～30cm，宽度以样品个数多少而定。操作时手指不能与滤纸的层析部分接触，否则指印将和斑点一起显出。

2. 展开剂的选择

要根据被分离物质的性质，选用合适的展开剂。水是作为展开剂的一个组分，因此所有展开剂通常需先用水饱和，以使溶剂在滤纸上移动时有足够水分供给滤纸吸附。文献上所指的展开剂如正丁醇-水，就是指用水饱和的正丁醇。

3. 点样

点样方法与薄层色谱类似。

4. 展开

展开需在密闭的层析缸中进行，在层析缸中加入展开剂，将滤纸的一端悬挂在层析缸的支架上，另一端浸在展开剂液面下1cm左右，并使试样的原点在液面之上。由于毛细作用，展开剂沿滤纸条慢慢上升，当接近终点时，取出纸条，记下展开剂前沿位置，晾干。也可将滤纸卷成大圆筒，使点样线在筒的内部进行展开，展开方式除了上述上升法外，还有下降法、双向层析法和环行法等。

5. 显色

纸色谱的显色与薄层层析相似。

【操作方法】

(1) 下行法

将供试品溶解于适当的溶剂中制成一定浓度的溶液，用微量吸管或微量注射器吸取溶液，点于点样基线上，溶液宜分次点加，每次点加后，可让其自然干燥、低温烘干或经温热气流吹干，样点直径为2～4mm，点间距离约为1.5～2.0cm，样点通常应为圆形。

将点样后的色谱滤纸上端放在溶剂槽内并用玻棒压住，使色谱纸通过槽侧玻璃支持棒自然下垂，点样基线在支持棒下数厘米处。展开前，展开室内用展开溶剂的蒸气饱和，一般可在展开室底部放一装有规定溶剂的平皿或将浸有规定溶剂的滤纸条附着在展开室内壁上，放置一定时间，待溶剂挥发使室内充满饱和蒸气。然后添加展开剂使其浸没溶剂槽内的滤纸，展开剂即经毛细作用沿滤纸移动进行展开，展开至规定的距离后，取出滤纸，标明展开剂前沿位置，待展开剂挥散后按规定方法检出色谱斑点。

(2) 上行法

点样方法同下行法。展开室内加入展开剂适量，放置待展开剂蒸气饱和后，再下降悬钩，使色谱滤纸浸入展开剂约0.5cm，展开剂即经毛细管作用沿色谱滤纸上升，除另有规定外，一般展开至约15cm后，取出晾干，按规定方法检视。

展开可以向一个方向进行，即单向展开；也可进行双向展开，即先向一个方向展开，取出，待展开剂完全挥发后，将滤纸转动90°，再用原展开剂或另一种展开剂进行展开；亦可多次展开、连续展开或径向展开等。

【仪器试剂】

仪器：层析缸，毛细管（内径为0.5mm），层析纸，喷雾器，7.5cm×15cm标本缸，新华1号滤纸（5cm×14cm），直尺，铅笔。

试剂：0.1%甘氨酸水溶液，0.1%亮氨酸水溶液，0.1%茚三酮乙醇溶液，正丁醇，甲酸，未知液。

【实验步骤】

1. 层析纸的准备

将活化[1]的一张5cm×14cm的层析纸条，在离底边1.5cm处用铅笔[2]画一直线作为始线，在起始线上点A、B、C三个点，各点之间的距离为1.5cm，A、C两点分别离层析纸边为1cm，在起始线7cm处画一直线作为溶剂前沿线[3]。见图1。

2. 点样

取内径约0.5mm的毛细管三小段，分别插入试样溶液中，借毛细虹吸现象吸取溶液少许，在A上点甘氨酸溶液，B上点未知液，C上点亮氨酸溶液，样点的直径2～3mm，如溶液太稀，第一次点样吹干后，再点第二次、第三次，每次都要点在同一位置上。

3. 展开

将 30mL 展开剂（正丁醇：甲酸：水/5：3：2）倒入层析缸中，盖上盖子，饱和 20min 后[4]，再将点好样品的层析纸上端用回形针别住，把层析纸悬挂在层析缸盖的钩上，使层析纸的底边浸入展开剂 0.5cm，如图 2 所示。展开剂到达前沿线后，展开完毕，取出层析纸，晾干或红外灯下烘干。

4. 显色

将烘干的层析纸，用喷雾器喷洒显色剂（茚三酮溶液），再在红外灯下烘到显色为止[5]。

5. 计算各氨基酸的 R_f 值

用笔画出斑点，找出斑点的中心距离，并量出起始线至斑点中心的距离，如图 1 所示。计算各氨基酸的 R_f 值，并将纯样品和未知样品的 R_f 值进行对照，鉴定未知液[6]。

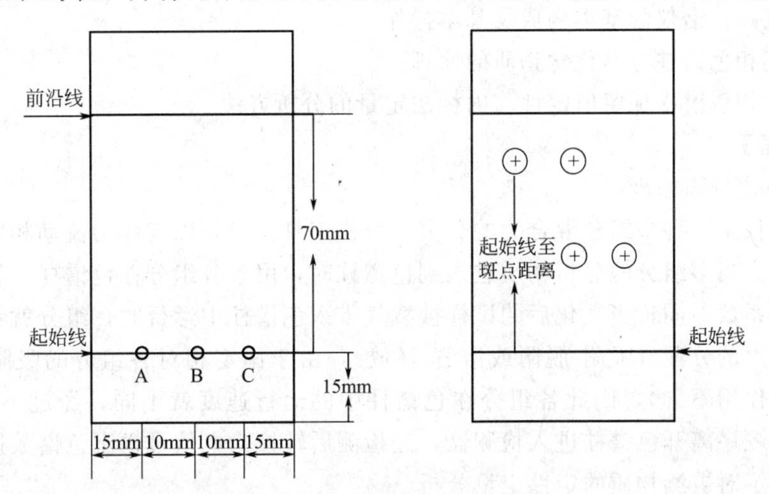

图 1　层析纸的准备

【注意事项】

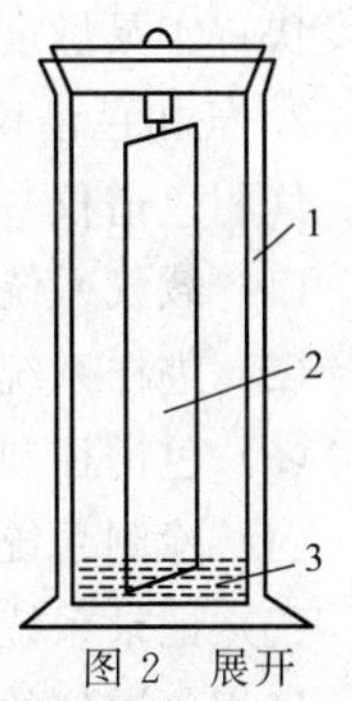

图 2　展开
1—层析缸；
2—层析纸；
3—展开剂

1. 层析纸使用前，应在烘箱中干燥，具体方法为 100℃ 的温度下，烘 1～2h。否则会产生拖尾现象。

2. 画线时只能使用铅笔，不能使用其它的笔。其他笔的颜色为有机染料，在有机溶剂中染料溶解，颜色会产生干扰。

3. 无论是画线还是点样，不能用手接触层析纸前沿线以下的任何部位，因为，手指上有相当量的氨基酸，并足以在本实验方法中检出对实验产生干扰。

4. 纸层析须在密闭容器中展开。加入展开剂后，再等 20min 左右，使层析缸内形成此溶液的饱和蒸气。

5. 喷有显色剂的层析纸，在烘干时应注意温度的控制，温度太高，不但氨基酸会产生颜色，茚三酮也会产生颜色干扰实验现象。

6. R_f 值随分离化合物的结构、固定相与流动相的性质、温度以及纸的质量等因素而变化。当温度、滤纸等实验条件固定时，比移值就是一个特有的常数，因而可作定性分析的依据。

【思考题】

1. 展开剂的液面高出滤纸上的样点，将会产生什么后果？

2. 纸色谱为什么要在密闭的容器中进行？

3. 根据亮氨酸［$(CH_3)_2CH_2CH(NH_2)COOH$］与谷氨酸［$HOOCCH_2CH_2CH(NH_2)COOH$］的结构式判断何者 R_f 值大？为什么？

4. 纸层析中影响 R_f 值的因素有哪些？

5. 简述薄层色谱的基本原理和主要应用。

实验三十六　气相色谱法测定混合物中环己烷含量

【实验目的】

1. 掌握气相色谱仪的基本构成及基本操作。

2. 掌握气相色谱柱分离化学物质的原理。

3. 掌握气相色谱中保留值定性与内标法定量的分析方法。

【实验原理】

1. 气相色谱分离原理

气相色谱仪是一种多组分混合物的分离、分析工具，它是以气体为流动相，采用冲洗法的柱色谱技术。当多组分的分析物质进入到色谱柱时，由于各组分在色谱柱中气相和固定液液相间的分配系数不同，当气化后的试样被载气带入色谱柱中运行时，组分就在其中的两相间进行反复多次的分配（吸附-脱附或溶解-释放），由于固定相对各组分的吸附或溶解能力不同（即保留作用不同），因此各组分在色谱柱中的运行速度就不同，经过一定的柱长后，便彼此分离，顺序离开色谱柱进入检测器，经检测后转换为电信号送至色谱数据处理装置处理，从而完成了对被测物质的定性定量分析。

气相色谱法特点：①分离分析连贯性强，方法简便；②分离效能高，选择性好；③分析速度快；④灵敏度高；⑤应用范围广。

2. 气相色谱仪组成

气相色谱仪一般由以下五部分组成。

(1) 载气系统　包括气源、气体净化、气体流速控制和测量。

(2) 进样系统　包括进样口、气化室。

(3) 色谱柱和柱箱　包括恒温控制装置。

(4) 检测系统　包括检测器及控温装置。

(5) 记录系统　包括放大器、记录仪，有的仪器还有数据处理装置。

气相色谱仪的工作流程如图 1 所示。载气由高压钢瓶供给，经减压阀减压后，进入气路控制单元控制载气的压力和流量，再经过进样口（包括气化室），试样就在进样口注入（如为液体试样，经气化室瞬间气化为气体）。由载气携带进入色谱柱，将各组分分离后依次进入检测器后放空。检测器信号由数据处理装置记录，就可得到色谱图。

【操作方法】

1. 样品的定性

用纯物质的保留值对照定性。在确定的色谱条件下，每一个物质都有一个确定的保留

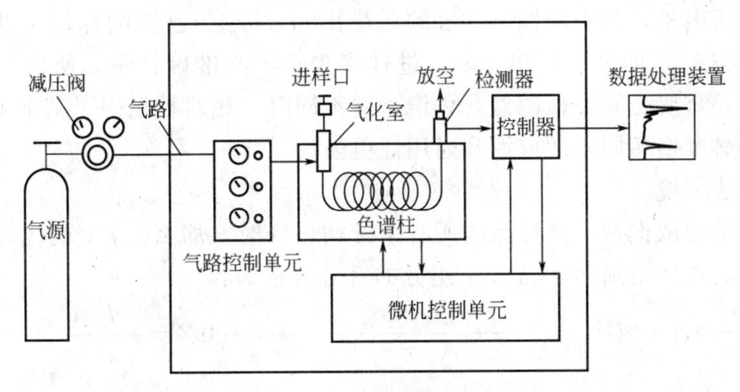

图 1　气相色谱流程图

值，所以在相同条件下，未知物的保留值和已知物的保留值相同时，就可以认为未知物即是用于对照的已知纯物质。但是，有不少物质在同一条件下可能有非常相近且不容易察觉差异的保留值，所以，当样品组分未知时，仅用纯物质的保留值与样品组分的保留值对照定性是困难的。这时，需用两根不同极性的柱子或两种以上不同极性固定液配成的柱子，对于一些组成基本上可以估计的样品，那么准备这样一些纯物质，在同样的色谱条件下，以纯物质的保留时间对照，用来判断其色谱峰属于什么组分是一种简单方便的定性方法。

用标准加入法来定性。首先用未知的混合样品在一定的色谱条件下采集混合物样品的色谱峰，然后取一定量的混合物样品中加入怀疑有的物质的纯物质，在相同的色谱条件下采集加入某纯物质的色谱峰，用两个色谱图进行比较，就会发现两个色谱图上某一个峰的保留值相同，但加了某纯物质的色谱图上的色谱峰的峰高增加、峰面积增大，那么此峰即为某纯物质。

2. 样品的定量

(1) 色谱定量分析的依据

在一定操作条件下，分析组分 i 的质量（m_i）或其在载气中的浓度是与检测器的响应信号（峰高或峰面积）成正比的，可写作：

$$m_i = f_i A_i$$

这是色谱定量分析的依据。由此可见，定量分析中需要：①准确测量峰面积；②准确求出比例系数 f（定量校正因子）；③正确选用定量计算方法，将测得组分的峰面积换算为百分含量。

(2) 校正因子的测量

校正因子有绝对校正因子和相对校正因子。

绝对校正因子 f_i 是指 i 物质进样量 m_i 与它的峰面积 A_i 或峰高 h_i 之比：

$$f_i = \frac{m_i}{A_i} \text{或} f_i = \frac{m_i}{h_i}$$

只有在仪器条件和操作条件严格恒定的情况下，一种物质的绝对校正因子才是稳定值，才有意义。同时，要准确测定绝对校正因子，还要求有纯物质，并能准确知道进样量 m_i，所以它的应用受到了限制。

相对校正因子是指 i 物质的绝对校正因子与作为基准的 s 物质的绝对校正因子之比。可以表示为：

$$f_{i/s} = \frac{f_i}{f_s} = \frac{m_i}{A_i} \times \frac{A_s}{m_s}$$

测定相对校正因子，只需配制 i 和 s 的质量比 m_i/m_s 为已知的标样，进样后测出它们的峰面积之比 A_s/A_i，即可计算出 $f_{i/s}$。进样多少，不必准确计量，所以相对校正因子更容易测定。而且，只要是同类检测器，色谱条件不同时，相对校正因子基本上保持恒定，使用中操作条件不必严格相同，适应性和通用性更强。

(3) 归一化法定量

归一化法定量的依据是，当样品的所有组分均出峰时，那么$\sum fA$ 就代表了样品的进样量，其某一部分的进样量则为 f_iA_i，i 组分的百分含量为：

$$w_i=\frac{m_i}{m_{样}}\times 100\%=\frac{f_iA_i}{f_1A_1+f_2A_2+\cdots+f_nA_n}\times 100\%=\frac{f_iA_i}{\sum_{i=1}^{n} f_iA_i}\times 100\%$$

所以归一化法定量时，就是在测定组分的相对校正因子后，将样品中所有组分的峰面积测出，按此式计算各组分的百分含量。

(4) 内标法

将一定量的纯物质作为内标物，加入到准确称取的样品中，根据被测物的质量及其在色谱图上相应的峰面积比，求出某组分的含量，设 m_i、m_s 分别为被测物和内标物的质量，则 $m_i=f_iA_i$，$m_s=f_sA_s$，$m_i/m_s=f_iA_i/f_sA_s$，则：

$$m_i=\frac{m_sf_iA_i}{f_sA_s}$$

$$w_i=\frac{m_i}{m}\times 100\%=\frac{m_sf_iA_i}{mf_sA_s}\times 100\%$$

一般以内标物为基准，则 $f_s=1$，此时计算式可简化为：

$$w_i=\frac{m_i}{m}\times 100\%=\frac{m_sf_iA_i}{mA_s}\times 100\%$$

内标法的优点：定量较准确，适用于所有组分不能全部出峰的情况。

(5) 外标法

用欲测组分的纯物质来制作标准曲线，以响应信号为纵坐标，以百分含量为横坐标绘制标准曲线，分析试样时进样量与绘制曲线时进样量相同。经色谱分析测得该样品的响应信号(如峰面积或峰高)，再从所制的标准曲线上查得相应的含量值。

外标法的优点：操作简单，计算方便，但结果的准确度主要取决于进样量的重现性和操作条件的稳定性。

本实验采用内标法完成样品定量分析。

【仪器与试剂】

1. 仪器：SP-2100A 气相色谱仪，FID 检测器，N2000 双通道色谱工作站，HP-5 毛细管色谱柱，微量进样器。

2. 试剂：正己烷（分析纯），环己烷（分析纯），无水乙醇（分析纯），庚烷（分析纯）。

【实验步骤】

1. 样品的配制

称取 3.00g 正己烷，2.00g 环己烷，用无水乙醇定容到 50mL，称量样品总质量。准确称取 3.00g 庚烷（内标），加入到已称重的待测样品中，混合均匀供实验用。

2. 内标物和组分定性分析

(1) 取环己烷和庚烷（内标）分别进样进行气相色谱测定，记录其保留时间和峰面积。

（2）取配好的样品在相同的色谱条件下进样测定，分别记录各谱峰的保留时间。

（3）将（1）和（2）中测定的保留时间相对照，确定样品中环己烷和庚烷（内标）在谱图中的位置。

3. 校正因子的测定

用步骤2中（1）测出的峰面积计算环己烷的校正因子：

$$f_1=\frac{m_1A_2}{m_2A_1}$$

4. 样品中环己烷的定量测定

取实验样品进样做气相色谱测定，记录环己烷和内标物庚烷的峰面积。

5. 仪器操作条件

检测器：FID；柱温：100℃；进样口温度：200℃；检测器温度：200℃；载气流速：30mL/min；进样量：1μL。

6. 气相色谱仪操作步骤

（1）打开载体钢瓶总阀，观察载气压力是否到达预定值。

（2）开启主机电源，设置相应参数。

（3）打开计算机电源，启动色谱工作站。

（4）打开氢气发生器开关，观察压力是否显示至预定值。

（5）打开空气压缩机开关，观察压力是否显示至预定值。

（6）点燃FID火焰。

（7）待主机显示“就绪”，观察记录仪信号，待基线平稳后，开始测试。

（8）测试完毕后，先在主机上设置进样器、柱温和检测器温度至50℃，当进样器、柱温和检测器温度降至60℃以下时，关闭主机电源，退出色谱工作站并关闭电源，关闭氢气发生器、空气压缩机开关，关闭载气钢瓶总阀。

【思考题】

1. 在内标法定量分析中，内标物的选择是很重要的，你知道内标物的选择原则吗？
2. 内标物与被测样品含量的比例多少比较合适？
3. 什么时候用归一化法？

实验三十七　高效液相色谱法分离测定芳香烃

【实验目的】

1. 了解并熟悉高效液相色谱仪的流程。
2. 掌握液相色谱定性及外标定量方法。
3. 了解液相色谱检测器及色谱柱的分类。

【实验原理】

根据液相色谱分离理论：

$$K=\frac{c_s}{c_m}=k'\frac{V_m}{V_s}$$

$$k'=\frac{[p]}{[q]}$$

式中，K 为分配系数；k'为容量因子；V_m、V_s 分别为移动相和固定相的体积；[p] 和 [q] 分别为组分在固定相和移动相中的质量。

苯、萘、联苯、菲分别属于单环、多环及稠环芳烃，且极性强度和分子量均有差别，因此，它们在强极性的流动相与非极性固定相之间的分配系数 K 就不同，保留时间也就不同，混合样品因此而得以在色谱体系中被分离开。由于苯、萘、联苯、菲都对紫外波长有吸收，因此选用紫外检测器进行检测。

在反相色谱系统里，固定相是非极性的，流动相是极性的。在化学键合相色谱中，固定相的配合基常是链长 2～18 个碳原子的烷基。流动相一般为极性有机溶剂和水的混合溶液。以溶质极性减弱的次序洗脱。随着移动相极性的增强，保留值亦随之增大。反相色谱的分离是以溶质疏水结构的差异为基础的，溶质极性越大，保留值越小，对于同系物，其保留值随碳数的增加而增大。溶剂的组成对样品的保留有非常深刻的影响，溶质保留值的大小是随洗脱液的极性的降低而下降的，当流动相组成一定时，样品在较长烷基配合基的固定相上的保留值较大。

在高效液相色谱中，定性方法有已知标准物定性、保留值经验定性、用不同色谱体系定性、离析色谱峰后用其他方法定性等。本实验采用已知标准物根据保留值定性的方法。

定量方法有归一化法、内标法、外标法等。本次实验采用外标法定量。标准曲线法即外标法是配制已知浓度欲定量组分的标准溶液，测量各组分的峰高或峰面积，用峰高或峰面积对浓度作出标准曲线。将欲测组分置于与标准物完全相同的分析条件下操作，将得到的峰面积或峰高用插入法与标准物的校正曲线作对照，就可得到组分的浓度。数据处理部分用专用色谱软件-色谱工作站来处理，可以方便地做到谱图自动积分、定量分析及分析自动化于一身，方便重复性操作。

液相色谱由高压泵、进样装置、色谱柱、检测器、记录仪等几部分组成，试剂瓶中的流动相被泵打入系统，样品溶液经进样器进入流动相，被流动相载入色谱柱内，由于样品溶液中的各组分在两相中具有不同的分配系数，在两相中作相对运动，经过反复多次的吸附-解吸分配过程，各组分在移动速度上产生较大的差别，被分离成单个组分依次从柱内流出，通过检测器时，样品浓度被转换成电信号传送到记录仪。

【仪器与试剂】

色谱仪：高效液相色谱仪。

色谱柱：spherisorb C18 5μm [4.6×200mm]。

流动相：甲醇∶水＝85∶15。

流速：1.0mL/min。

检测器：UV-254nm。

温度：室温。

数据处理器：EChorm98 色谱工作站。

苯、萘、联苯、菲的标准溶液浓度：$0.05mg\cdot mL^{-1}$、$0.1mg\cdot mL^{-1}$、$0.2mg\cdot mL^{-1}$、$0.3mg\cdot mL^{-1}$。

【实验步骤】

1. 分别称取适量的苯、萘、联苯、菲标准品于 100mL 容量瓶中，用甲醇溶解，并稀释至刻度作为标准溶液。

2. 取适量苯、萘、联苯、菲混合样品于 100mL 容量瓶中并用甲醇溶解至刻度作为未知样。

3. 用超纯水（经 0.45μm 滤膜过滤）和甲醇（色谱纯）配制成比例为 85∶15 的混合溶液作为流动相。

4. 首先打开主机总开关，然后依次打开紫外检测器，脱气器及色谱工作站的电源开关。

5. 在主机的操作板上，打开手动开关。分别输入流速参数，浓度参数，压力上下限值，最后启动黄色的泵开关。将监视器定位在压力表上，观察压力值。

6. 调整检测器波长在 254nm 处，然后定位零点。观察色谱工作站中色谱图基线情况。

7. 待基线平稳后，用微量进样器分别取 5μL 标准溶液，由进样阀进样，同时记录色谱图和保留时间。

8. 取未知样品 5μL 进样，记录色谱图和保留时间。

【数据处理】

1. 根据得到的标准曲线色谱图与保留时间，在未知样品谱图中确定每个峰的归属。

2. 用色谱工作站通过相应的色谱峰峰面积计算出标准曲线的回归方程和线性相关系数。

3. 外标法计算出未知样品中待测组分的含量。

4. 打印出相应的色谱图。

【注意事项】

1. 要注意观察泵的压力值，如有异常，要及时停泵。

2. 使用微量注射器时要注意取量的准确性。

3. 注射样品至进样阀时，要将注射器推到阀的根部。

【思考题】

1. 根据分离原理的不同，高效液相色谱法可分为几类？

2. 高效液相色谱的定量方法有哪几种？

3. 流动相使用前需要做哪些准备工作？

4. 流动相还可以作为改变什么的参数呢？

第六章　天然有机化合物的提取

凡从天然植物或动物资源提取出来的有机物称为天然有机化合物。其种类繁多，根据它们的结构特征一般可分成四大类，即碳水化合物、类脂化合物、杂环化合物及生物碱。人类对自然界存在的天然有机化合物的利用具有悠久的历史。日常生活中用来治病，如奎宁曾经拯救了千百万患者的生命，黄连素至今仍是治疗肠胃炎最常用的药物，吗啡碱是一个最早使用的镇痛剂；另一些植物则产生有价值的调味品、香料和染料。寻求具有特殊结构与特性并用于人类健康的天然有机化合物一直是人们十分关注的课题。

天然有机化合物的分离、提纯和鉴定是一项十分复杂的工作。有机化学中常用的一些实验手段如溶剂萃取、蒸馏和结晶等曾经在天然有机化合物的分离过程中发挥了重要的作用。现在各种色谱方法如纸色谱、柱色谱、气相色谱、高压液相色谱等已越来越普遍地应用于天然有机化合物的分离和提纯。质谱、红外、紫外、核磁共振等波谱技术的应用已使结构的测定大大方便。仿天然有机化合物的合成已取得令人瞩目的成果。

实验三十八　从茶叶中提取咖啡因

从固体混合物中萃取所需要的物质是利用固体物质在溶剂中的溶解度不同来达到分离、提取的目的。通常是用浸出法或采用索氏提取器（脂肪提取器）来提取固体物质。浸出法是用溶剂长期地浸润溶解而将固体物质中所需物质浸出来，然后用过滤或倾析的方法把萃取液和残留的固体分开。此法适于大量的萃取，但效率不高，时间长，溶剂用量大。

实验室常采用索氏提取器法，该法是利用溶剂加热回流及虹吸原理，使固体物质每一次都能为较纯的溶剂所萃取，效率较高且节约溶剂，但对受热易分解或变质的物质不宜采用。索氏提取器由三部分构成，上部是冷凝管，中部是带有虹吸管的提取管，下部是烧瓶。萃取前应先将固体物质研细，以增加溶剂浸润的面积，然后将固体物质放在滤纸套内，置于提取器中。提取器的下端通过木塞（或磨口）和盛有溶剂的烧瓶连接，上端接冷凝管。当溶剂沸腾时，蒸气通过玻璃管上升，被冷凝管冷凝成液体，滴入提取器中，当溶剂液面超过虹吸管的最高处时，即虹吸回烧瓶，因而萃取出溶于溶剂的部分物质。就这样利用溶剂回流和虹吸作用，使固体中的可溶物质富集到烧瓶中。然后用其他方法将萃取到的物质从溶液中分离出来。再蒸发溶剂，如此循环多次，直到被萃取物质大部分被萃出为止。

对于冷时难溶、热时易溶的固体物质，还可用热溶剂萃取的方法，即采用回流装置进行热提取，固体混合物在一段时间内被沸腾的溶剂浸润溶解，从而将所需的有机物提取出来。如可以用二氯甲烷通过热溶的方法提取茶叶中的咖啡因。

【实验目的】

1. 学习从茶叶中提取咖啡因的基本原理和方法，了解咖啡因的一般性质。
2. 掌握用恒压滴液漏斗提取有机物的原理和方法。
3. 进一步熟悉萃取、蒸馏、升华等的基本操作。

【实验原理】

咖啡因，又名咖啡碱、茶素（caffeine；theine；guaranine）。于 1820 年由林格（Runge）最初从咖啡豆中提取得到，其后在茶叶、冬青茶中亦有发现；1895～1899 年由易·费歇尔（E. Fischer）及其学生首先完成合成过程。我国于 1950 年从茶叶中提得，1958 年采用合成法生产。咖啡因具有刺激心脏、兴奋大脑神经和利尿等作用，因此可用作中枢神经兴奋药。它也是复方阿司匹林（APC）等药物的组分之一。

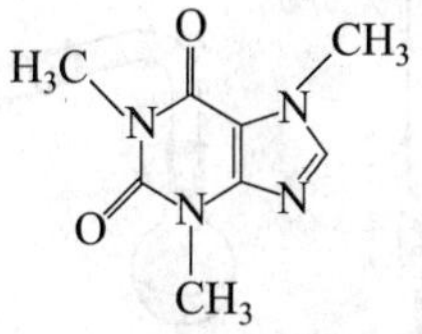

咖啡因

咖啡因为嘌呤的衍生物，化学名称是 1,3,7-三甲基-2,6-二氧嘌呤，其结构式与茶碱、可可碱类似。

咖啡因易溶于氯仿（12.5%）、水（2%）及乙醇（2%）等。含结晶水的咖啡因为无色针状晶体，在 100℃时即失去结晶水，并开始升华，在 120℃升华显著，178℃升华很快。

茶叶中含有咖啡因，占 1%～5%，另外还含有 11%～12%的单宁酸（鞣酸）、0.6%的色素、纤维素、蛋白质等。为了提取茶叶中的咖啡因，可用适当的溶剂（如乙醇等）在脂肪提取器中连续萃取，然后蒸去溶剂，即得粗咖啡因。粗咖啡因中还含有其他一些生物碱和杂质（如单宁酸）等，可利用升华法进一步提纯。

【仪器试剂】

1. 实验方法一

仪器：100mL 圆底烧瓶，索氏提取器，球形冷凝管，75°弯管，直形冷凝管，接液管，温度计，蒸发皿，玻璃漏斗。

试剂：6.0g 茶叶，60.0mL 95%乙醇，2.4g 氧化钙（0.043mol）。

2. 实验方法二

仪器：100mL 圆底烧瓶，恒压滴液漏斗，球形冷凝管，75°弯管，直形冷凝管，接液管，温度计，蒸发皿，玻璃漏斗。

试剂：8.0g 茶叶，60.0mL 95%乙醇，3.0g 氧化钙（0.054mol）。

3. 装置

如图 1 所示。

【实验步骤】

方法一

（1）提取　称取 6.0g 茶叶末，用滤纸包好放入脂肪提取器中，在圆底烧瓶内和提取器中分别加入 40.0mL 和 20.0mL 95%乙醇，加入几粒沸石。按图 1(a) 装好回流装置，电热套加热，连续提取 1～1.5h 后至溶液颜色很淡时为止，待冷凝液刚刚虹吸下去时，立即停止加热。然后改成蒸馏装置。回收提取液中的大部分乙醇。再把残液倾入蒸发皿中，拌入 1.8～2.4g 生石灰粉至糊状为止，搅拌蒸干乙醇，同时将糊状物碾成粉末。

（2）升华法提取咖啡因　冷却后，擦去沾在边上的粉末，以免在升华时污染产物。在蒸发皿上盖一张刺有许多小孔且孔刺向上的滤纸，再罩一个合适漏斗，漏斗颈部塞一小团疏松

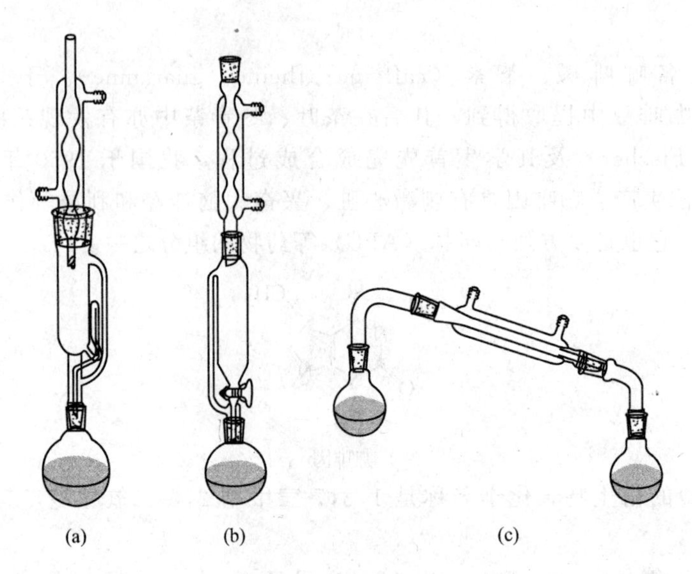

图1　实验装置图

棉花，用空气浴小心加热升华（用电热套或酒精灯隔着石棉网小心加热）。

控制温度在220℃左右（此时纸微黄）。当滤纸上出现许多白色毛状结晶时，停止加热，让其自然冷却至100℃左右。

要点：

a. 漏斗颈应用一团棉花塞紧，以防升华的蒸气逸散到空气中，造成损失。

b. 滤纸要有足够的孔洞，以利蒸气升腾，且应使滤纸孔洞毛刺口朝上。

c. 看到结晶后一定要自然冷却至100℃左右。

小心取下漏斗，轻轻揭开滤纸，刮下咖啡因，残渣经搅拌后，用较大火再加热片刻，使升华完全。

合并两次收集的咖啡因，记录晶体性状。纯粹咖啡因的熔点为234.5℃。

方法二

由于索氏提取器的虹吸管极易折断，安装和拆卸装置时必须特别小心。本实验也可以用更简便的恒压滴液漏斗代替索氏提取器，如图1(b) 所示。

(1) 提取

① 称取8g茶叶，研细，放入底部塞有少量脱脂棉的恒压滴液漏斗中，在圆底烧瓶中加入60mL 95%乙醇及几粒沸石，用水浴加热，连续提取约40～60min到提取液变浅色后停止加热。

蒸气自恒压滴液漏斗的侧管进入恒压滴液漏斗的上部并继续上升至球形冷凝管，经冷凝管冷凝回浸茶叶直至将其完全浸没。而后分组进行间歇萃取实验和连续萃取实验。

间歇回流萃取：打开活塞让萃取液进入烧瓶中，再关闭活塞，进行下一轮萃取，如此反复完成萃取工作。

连续回流萃取：根据蒸气冷凝速度，适度打开活塞，使蒸气冷凝速度与萃取液进入烧瓶速度相等，维持萃取液浸没茶叶高度的平衡，实现平衡状态下的连续萃取，追求最佳萃取效果。

萃取结束的标志：茶叶颜色变浅，呈锯末状。

② 稍冷却后，改成简单蒸馏装置［图 1(c)］，把提取液中大部分乙醇蒸出并回收，至瓶中剩余液体积为 15mL 左右，趁热把剩余液倒入蒸发皿中，留作升华法提取咖啡因。

③ 烘培：向提取液中加入 3.0g 生石灰粉，搅成浆状，在蒸汽浴上（用合适的烧杯装入水后加热至沸产生蒸汽）蒸干，除去水分，使成粉状。

这一步加入生石灰粉是为了中和粗咖啡因中的酸性物质，同时还有吸水的作用。

注意：

部分学生由于担心烘炒过程中造成咖啡因的升华损失，在还没有烘干的情况下就开始升华操作，结果很难得到咖啡因。烘炒到位的标志是被烘物在烘炒过程中能由块状被碾碎为粉末状。

(2) 升华法提取咖啡因　与方法一同。

【注意事项】

1. 脂肪提取器为配套仪器，其任一部件损坏将会导致整套仪器的报废，特别是虹吸管极易折断，所以在安装仪器和实验过程中须特别小心。

2. 用滤纸包茶叶末时要严实，防止茶叶末漏出堵塞虹吸管；滤纸包大小要合适，既能紧贴套管内壁，又能方便取放，且其高度不能超出虹吸管高度。纸套上面折成凹形，以保证回流液均匀浸润被萃取物。

3. 若套筒内萃取液色浅，即可停止萃取。

4. 浓缩萃取液时不可蒸得太干，否则因残液很黏而难以转移，造成损失。

5. 拌入生石灰要均匀，生石灰的作用除吸水外，还可中和除去部分酸性杂质（如鞣酸）。

6. 萃取和升华均要控制加热温度和速率。若温度太低，升华速度较慢；若温度太高，会使产物发黄（分解）。

7. 刮下咖啡因时要小心操作，防止混入杂质。

【思考题】

1. 本实验中使用生石灰的作用有哪些？
2. 除可用乙醇萃取咖啡因外，还可采用哪些溶剂萃取？
3. 脂肪提取器由哪几部分组成？它的萃取原理是什么？它比一般的浸泡萃取有哪些优点？
4. 滤纸筒中装茶叶的高度为什么不能超过虹吸管？为什么茶叶末不可漏出滤纸筒？
5. 在升华操作中应注意什么？

实验三十九　从红辣椒中提取红色素

【实验目的】

1. 学习用薄层色谱和柱色谱方法分离和提取天然产物的原理。

2. 复习柱色谱的操作方法。

【实验原理】

红辣椒含有多种色泽鲜艳的天然色素，其中呈深红色的色素主要由辣椒红脂肪酸酯和少量辣椒玉红素脂肪酸酯所组成，呈黄色的色素则是β-胡萝卜素。这些色素可以通过色谱法加以分离。本实验以二氯甲烷作萃取剂，从红辣椒中提取红色素。然后采用薄层色谱分析，确定各组分的 R_f 再经柱色谱分离，分段接收并蒸除溶剂，即可获得各个单组分。

【仪器试剂】

仪器：研钵（粉碎机），球形冷凝管，脱脂棉，蒸馏装置，毛细管，200mL 广口瓶，硅胶 G 薄板，漏斗。

试剂：25mL 圆底烧瓶，红辣椒 1.0g，二氯甲烷。

【实验步骤】

① 在小烧杯中将 20.0g 硅胶按水-硅胶质量比 3∶1 与水混合，均匀地涂于 4cm×20cm 干净的玻璃板上，晾干，置于 105～110℃烘箱中活化 1h，取出放入干燥器中待用。

② 在 25mL 圆底烧瓶中，放入 1.0g 干燥并研碎的红辣椒和 2 粒沸石，加入 10.0mL 二氯甲烷，装上回流冷凝管，加热回流 20min。待提取液冷却至室温，过滤，除去不溶物，蒸馏回收二氯甲烷，得到浓缩的色素混合物。

③ 以 200mL 广口瓶作薄板展开槽、二氯甲烷作展开剂。取极少量色素粗品置于小烧杯中，滴入 2～3 滴二氯甲烷使之溶解，并在一块硅胶 G 薄板上点样，然后置入展开槽进行色谱分离。计算各种色素的 R_f 值。

④ 在 1.5m 的色谱柱中，装入硅胶 G 吸附剂，用二氯甲烷作洗脱剂，将色素粗品进行柱色谱分离，收集各组分流出液，浓缩各组分，得到各组分产品。

【注意事项】

1. 红辣椒要干且研细。
2. 硅胶 G 薄板要铺得均匀，使用前活化充分。
3. 色谱柱要装结实，不能有断层。
4. 加入固定相时不停地敲打柱子，使固定相均匀。

【思考题】

1. 为什么极性大的组分要用极性较大的溶剂洗脱？
2. 柱子中若有气泡或装填不均匀，将给分离造成什么样的结果？如何避免？
3. 走柱前如果不用展开剂过柱，可能会有什么样的结果？

实验四十　超声波法提取黄连中的黄连素

【实验目的】

1. 学习超声波法提取黄连素的基本原理和方法，了解黄连素的一般性质。
2. 掌握紫外分光光度法、标准曲线法等数据分析方法。
3. 进一步熟悉抽滤、离心、溶液的配制等基本操作。

【实验原理】

黄连素（又称小檗碱、黄连素碱）是从黄连、黄柏、三颗针等植物中提取的生物碱。其中，黄连素在黄连中的含量最大，随着野生、栽培和产地的不同，黄连素在黄连中的含量为 4%～10%，黄连素具有显著的抑菌作用。黄连素对抗病原微生物、痢疾杆菌、结核杆菌、肺炎球菌、伤寒杆菌、白喉杆菌等多种细菌都有抑制作用。其中，黄连素对痢疾杆菌的作用最强，常常用来治疗细菌性肠胃炎、痢疾等消化道疾病，是非常重要的一类生物碱。

黄连素的化学名称是5，6-二氢-9,10-二甲氧基苯并［g］-1,3-二噁茂苯并［5,6a］喹嗪，其分子式$C_{20}H_{18}NO_4$，分子量为336.37，熔点是145℃。自然存在三种互变异构体，如图1所示，从左至右为季铵型、醇胺型和醛型，自然界多以季铵碱的形式存在，为黄色针状结晶体，无臭，味极苦，微溶于水、乙醇，较易溶于热水和热乙醇中，难溶于乙醚、苯。

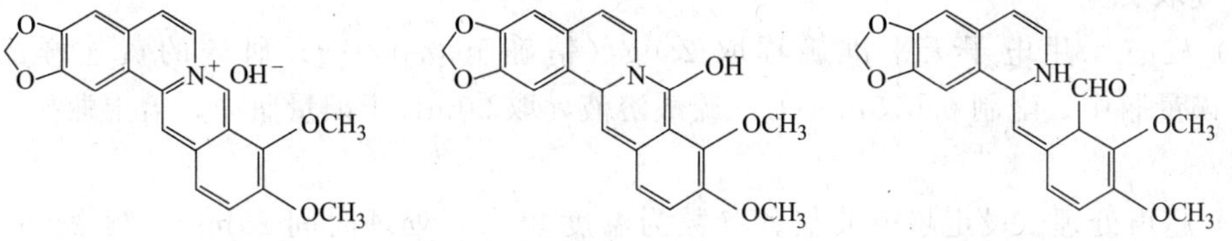

图1 黄连素的结构简式

工艺生产黄连素的提取方法有硫酸法、石灰水法、乙醇法等。硫酸法、石灰水法提取时间长，提取效率低，且对环境污染大，酸水的处理成本较高。醇提取法提取时间短，方法简单，提取率高，回收容易，适合工业化生产。本实验采用超声波辅助硫酸法。

超声波作为一种物理能，能产生强烈振动、空化和搅拌作用。

（1）加速介质质点运动。高于20kHz声波频率的超声波在连续介质中传播时，根据惠更斯波动原理，在其传播的波阵面上将引起介质质点（包括黄连素）的运动，使介质质点获得巨大的加速度和动能。质点的加速度一般可达重力加速度的两千倍以上。由于介质质点将超声波能量作用于药材中药效成分质点上而使之获得巨大的加速度和动能，使药效成分迅速逸出药材基体而游离于水中。

（2）空化作用。超声波在液体介质中传播产生特殊的“空化效应”，“空化效应”不断产生无数内部压力达到上千个大气压的微气穴并不断“爆破”，产生微观上的强大冲击波作用在中药材上，使其中药材成分物质被“轰击”细胞壁及整个生物体破裂而使胞内物质释放、扩散及溶解，并使得药材基体被不断剥蚀，其中不属于植物结构的药效成分不断被分离出来。

（3）超声波的振动匀化使样品介质内各点受到的作用一致，使整个样品萃取更均匀。中药材中的药效物质在超声波场作用下不但作为介质质点获得自身的巨大加速度和动能，而且通过“空化效应”获得强大的外力冲击，所以能高效率并充分分离出来。

【仪器试剂】

仪器：时空加热超声波清洗仪（工作频率、功率、温度和时间可调）、烧杯、离心机、抽滤装置、碘量瓶、胶头滴管、移液管、731型紫外分光光度计、量筒、容量瓶、铁架台。

试剂及原料：黄连末（粉碎）、去离子水、硫酸。

【实验步骤】

1. 最佳吸收波长的确定

准确称取黄连素标准品1.00g，用去离子水溶解于小烧杯中后，定容于100mL容量瓶中，摇匀，静置10min。准确量取上述溶液4mL移入1000mL容量瓶中，定容、摇匀，配制成浓度为$40\mu g \cdot mL^{-1}$的溶液。在T6新世纪紫外可见分光光度计上，用2cm比色皿，以溶剂去离子水为参比溶液，从波长190nm开始到500nm为止的范围内，每隔10nm做光谱扫描，得一光谱扫描曲线，并打印。分析曲线可知最佳测量波长为λ=347nm。

2. 标准曲线的绘制

取50mL容量瓶8支，编号。分别移取80μg·mL^{-1}的黄连素标准溶液2.0mL、3.0mL、4.0mL、5.0mL、6.0mL、7.0mL、8.0mL和9.0mL于8支容量瓶中，用水稀释到刻度，摇匀。放置10min，用分光光度计在最大吸收波长347nm处测吸光值，以吸光度A为纵坐标，质量浓度c为横坐标，绘制标准曲线。

3. 提取实验

(1) 浸泡　用电子天平准确称取2.0g（精确至0.0001g）研碎的黄连样品，放入250mL碘量瓶中。配制0.075mol·L^{-1}硫酸溶液，取30mL于碘量瓶中，盖上瓶塞，浸泡黄连24h。

(2) 超声处理　设定超声波仪各参数为温度35℃，处理时间25min，频率45kHz，处理经过浸泡的黄连样品。

(3) 提出样品的处理　将处理完的提取液用离心机离心，再进行抽滤得到滤液。用1mL移液管移取滤液1mL于1000mL量筒中并用去离子水稀释至625mL，混匀。

4. 黄连素的定量测定

(1) 用紫外分光光度计在波长λ=347nm下测量吸光度、记录实验数据（图2）。

(2) 计算黄连的提取率。

5. 黄连素的定性鉴定

(1) 取样品50mg，加蒸馏水5mL，缓慢加热使之溶解，加NaOH试液2滴，显橙色，溶液经放冷后，过滤，滤液中加丙酮数滴，即产生黄色的浑浊液或沉淀，与标准品一致。

(2) 取样品少许，加H_2SO_4 2mL温热至溶解，再加漂白粉少许，振荡后即产生樱桃红色，与标准品一致。

(3) 于样品的水溶液中，滴加浓硝酸数滴，溶液产生黄绿色硝酸小檗碱沉淀，与标准品一致。

经上述方法鉴定最后得到的提取物为黄连素。

【注意事项】

1. 得到纯净的黄连素晶体比较困难。将黄连素盐酸盐加热水至刚好溶解煮沸，用石灰乳调节pH=8.5～9.8，冷却后滤去杂质，滤液继续冷却至室温以下，即有针状的黄连素析出，抽滤，将结晶在50～60℃下干燥，熔点145℃。

2. 在测定样品的紫外吸收光谱之前，必须对空白样品（即纯溶剂）进行基线校正，以消除溶剂吸收紫外光的影响。用同一种溶剂连续测定若干个样品时，只需做一次基线校正。因为校正数据能自动保存在当前内存中，可供反复使用。

3. 紫外光谱的灵敏度很高，应在稀溶液中测定，因此测定时加样品应尽量少。

【思考题】

1. 黄连素为何种生物碱类化合物？

2. 黄连素的紫外光谱上有何特征？

3. 影响黄连素提取产率的因素有哪些？列举进一步提高产率的方法。

4. 紫外光谱适合于分析哪些类型的化合物？你合成过的化合物中哪几个能用紫外光谱分析，哪几个不能用紫外光谱分析，为什么？

【附】

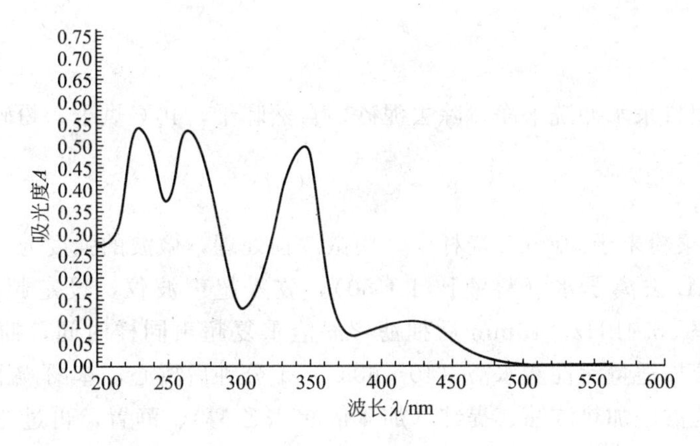

图 2　黄连素的紫外可见吸收光谱

实验四十一　超声波提取裙带菜中多糖

裙带菜（Undariapinnatifida）属褐藻门、褐子纲、海带目、翅藻科、裙带菜属，是温带性多年生大型褐藻，能忍受较高的水温，我国的裙带菜产量为世界第三，目前裙带菜养殖主要集中在辽宁、山东等省。

多糖是裙带菜中的重要组成部分，具有抗肿瘤、抗病毒、免疫调节等多种生物活性，此外，多糖的高吸水性和良好的成膜性完美结合，能为皮肤提供很好的保湿效果，多糖作为保湿剂应用于化妆品，可满足人们对化妆品提出的天然、营养、无刺激性等要求。

提取裙带菜多糖的传统方法主要有热水浸提法、酸提法、复合酶解-热水浸提法、酸提法、碱提法等，提取时间长，工艺繁琐，产率低。

【实验目的】

1. 学习裙带菜中提取多糖的基本原理和方法，了解裙带菜多糖的吸湿保湿性能。
2. 掌握超声波的原理及使用方法。
3. 学习单因素考察和正交试验的原理，寻求最佳工艺条件。
4. 进一步熟悉紫外可见分光光度计的基本操作。

【实验原理】

多糖是裙带菜中重要组成部分，由褐藻糖胶、褐藻酸钠、膳食纤维三部分组成，极易溶于水，难溶于乙醇，可利用此原理提取粗多糖。一般从植物中提取的多糖，均含有一定量的蛋白质、色素等杂质，可通过加入溶剂（乙醇等）沉淀部分杂质得到粗多糖。

【仪器试剂】

仪器：MF-2070MGZ 型微波炉，SK7210HP 型时控加热超声波清洗仪，KMD 型可调控温电热套，SHB-IIIA 型循环水式多用真空泵，TGL-16C 型台式离心机，101-3AB 型电热鼓风干燥箱，T6 新世纪紫外可见分光光度计，电子天平，500mL 烧杯，布氏漏斗，抽滤瓶，10mL 量筒，具塞试管，玻璃棒，温度计，表面皿，滤纸，50mL 容量瓶，胶头滴管。

试剂：95%乙醇，饱和 K_2CO_3 溶液，饱和 $(NH_4)_2SO_4$ 溶液，无水乙醇，浓硫酸，葡萄糖，苯酚等，均为分析纯。

【实验步骤】

1. 原料处理

新鲜裙带菜用自来水冲洗干净，除去泥砂，自然晾干，40℃烘干，粉碎，用玻璃瓶封存置干燥器中备用。

2. 提取

称取5g裙带菜粉末于500mL烧杯中，用微波预处理，微波的强度为中火，提取时间为3min。加入250mL去离子水（料液比1∶50），放入超声波仪，设定超声波的提取温度40℃，超声波频率35.4kHz，15min后抽滤，滤渣重复超声同样时间，抽滤后合并两次滤液。取小部分滤液加适量活性炭水浴（40～60℃）十分钟后离心，苯酚-硫酸法测其吸光度，计算产率；剩余滤液经加热浓缩、提纯（加4倍95%乙醇）、静置，再过滤，用无水乙醇洗涤滤渣2～3次，40℃烘干得粗多糖，称量。

3. 苯酚-硫酸法

（1）制备5%苯酚溶液　精密称量5g苯酚，加入95mL蒸馏水，配成质量分数为5%的苯酚溶液。

（2）葡萄糖标准溶液的制备　精密称取105℃下干燥至恒重的葡萄糖1g，用去离子水定容至100mL，准确吸取上述溶液2.00mL定容至100mL即得0.2mg·mL^{-1}的葡萄糖标准液。

（3）标准曲线的制备　分别精密取葡萄糖标准液0mL、0.2mL、0.4mL、0.6mL、0.8mL、1.0mL于具塞试管中，补去离子水至2.0mL。加2.0mL 5%的苯酚溶液，混匀，缓慢加入98%的浓硫酸5mL，振荡摇匀，沸水浴15min。冷却至室温，在490nm处测其吸光度。

以吸光度A为纵坐标，葡萄糖标准液浓度c为横坐标，得标准曲线。经回归处理得线性回归方程$A=6.137c+0.018$，$R^2=0.997$，线性范围：0～0.1mg·mL^{-1}。

（4）样品溶液的制备及多糖含量的测定

取一定量抽滤所得的滤液，加入0.25%左右的活性炭，在40～60℃水浴下加热10min，在台式离心机中以转速8000r·min^{-1}离心10min，取上清液5mL，定容至50mL，取上述溶液2mL至试管，依次加入质量分数为5%的苯酚溶液2mL、98%的浓硫酸，沸水浴加热15min，冷却至室温后，在490nm处测其吸光度。

4. 测吸湿保湿率

（1）样品处理

将粗多糖完全干燥后制成粉末，精确称量至0.0001g。吸湿实验用干燥粗多糖样品，保湿实验用粗多糖含量为2.5%的水溶液。

（2）吸湿实验

将饱和K_2CO_3溶液及饱和$(NH_4)_2SO_4$溶液置于密闭的干燥器内，以造成相对湿度为43%和81%的环境。然后将干燥器置于恒温环境中，将称好的样品置于结晶皿中，分别放在两个干燥器内，每经过约8h精确称取各样品质量，待样品质量不再明显增加后，大约48h时结束称量。由放置前后样品的质量差，计算吸湿率。

（3）保湿实验

将多糖含量为2.5%的水溶液放在放有饱和K_2CO_3溶液及饱和$(NH_4)_2SO_4$溶液的密闭的干燥器内（相对湿度为43%和81%），每经过约8h精确称取各样品质量，待样品质量不再明显减少后，大约 48h 时结束称量。由放置前后样品的质量，计算保湿率。

对每次吸湿、保湿实验均重复 3 次平行实验，取 3 次结果的平均值，以减小误差。

5. 公式

$$多糖得率=\frac{cV}{m}\times 100\%$$

式中，c 为所测多糖浓度；V 为两次提取所得滤液总体积；m 为裙带菜样品质量。

$$吸湿率=\frac{m-m_0}{m_0}\times 100\%$$

式中，m_0 为样品放置前质量；m 为放置后质量。

$$保湿率=H/H_0\times 100\%$$

式中，H_0 为样品含水质量，H 为放置后样品含水质量。

【注意事项】

1. 注意控制超声过程的温度恒定，否则会造成结果不够准确。
2. 抽滤时要拧干滤布，避免多糖的损失，造成产率偏低。
3. 洗涤滤布时用去离子水，以防掺入杂质。
4. 去除杂质时活性炭的用量和吸附时间要适宜，否则产率偏低。
5. 粗多糖的烘干温度不能太高，否则会造成多糖分解。

【超声波仪器使用注意事项】

1. 严禁槽中没有水或溶剂时启动仪器，造成空振，从而使振动头报废或损坏。
2. 对热系统严禁无液时打开加热开关。
3. 采用清水或水溶液作为清洗剂，绝对禁止使用酒精、汽油或任何可燃气体作为清洗剂加入清洗机中，以免造成失火。
4. 检查容器是否破损，容器在超声波中要放置平稳，免得液体倾出。
5. 超声波水深要合适，水要定期更换。

【思考题】

1. 苯酚-硫酸法测定多糖的原理是什么？
2. 还有哪些多糖测定方法？原理是什么？

第七章　综合设计实验

实验四十二　乙酰乙酸乙酯

【实验目的】

1. 了解利用 Claisen 酯缩合反应制备乙酰乙酸乙酯的原理和方法。
2. 掌握无水操作和减压蒸馏等基本操作。
3. 熟悉在酯缩合反应中金属钠的应用和操作。

【实验原理】

含 α-活泼氢的酯在强碱性试剂（如 Na、$NaNH_2$、NaH、三苯甲基钠或格氏试剂）存在下，能与另一分子酯发生 Claisen 酯缩合反应，生成 β-羰基酸酯。乙酰乙酸乙酯就是通过这一反应制备的。虽然反应中使用金属钠作缩合试剂，但真正的催化剂是钠与乙酸乙酯中残留的少量乙醇作用产生的乙醇钠。

$$2CH_3COOEt \xrightarrow{C_2H_5ONa} CH_3\overset{\overset{\displaystyle O}{\|}}{C}CH_2COOEt + C_2H_5OH$$

乙酰乙酸乙酯与其烯醇式是互变异构（或动态异构）现象的一个典型例子，它们是酮式和烯醇式平衡的混合物，在室温时含 92% 的酮式和 8% 的烯醇式。单个异构体具有不同的性质并能分离为纯态，但在微量酸碱催化下，迅速转化为二者的平衡混合物。

【仪器试剂】

试剂：甲苯 12.5mL（10.75g，0.117mol），新切金属钠 2.58g（0.112mol），乙酸乙酯 27.5mL（24.81g，0.282mol），50%乙酸 15mL。

仪器：100mL 圆底烧瓶，回流冷凝管，干燥管，冷凝管，减压蒸馏头，接液管。

【实验步骤】

在干燥的 100mL 圆底烧瓶中，加入 12.5mL 甲苯和 2.58g 新切金属钠，装上回流冷凝管，其上口安装氯化钙干燥管，加热回流至钠熔融。待回流停止，拆去冷凝管，用橡皮塞塞紧瓶口，按紧塞子用力振摇几下，使钠分散成钠珠，待甲苯冷却，钠珠迅速固化成粉状。静置待钠粉沉于底部，将甲苯倒出，迅速加入 27.5mL 乙酸乙酯，装上冷凝管，反应即刻发生并有氢气逸出。必要时可用水浴加热，促使反应进行。保持微沸状态至金属钠作用完全。生成的乙酰乙酸乙酯钠盐为橘红色透明溶液。

将反应物冷却，振摇下小心加入约 15mL 50%乙酸，至反应液显微弱酸性为止。将反应物移入分液漏斗中，加等体积氯化钠饱和溶液，用力振摇，放置至乙酰乙酸乙酯全部析出，分出产品并用无水硫酸钠干燥，将粗产品滤至蒸馏烧瓶中，用沸水浴蒸馏，收集低沸物。剩余液进行减压蒸馏（图 1），收集 82～88℃/20～30mmHg[1] 的馏分，产品重 6～7g，做产物

---

[1] 1mmHg＝133.322Pa。

的 IR 和 ^{1}H NMR 谱，指出各主要谱峰的归属。本实验需 8h。

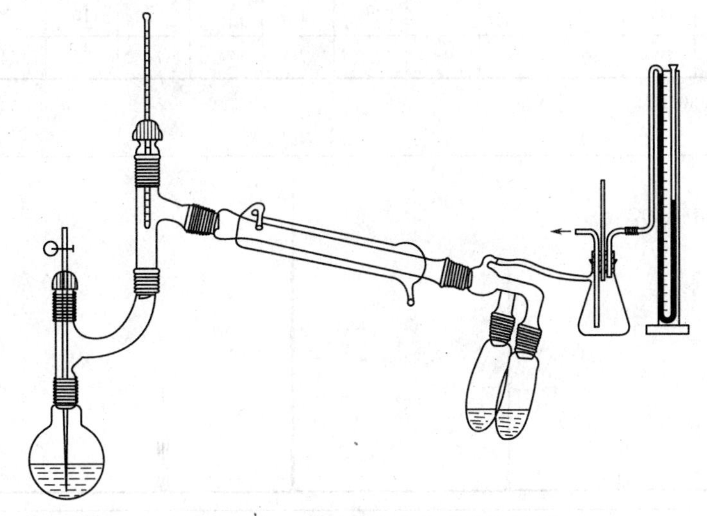

图 1　减压蒸馏乙酰乙酸乙酯装置

【注意事项】

1. 本实验要求无水操作。

2. 称取金属钠时要小心，不要碰到水，擦干煤油，切除氧化膜后快速地切成小的钠丝，立即加入烧瓶中。

3. 钠珠的制作过程中间一定不能停，且要来回振摇，不要转动。

4. 反应不要太激烈，保持平稳回流。

【思考题】

1. 为什么要做钠珠？
2. 为什么用乙酸酸化，而不用稀盐酸或稀硫酸酸化？为什么要调到弱酸性，而不是中性？
3. 加入饱和食盐水的目的是什么？
4. 中和过程开始析出的少量固体是什么？
5. 乙酰乙酸乙酯沸点并不高，为什么要用减压蒸馏的方式？
6. 所用仪器未经干燥处理，对反应有什么影响？为什么？
7. 用 50%乙酸中和时要注意什么问题？乙酸浓度过高、用量过多对结果有何影响？

【附】

纯乙酰乙酸乙能为无色透明液体，沸点 180.4℃，密度（d_4^{20}）1.0282，折射率（n_D^{20}）为 1.4192。

主要试剂及产品的物理常数见表 1。乙酰乙酸乙酯沸点与压力的关系见表 2，其核磁及红外谱图见图 2、图 3。

表 1　主要试剂及产品的物理常数

名称	相对分子质量	性状	折射率	相对密度	熔点/℃	沸点/℃	溶解度 /g·(100mL 溶剂)$^{-1}$		
							水	醇	醚
二甲苯	106.16	无色液体	1.0550		−25～−23	143～145			
乙酸乙酯	88.10	无色液体	1.3727	0.905	−83.6	77.3	85	∞	∞
乙酰乙酸乙酯	130.14	无色液体	1.4192	1.0282	−45	180.4			

表 2 乙酰乙酸乙酯沸点与压力的关系

压力/mmHg[①]	760	80	60	40	30	20	18	14	12	10	5	1.0	0.1
沸点/℃	181	100	97	92	88	82	78	74	71	67.3	54	28.5	5

① 1mmHg=133.322Pa。

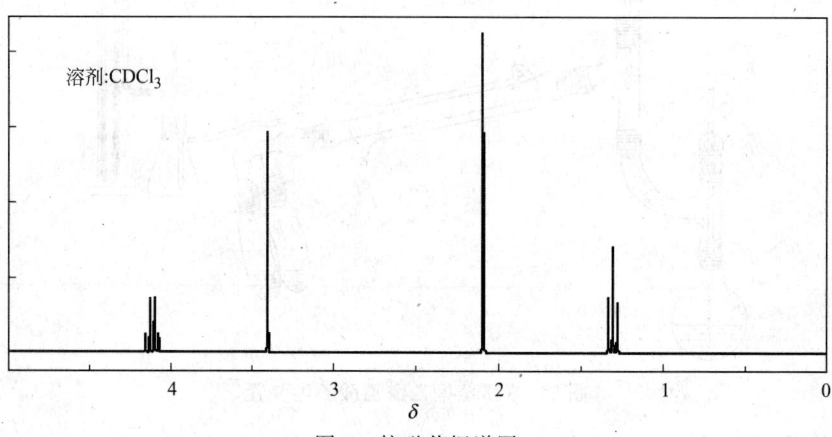

图 2 核磁共振谱图

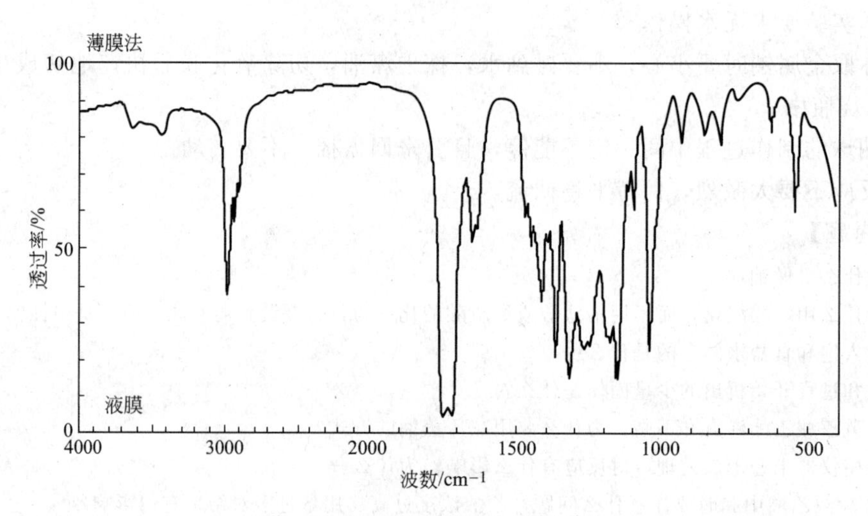

图 3 乙酰乙酸乙酯的红外光谱图

实验四十三 二茂铁、乙酰二茂铁

【实验目的】

1. 通过二茂铁、乙酰二茂铁的合成掌握无机制备中无水无氧实验操作的基本技能。
2. 了解二茂铁的基本性质。
3. 熟悉升华法、重结晶法纯化化合物的操作技能。

【实验原理】

二茂铁（ferrocene），又名双环戊二烯铁 $(C_5H_5)_2Fe$，具有独特的夹心结构，是目前已知的最稳定的金属有机化合物。

二茂铁在常温下为橙色晶体，有如樟脑的气味。熔点 173～174℃，沸点 249℃，在温度高于 100℃时易升华。能溶于苯、乙醚、石油醚等大多数有机溶剂中，基本上不溶于水，在沸腾的烧碱溶液或盐酸溶液中不溶解亦不分解。在乙醇或己烷中的紫外光谱于 325nm（ε＝50）和 440nm（ε＝87）处有最大吸收值。

二茂铁及其衍生物已广泛地用作火箭燃料添加剂，以改善汽油的燃烧性能；还可用作汽油的抗震剂、硅树脂和橡胶的热化剂、紫外光的吸收剂等。

二茂铁的制备方法较多，本实验采用非水溶剂（乙醚/二甲亚砜）法，是实验室合成二茂铁的一种较为简单易行的方法。其制备反应如下

$$2KOH + FeCl_2 + 2C_5H_6 \longrightarrow (C_5H_5)_2Fe + 2KCl + 2H_2O$$

C_5H_6（环戊二烯）经过解聚其二聚体得到。二茂铁粗产物经过升华法提纯。

在芳环上引入酰基（RCO—）的反应称为酰基化（acylations）反应。本实验就是在磷酸的催化下，二茂铁与乙酸酐反应，得到目标产物。反应式如下：

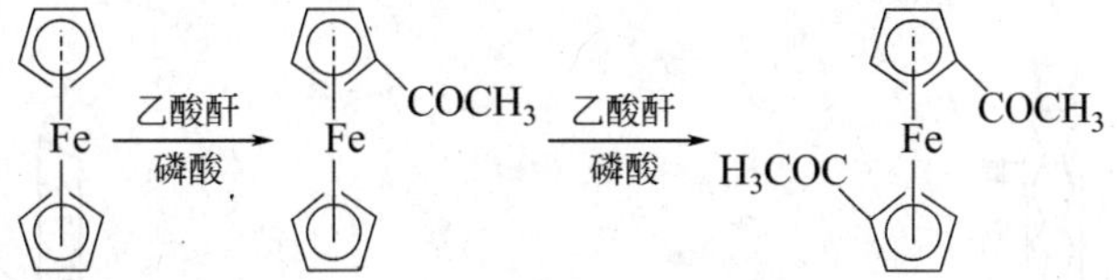

Fe　乙酸酐/磷酸→　Fe（COCH₃）　乙酸酐/磷酸→　H₃COC、Fe、COCH₃

乙酰二茂铁粗产物经过重结晶法提纯。

【仪器试剂】

仪器：100～300℃温度计，30cm 分馏柱，100mL 圆底烧瓶，接液管，直形冷凝管，50mL 量筒，单颈圆底烧瓶，磁力加热搅拌器，氮气钢瓶，恒压滴液漏斗，分液漏斗，蒸发皿，三角漏斗，50mL 锥形瓶，干燥管，滴管，抽滤瓶，布氏漏斗。

试剂：无水氯化钙，无水二氯化铁 6.5g（0.051mol），环戊二烯 40.0mL，无水乙醚 85.0mL，氢氧化钾 25.0g，二甲亚砜 25.0mL，液体石蜡油，$2mol \cdot L^{-1}$ 盐酸 50.0mL，乙酸酐 10.0mL，85％磷酸 2.0mL，碳酸氢钠，石油醚，冰。

【实验步骤】

1. 环戊二烯单体的制备

环戊二烯在室温下很容易发生狄尔斯-阿德耳（Diels-Alder）反应而生成二聚环戊二烯，在较高温度下，会进一步发生聚合反应。因此，市售的环戊二烯试剂是它的二聚体，要得到单体的环戊二烯，则必须进行“解聚”。环戊二烯单体的制备装置图参见实验十二，整套装置必须干燥。

取 40.0mL 环茂二烯于烧瓶内，加热至 180℃（必要时，用石棉绳将分馏柱包扎起来），收集 42～44℃下蒸出的产物于一放有无水氯化钙的烧瓶内（此瓶用冰水冷却），收集约 20～25mL。

2. 二茂铁的制备

按图 1 安装好装置（整套装置必须干燥）。加 60.0mL 无水乙醚、25.0g 细粉末状 KOH 于三颈烧瓶中，在通入氮气的情况下搅拌溶解。待 KOH 尽可能溶解之后，从恒压滴液漏斗中滴入 5.5mL 环戊二烯（单体），再搅拌 10min。

将 6.5g 无水二氯化铁溶于 25.0mL 二甲亚砜中，充分搅拌溶解后，倒入恒压滴液漏斗中。滴加之前，停止氮气供给，在 45min 内把全部溶液滴加进三颈烧瓶中（在滴加过程中，若乙醚沸腾，可以打开原通入氮气的侧口活塞开关），继续搅拌 30min。

反应完毕后，向三颈烧瓶中再加入25.0mL乙醚，充分搅拌后，静置，将上层清液倒入分液漏斗中，弃去下层棕黑色沉淀物。将2mol·L^{-1} HCl倒入分液漏斗中洗涤两次（每次25mL），再用水洗涤两次（每次25mL），每洗涤一次需分离后再洗第二次。然后将分液漏斗中的乙醚层（乙醚层在水层上面，二茂铁溶于乙醚中呈黄色）转入到小烧杯中，并在通风柜内微热，使乙醚尽快蒸发。将得到的橙色二茂铁晶体称重，并计算产率。

测定产品的熔点，并分析测定结果。

3. 升华法提纯二茂铁

按图2所示升华提纯二茂铁。蒸发皿的温度控制在140～170℃，不可超过180℃。粗制的二茂铁产品呈橙棕色，经升华后的二茂铁为金黄色针状结晶。测量熔程为165～167.8℃。用称量纸包好产品备用。

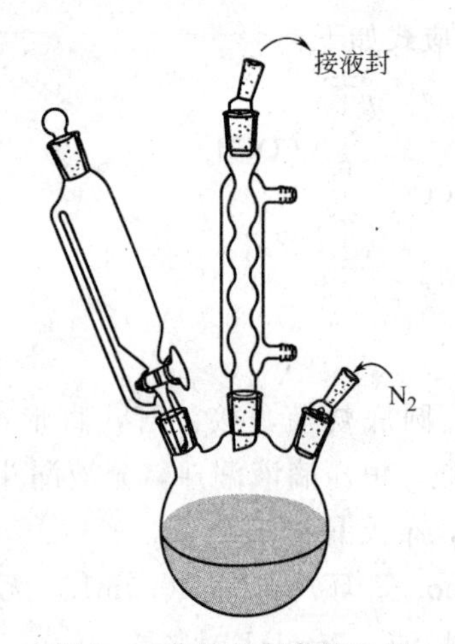

图1 二茂铁的制备装置图

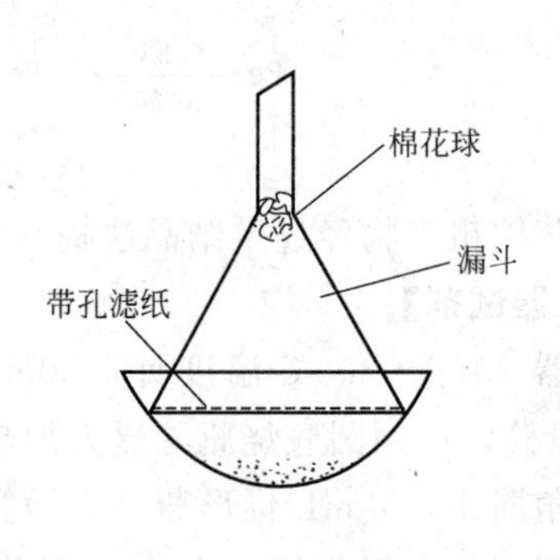

图2 升华法提纯二茂铁装置图

4. 乙酰二茂铁的制备（图3）

① 投料：在50mL锥形瓶中，加入1.0g二茂铁和10.0mL乙酸酐，在振荡下用滴管慢慢加入2.0mL 85%的磷酸。

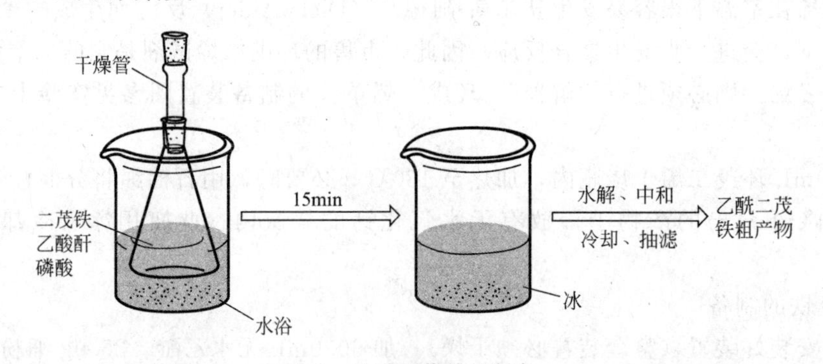

图3 乙酰二茂铁的制备

② 加热反应：投料完毕，用装有无水氯化钙的干燥管塞住烧瓶口，在沸水浴上加热15min，并不时加以振荡。

③ 分离化合物：将反应混合物倾入盛有40g碎冰的400mL烧杯中，并用10mL冷水冲洗烧瓶，将冲洗液并入烧杯。在搅拌下，分批加入固体碳酸氢钠，到溶液呈中性为止。将中

和后的反应化合物置于冰浴中冷却15min，抽滤收集析出的橙黄色固体，每次用50mL冰水洗涤两次，压干后在空气中干燥。

④ 纯化产物：将干燥后的粗产物用石油醚（60～90℃）重结晶。

⑤ 产品检验。

【注意事项】

1. 通常“解聚”应在合成二茂铁的当天做，不然，馏出液必须密封后放在液氮中保存。
2. 蒸发乙醚时要注意安全，避免明火。

【思考题】

1. 本实验在合成二茂铁时，为什么操作要求在严格的无水条件下？
2. 分析影响二茂铁产率的因素，如何提高它的合成产率？
3. 如何纯化二茂铁产品？

实验四十四　甲基丙烯酸甲酯的本体聚合

本体聚合是指单体在少量引发剂下或者直接在热、光和辐射作用下进行的聚合反应，因此本体聚合的优点是产品纯度高、无需后处理，尤其是可以制得透明样品；缺点是散热困难，易发生凝胶效应，工业上常采用分段聚合的方式。

【实验目的】

1. 了解自由基本体聚合的特点和实验方法。
2. 掌握和了解有机玻璃的制造和操作技术的特点，并测定制品的透光率。

【实验原理】

有机玻璃板就是甲基丙烯酸甲酯通过本体聚合方法制成的。聚甲基丙烯酸甲酯（PMMA）具有优良的光学性能，密度小，机械性能、耐候性好，在航空、光学仪器，电器工业、日用品方面有着广泛用途。

聚合原理为：

① 引发剂分解

$$C_6H_5-\overset{O}{\overset{\|}{C}}-O-O-\overset{O}{\overset{\|}{C}}-C_6H_5 \xrightarrow{\triangle} 2\,C_6H_5-\overset{O}{\overset{\|}{C}}-O\cdot \xrightarrow{\triangle} 2\,C_6H_5\cdot + 2CO_2\uparrow$$

② 链引发

$$C_6H_5\cdot + H_2C=\overset{CH_3}{\overset{|}{C}}-COOCH_3 \longrightarrow C_6H_5-CH_2-\overset{CH_3}{\overset{|}{\underset{\cdot}{C}}}-COOCH_3$$

③ 链增长

$$C_6H_5-CH_2-\overset{CH_3}{\overset{|}{\underset{\cdot}{C}}}-COOCH_3 + n\,H_2C=\overset{CH_3}{\overset{|}{C}}-COOCH_3 \longrightarrow C_6H_5-\left[CH_2-\overset{CH_3}{\overset{|}{\underset{COOCH_3}{\underset{|}{C}}}}\right]_n-CH_2-\overset{CH_3}{\overset{|}{\underset{COOCH_3}{\underset{|}{C}\cdot}}}$$

④ 链终止

a. 偶合终止

$$\sim\!\sim CH_2-\underset{\bullet}{\overset{CH_3}{\overset{|}{C}}}-COOCH_3 + \sim\!\sim CH_2-\underset{\bullet}{\overset{CH_3}{\overset{|}{C}}}-COOCH_3 \longrightarrow \sim\!\sim CH_2-\underset{H_3COOC}{\underset{|}{\overset{CH_3}{\overset{|}{C}}}}-\underset{COOCH_3}{\underset{|}{\overset{CH_3}{\overset{|}{C}}}}-CH_2\sim\!\sim$$

b. 歧化终止

$$\sim\!\sim CH_2-\underset{\bullet}{\overset{CH_3}{\overset{|}{C}}}-COOCH_3 + \sim\!\sim CH_2-\underset{\bullet}{\overset{CH_3}{\overset{|}{C}}}-COOCH_3 \longrightarrow \sim\!\sim CH_2-\underset{COOCH_3}{\underset{|}{\overset{CH_3}{\overset{|}{CH}}}} + \underset{COOCH_3}{\underset{|}{\overset{CH_3}{\overset{|}{C}}}}=CH\sim\!\sim$$

MMA 是含不饱和双键、结构不对称的分子，易发生聚合反应，其聚合热为 56.5kJ·mol^{-1}。MMA 在本体聚合中的突出特点是有“凝胶效应”。由于本体聚合没有稀释剂存在，聚合热的排散比较困难，“凝胶效应”放出大量反应热，使产品含有气泡影响其光学性能。因此在生产中要通过严格控制聚合温度来控制聚合反应速率，以保证有机玻璃产品的质量。

甲基丙烯酸甲酯本体聚合制备有机玻璃常常采用分段聚合方式，先在聚合釜内进行预聚合，后将聚合物浇注到制品型模内，再开始缓慢后聚合成型。预聚合有几个好处，一是缩短聚合反应的诱导期并使“凝胶效应”提前到来，以便在灌模前移出较多的聚合热，以利于保证产品质量；二是可以减少聚合时的体积收缩，因 MMA 由单体变成聚合体体积要缩小 20%～22%，通过预聚合可使收缩率小于 12%；另外浆液黏度大，可减少灌模的渗透损失。

【仪器试剂】

仪器：三口圆底烧瓶，搅拌装置，球形冷凝管，内游标卡尺，硅玻璃片。

试剂：甲基丙烯酸甲酯（MMA）50.0g，过氧化二苯甲酰（BPO）0.05g（0.00041mol）。

【实验步骤】

1. 有机玻璃板的制备

（1）制模　取两块玻璃板洗净，烘干，在玻璃板的一面涂上一层硅油做为脱膜剂。玻璃板外沿垫上适当厚度的垫片（涂硅油面朝内），并在四周糊上厚牛皮纸，并预留一注料口。在烘箱中烘干后，取出垫片。

（2）预聚合（制浆）　准确称取 50mg 的过氧化苯甲酰，50g 甲基丙烯酸甲酯，混合均匀，加入到配有冷凝管和通氮气管的三颈瓶中，通氮气，加热并开动电磁搅拌，升温至 75℃，反应约 30min，体系达到一定黏度（相当于甘油黏度的两倍，转化率为 7%～17%），停止加热，冷却至 50℃，补加 10mg 的过氧化二碳酸环辛酯。

（3）灌浆　将上述预混物浆液通过注料口缓缓注入膜腔内，垂直放置 10min 赶出气泡，待膜腔灌满后用牛皮纸密封。

（4）后聚合　将模子的注料口朝上垂直放入烘箱内，于 40℃继续聚合 20h，体系固化失去流动性。再升温至 100℃保温 1h。打开烘箱，自然冷却至室温。

（5）脱模　除去牛皮纸，小心撬开玻璃板，取出制品，洗净，吹干。

2. 有机玻璃透光率测定

利用分光光度计可测定所制产品的透明度。

（1）试样制备　试样尺寸为 10mm×50mm，用内卡尺测定其厚度。

（2）71 型或 72 型分光光度计的测定方法（或者参见说明书）

① 接通 220V 恒压电源。

② 打开仪器电源，恒压器及光源开关。

③ 开启样品盖，打开工作开关。将检流计光点调至透光度 0 点位置。

④ 调节所要波长。

⑤ 将光度调节到满刻度 100%位置。

⑥ 放入试样，关上样品盖。所测得的透光度即为样品的透光度。

⑦ 逐一关闭各开关，再关闭总开关。

【思考题】

1. 本体聚合的主要优缺点是什么？如何克服本体聚合中的“凝胶效应”？
2. 本实验的关键是预聚合，如果预聚合反应进行得不够会出现什么问题？
3. 为什么制备有机玻璃板引发剂一般使用 BPO 而不用 AIBN？
4. 自动加速效应是怎样产生的？对聚合反应有哪些影响？
5. 制备有机玻璃，各阶段的温度应怎样控制，为什么？

【附】

凝胶效应：即在聚合过程中，当转化率达 10%～20%时，聚合速率突然加快。物料的黏度骤然上升，以致发生局部过热现象。其原因是由于随着聚合反应的进行，物料的黏度增大，活性增长链移动困难，致使其相互碰撞而产生的链终止反应速率常数下降；相反，单体分子扩散作用不受影响，因此活性链与单体分子结合进行链增长的速率不变，总的结果是聚合总速率增加，以致发生爆发性聚合。

实验四十五　对溴苯胺

一、对溴乙酰苯胺合成

【实验目的】

1. 学习芳烃卤化反应理论，掌握芳烃溴化方法。
2. 熟悉溴的物理化学性质及其使用操作方法，巩固重结晶及熔点测定技术。

【实验原理】

反应式：

$$C_6H_5NHCOCH_3 \xrightarrow[HAc]{Br_2} p\text{-}BrC_6H_4NHCOCH_3\ (95\%) + o\text{-}BrC_6H_4NHCOCH_3\ (5\%) + HBr$$

【仪器与试剂】

试剂：乙酰苯胺 6.75g（0.05mol），溴 2.5mL（8.0g，0.05mol），冰醋酸 18.0mL，乙醇，亚硫酸氢钠。

仪器：电动搅拌器，水浴锅，250mL 三颈瓶，恒压滴液漏斗，100℃温度计 2 支，5mL、10mL 量杯，500mL 烧杯，250mL 抽滤瓶，ϕ60mm 布氏漏斗，玻璃棒，刮刀，剪子。

【实验步骤】

在 250mL 三颈瓶上配置电动搅拌器、温度计、恒压滴液漏斗，并在恒压滴液漏斗上连接气体吸收装置，以吸收反应中产生的溴化氢。

向三颈瓶中加入 6.75g 乙酰苯胺和 15.0mL 冰醋酸，用温水浴稍稍加热使乙酰苯胺溶解，然后在 45℃水浴温度条件下，边搅拌边滴加 2.5mL 溴和 3.0mL 冰醋酸配成的溶液，滴加速度以棕红色的溴色较快退去为宜。

滴加完毕，在 45℃浴温下，继续搅拌反应 1h，然后将浴温提高至 60℃，再搅拌一段时间，直到反应混合物液面不再有红棕色蒸气逸出为止。

将反应混合物倾入盛有 100mL 冷水的烧杯中（如果产物带有棕红色，可加入亚硫酸钠使溶液黄色恰好退去），用玻璃棒搅拌 10min，放在冰水中彻底冷却后，抽滤，用冷水洗涤滤饼并抽干，放在空气中自然晾干后，用乙醇重结晶，得到白色针状晶体。理论产量 10.7g，实际产率 68%左右。

【注意事项】

1. 搅拌器与三颈瓶连接处的密封要好，以防溴化氢从瓶口处逸出。

2. 溴具有强腐蚀性和刺激性，必须在通风橱中量取，操作时应带上乳胶手套。

3. 滴溴时滴速不宜过快，否则反应太剧烈会导致一部分溴来不及参与反应就与溴化氢一起逸出，用时也可能会产生二溴代产物。

【思考题】

1. 乙酰苯胺的一溴代产物为什么以对位异构体为主？

2. 在溴化反应中，反应温度的高低对反应结果有何影响？

3. 在反应混合物的后处理过程中，加入亚硫酸氢钠的目的是什么？

4. 产物中可能存在哪些杂质，如何除去？

【附】

对溴乙酰苯胺：熔点 167～168℃，白色晶体。

二、对溴苯胺（*p*-bromoaniline）的合成

【实验目的】

掌握脱氨基保护基乙酰基的方法，巩固重结晶、熔点测定。

【实验原理】

$$p\text{-}Br\text{-}C_6H_4\text{-}NHCOCH_3 \xrightarrow{H^+} p\text{-}Br\text{-}C_6H_4\text{-}NH_2 + CH_3COOH$$

【仪器试剂】

仪器：100mL 三颈瓶，直形冷凝管，25mL 恒压滴液漏斗，变颈（19 号→14 号），75°蒸馏弯头，接液管，100mL 锥形瓶，250mL 烧杯，pH 试纸，刮刀，玻璃棒，250mL 抽滤瓶，ϕ60mm 布氏漏斗。

试剂：对溴乙酰苯胺 6.5g（0.03mol），95%乙醇 15.0mL，浓盐酸 8.5mL，20%氢氧化钠溶液。

【实验步骤】

在 100mL 三颈瓶上，配置回流冷凝管和恒压滴液漏斗，向颈烧瓶中加入 6.5g 对溴乙酰苯胺，15.0mL 95%乙醇和三粒沸石，加热至沸，自滴液漏斗慢慢滴加 8.5mL 浓盐酸。加毕，回流 30min，加入 25mL 水使反应混合物稀释。将回流装置改为蒸馏装置，加热蒸馏。将残余物

对溴苯胺盐酸盐倒入盛有 50mL 冰水的烧杯种，在搅拌下滴加 20%氢氧化钠溶液，使之刚好呈碱性。抽滤，水洗，抽干后，自然晾干（可用乙醇-水重结晶）。理论产量 8.6g 左右。

【注意事项】

1. 滴加浓盐酸不宜太快。

2. 对溴苯胺易氧化，不能烘干。

【附】

表 1 所示为主要试剂物理常数。

表 1　主要试剂物理常数

试剂	相对分子质量	状态	相对密度	熔点/℃	沸点/℃	折射率	溶解度		
							水	乙醇	乙醚
乙酰苯胺	135.17	无色晶体	1.2190	114.3	304		微溶	易溶	溶
冰醋酸	60.05	无色液体	1.0492	−16.604	117.9	1.3916	∞	∞	∞
乙醇	46.07	无色液体	0.7893	−117.3	78.5	1.3611	∞	∞	∞
对溴苯胺	172.03	无色晶体	1.4970	66.4	分解		不溶	溶	溶
对溴乙酰苯胺	214.072	无色晶体	1.2190	167			不溶	不溶	不溶

实验四十六　氯霉素

【实验目的】

1. 熟悉溴化、Delepine 反应、乙酰化、羟甲基化、Meerwein-Ponndorf-Verley 羰基还原、水解、拆分、二氯乙酰化等反应的原理。

2. 掌握各步反应的基本操作和终点的控制。

3. 熟悉氯霉素（chloramphenicol）及其中间体的立体化学。

4. 了解播种结晶法拆分外消旋体的原理，熟悉操作过程。

5. 掌握利用旋光仪测定光学异构体质量的方法。

【实验原理】

氯霉素的化学名为（1*R*，2*R*）-（−）-1-对硝基苯基-2-二氯乙酰氨基-1，3-丙二醇［（1*R*，2*R*）-（−）-*p*-nitrophenyl-2-dichloroacetamido-1，3-propanediol］。氯霉素分子中有两个手性碳原子，有四个旋光异构体。化学结构式为：

NO_2　　NO_2

HO—C—H　　H—C—OH

H—C—$NHCOCHCl_2$　　$Cl_2CHCOHN$—C—H

CH_2OH　　CH_2OH

1*R*,2*R*(−)　　1*S*,2*S*(+)

NO_2–C_6H_4–；H◄C◄OH；H◄C◄$NHCOCHCl_2$；CH_2OH

1*S*,2*R*(–)

NO_2–C_6H_4–；HO◄C◄H；$Cl_2CHCOHN$◄C◄H；CH_2OH

1*R*,2*S*(+)

上面四个异构体中仅1*R*,2*R*（–）［或D（–）苏阿糖型］有抗菌活性，为临床使用的氯霉素。

氯霉素为白色或微黄色的针状、长片状结晶或结晶性粉末，味苦。熔点149～153℃。易溶于甲醇、乙醇、丙酮或丙二醇中，微溶于水。比旋度［α］25°～25.5°（乙酸乙酯）；［α］$_D^{25}$+18.5°～21.5°（无水乙醇）。

合成路线如下：

$$O_2N-C_6H_4-COCH_3 \xrightarrow{Br_2,C_6H_5Cl} O_2N-C_6H_4-COCH_2Br \xrightarrow{(CH_2)_6N_4,C_6H_5Cl} O_2N-C_6H_4-COCH_2Br\cdot(CH_2)_6N_4$$

$$\xrightarrow[HCl,H_2O]{C_2H_5OH} O_2N-C_6H_4-COCH_2NH_2\cdot HCl \xrightarrow[CH_3COONa]{(CH_3CO)_2O} O_2N-C_6H_4-COCH_2NHCOCH_3 \xrightarrow[C_2H_5OH]{HCHO}$$

$$O_2N-C_6H_4-COCH(NHCOCH_3)-CH_2OH \xrightarrow[CH_3CH(OH)CH_3]{Al[OCH(CH_3)_2]_3} O_2N-C_6H_4-CH(OH)-CH(NHCOCH_3)-CH_2OH \xrightarrow{HCl,H_2O}$$

$$O_2N-C_6H_4-CH(OH)-CH(NH_2\cdot HCl)-CH_2OH \xrightarrow{15\%\ NaOH} O_2N-C_6H_4-CH(OH)-CH(NH_2)-CH_2OH \xrightarrow{拆分}$$

$$O_2N-C_6H_4-CH(OH)-CH(NHCOCH_3)-CH_2OH \xrightarrow{CHCl_2COOCH_3,CH_3OH} O_2N-C_6H_4-CH(OH)-CH(NHCOCHCl_2)-CH_2OH$$

【实验步骤】

（一）对硝基-α-溴代苯乙酮的制备

在装有搅拌器、温度计、冷凝管、滴液漏斗的250mL四颈瓶中，加入对硝基苯乙酮10.0g，氯苯75.0mL，于25～28℃搅拌使溶解。从滴液漏斗中滴加溴9.7g。首先滴加溴2～3滴，反应液即呈棕红色，10min内退成橙色表示反应开始；继续滴加剩余的溴，1～1.5h加完，继续搅拌1.5h，反应温度保持在25～28℃。反应完毕，水泵减压抽去溴化氢约30min，得对硝基-α-溴代苯乙酮氯苯溶液，备用。

【注意事项】

1. 制备氯霉素的方法除以对硝基苯乙酮为原料的对酮法外，还有成肟法、苯乙烯法、肉桂醇法、溴苯乙烯法以及苯丝氨酸法等。

2. 冷凝管口上端装有气体吸收装置，吸收反应中生成的溴化氢。

3. 所用仪器应干燥，试剂均需无水。少量水分将使反应诱导期延长，较多水分甚至导致反应不能进行。

4. 若滴加溴后较长时间不反应，可适当提高温度，但不能超过50℃，当反应开始后要立即降低到规定温度。

5. 滴加溴的速度不宜太快，滴加速度太快及反应温度过高，不仅使溴积聚易逸出，而且还导致二溴化合物的生成。

6. 溴化氢应尽可能除去，以免下步消耗六亚甲基四胺。

【思考题】

1. 溴化反应开始时有一段诱导期，使用溴化反应机理说明原因？操作上如何缩短诱导期？

2. 本溴化反应不能遇铁，铁的存在对反应有何影响？

（二）对硝基-α-溴化苯乙酮六亚甲基四胺盐的制备

在装有搅拌器、温度计的250mL三颈瓶中，依次加入上步制备好的对硝基-α-溴代苯乙酮和氯苯20.0mL，冷却至15℃以下，在搅拌下加入六亚甲基四胺（乌洛托品）粉末8.5g，温度控制在28℃以下，加毕，加热至35～36℃，保温反应1h，测定终点。如反应已到终点，继续在35～36℃反应20min，即得对硝基-α-溴代苯乙酮六亚甲基四胺盐（简称成盐物），然后冷至16～18℃，备用。

【注意事项】

1. 此反应需无水条件，所用仪器及原料需经干燥，若有水分带入，易导致产物分解，生成胶状物。

2. 反应终点测定：取反应液少许，过滤，取滤液1mL，加入等量4%六亚甲基四胺氯仿溶液，温热片刻，如不呈浑浊，表示反应已经完全。

3. 对硝基-α-溴代苯乙酮六亚甲基四胺盐在空气中及干燥时极易分解，因此制成的复盐应立即进行下步反应，不宜超过12h。

4. 复盐成品：熔点118～120℃（分解）。

【思考题】

1. 对硝基-α-溴代苯乙酮与六亚甲基四胺生成的复盐性质如何？

2. 成盐反应终点如何控制？根据是什么？

（三）对硝基-α-氨基苯乙酮盐酸盐的制备

在上步制备的成盐物氯苯溶液中加入精制食盐3.0g，浓盐酸17.2mL，冷至6～12℃，搅拌3～5min，使成盐物呈颗粒状，待氯苯溶液澄清分层，分出氯苯。立即加入乙醇37.7mL，搅拌，加热，0.5h后升温到32～35℃，保温反应5h。冷至5℃以下，过滤，滤饼转移到烧杯中加水19mL，在32～36℃搅拌30min，再冷至−2℃，过滤，用预冷到2～3℃的6.0mL乙醇洗涤，抽干，得对硝基-α-氨基苯乙酮盐酸盐（简称水解物），熔点250℃（分解），备用。

【注意事项】

1. 对硝基-α-溴代苯乙酮与六亚甲基四胺反应生成季铵盐，然后在酸性条件下水解成对硝基-α-氨基苯乙酮盐酸盐。该反应称Delepine反应。

2. 加入精盐在于减小对硝基-α-氨基苯乙酮盐酸盐的溶解度。

3. 成盐物水解要保持足够的酸度，所以与盐酸的摩尔比应在3以上。用量少不仅导致生成醛等的副反应（Sommolet反应），而且对硝基-α-氨基苯乙酮游离碱本身亦不稳定，可发生双分子缩合，然后在空气中氧化成紫红色吡嗪化合物。此外，为保持水解液有足够酸度，应先加盐酸后加乙醇，以免生成醛等副产物。

4. 温度过高也易发生副反应，增加醛等副产物的生成。

【思考题】

1. 本实验中 Delepine 反应水解时为什么一定要先加盐酸后加乙醇，如果次序颠倒，结果会怎样？

2. 对硝基-α-氨基苯乙酮盐酸盐是强酸弱碱生成的盐，反应需保持足够的酸度，如果酸度不足对反应有何影响？

（四）对硝基-α-乙酰氨基苯乙酮的制备

在装有搅拌器、回流冷凝器、温度计和滴液漏斗的 250mL 四颈瓶中，放入上步制得的水解物及水 20mL，搅拌均匀后冷至 0～5℃。在搅拌下加入乙酸酐 9.0mL。另取 40%的乙酸钠溶液 29mL，用滴液漏斗在 30min 内滴入反应液中，滴加时反应温度不超过 15℃。滴毕，升温到 14～15℃，搅拌 1h（反应液始终保持在 pH3.5～4.5），再补加乙酸酐 1.0mL，搅拌 10min，测定终点。如反应已完全，立即过滤，滤饼用冰水搅成糊状，过滤，用饱和碳酸氢钠溶液中和至 pH7.2～7.5，抽滤，再用冰水洗至中性，抽干，得淡黄色结晶（简称乙酰化物），熔点161～163℃。

【注意事项】

1. 该反应需在酸性条件下（pH3.5～4.5）进行，因此必须先加乙酸酐，后加乙酸钠溶液，次序不能颠倒。

2. 反应终点测定：取反应液少许，加入 $NaHCO_3$ 中和至碱性，于 40～45℃ 温热 30min，不应呈红色。若反应未达终点，可补加适量的乙酸酐和乙酸钠继续酰化。

3. 乙酰化物遇光易变红色，应避光保存。

【思考题】

1. 乙酰化反应为什么要先加乙酸酐后加乙酸钠溶液，次序不能颠倒？

2. 乙酰化反应终点怎样控制，根据是什么？

（五）对硝基-α-乙酰氨基-β-羟基苯丙酮的制备

在装有搅拌器、回流冷凝管、温度计的 250mL 三颈瓶中，投入乙酰化物及乙醇 15.0mL，甲醛 4.3mL，搅拌均匀后用少量 $NaHCO_3$ 饱和溶液调 pH7.2～7.5。搅拌下缓慢升温，大约 40min 达到 32～35℃，再继续升温至 36～37℃，直到反应完全。迅速冷却至 0℃，过滤，用 25.0mL 冰水分次洗涤，抽滤，干燥得对硝基-α-乙酰氨基-β-羟基苯丙酮（简称缩合物），m. p. 166～167℃。

【注意事项】

1. 本反应碱性催化的 pH 值不宜太高，pH7.2～7.5 较适宜。pH 过低反应不易进行，pH 大于 7.8 时有可能与两分子甲醛形成双缩合物。

甲醛的用量对反应也有一定影响，如甲醛过量太多，亦有利于双缩合物的形成；用量过少，可导致一分子甲醛与两分子乙酰化物缩合。

$$O_2N-C_6H_4-COCH_2NHCOCH_3 + 2HCHO \longrightarrow O_2N-C_6H_4-COC(CH_2OH)_2NHCOCH_3$$

$$2\,O_2N-C_6H_4-COCH_2NHCOCH_3 + HCHO \longrightarrow O_2N-C_6H_4-COCH(NHCOCH_3)-CH_2-CH(NHCOCH_3)CO-C_6H_4-NO_2$$

为了减少上述副反应，甲醛用量控制在过量40%左右（摩尔比约为1∶1.4）为宜。

2. 反应温度过高也有双缩合物生成，甚至导致产物脱水形成烯烃。

3. 反应终点测定：用玻棒蘸取少许反应液于载玻片上，加水1滴稀释后置显微镜下观察，如仅有羟甲基化合物的方晶而找不到乙酰化物的针晶，即为反应终点（约需3h）。

【思考题】

1. 影响羟甲基化反应的因素有哪些？如何控制？

2. 羟甲基化反应为何选用 $NaHCO_3$ 作为碱催化剂？能否用NaOH，为什么？

3. 羟甲基化反应终点如何控制？

（六）异丙醇铝的制备

在装有搅拌器、回流冷凝管、温度计的三颈瓶中依次投入剪碎的铝片2.7g，无水异丙醇63mL和无水三氯化铝0.3g。在油浴上回流加热至铝片全部溶解，冷却到室温，备用。

【注意事项】

1. 所用仪器、试剂均应干燥无水。

2. 回流开始要密切注意反应情况，如反应太剧烈，需撤去油浴，必要时采取适当降温措施。

3. 如果无水异丙醇、无水三氯化铝质量好，铝片剪得较细，反应很快进行，约需1～2h，即可完成。

（七）DL-苏阿糖型-1-对硝基苯基-2-氨基-1,3-丙二醇的制备

在上步制备异丙醇铝的三颈瓶中加入无水三氯化铝1.35g，加热到44～46℃，搅拌30min。降温到30℃，加入缩合物10.0g。然后缓慢加热，约30min内升温到58～60℃，继续反应4h。冷却到10℃以下，滴加浓盐酸70mL。滴毕，加热到70～75℃，水解2h（最后0.5h加入活性炭脱色），趁热过滤，滤液冷至5℃以下，放置1h。过滤析出的固体，用少量20%盐酸（预冷至5℃以下）8mL洗涤。然后将固体溶于12mL水中，加热到45℃，滴加15%NaOH溶液到pH6.5～7.6。过滤，滤液再用15%NaOH调节到pH8.4～9.3，冷却至5℃以下，放置1h。抽滤，用少量冰水洗涤，干燥，得DL-苏阿糖型-1-对硝基苯基-2-氨基-1,3-丙二醇（DL-氨基物），m. p. 143～145℃。

【注意事项】

1. 滴加浓盐酸时温度迅速上升，注意控制温度不超过50℃。滴加浓盐酸促使乙酰化物水解，脱乙酰基，生成DL-氨基物盐酸盐，反应液中盐酸浓度大致在20%以上，此时 $Al(OH)_3$ 形成了可溶性的 $AlCl_3$-HCl复合物，而DL-氨基物盐酸盐在50℃以下溶解度小，过滤除去铝盐。

2. 用20%盐酸洗涤的目的是除去附着在沉淀上的铝盐。

3. 用15%NaOH溶液调节反应液到pH6.5～7.6，可以使残留的铝盐转变成 $Al(OH)_3$ 絮状沉淀过滤除去。

4. 还原后所得产物除DL-苏阿糖型异构体外，尚有少量DL-赤藓糖型异构体存在。由于后者的碱性较前者强，且含量少，在pH8.4～9.3时，DL-苏阿糖型异构体游离析出，而DL-赤藓糖型异构体仍留在母液中而分离。

【思考题】

1. 制备异丙醇铝的关键有哪些？

2. Meerwein-Ponndorf-Verley 还原反应中加入少量 $AlCl_3$ 有何作用？

3. 试解释异丙醇铝-异丙醇还原 DL-对硝基-α-乙酰氨基-β-羟基苯丙酮主要生成 DL-苏阿糖型氨基物的理由。

4. 还原产物 1-对硝基苯基-2-乙酰氨基-1,3-丙二醇水解脱乙酰基，为什么用 HCl 而不用 NaOH 水解？水解后产物为什么用 20%盐酸洗涤？

5. “氨基醇”盐酸盐碱化时为什么要二次碱化？

（八）D-(－)-1-对硝基苯基-α-氨基-1,3-丙二醇的制备

1. 拆分

在装有搅拌器、温度计的 250mL 三颈瓶中投入 DL-氨基物 5.3g、L-氨基物 2.1g、DL-氨基物盐酸盐 16.5g 和蒸馏水 78mL。搅拌，水浴加热，保持温度在 61～63℃反应约 20min，使固体全部溶解。然后缓慢自然冷却至 45℃，开始析出结晶。再在 70min 内缓慢冷却至 29～30℃，迅速抽滤，用热蒸馏水 3mL（70℃）洗涤，抽干，干燥，得微黄色结晶（粗 L-氨基物），m.p. 157～159℃。滤液中再加入 DL-氨基物 4.2g，按上法重复操作，得粗 D-氨基物。

2. 精制

在 100mL 烧杯中加入 D-或 L-氨基物 4.5g，$1mol \cdot L^{-1}$ 稀盐酸 25mL。加热到 30～35℃使溶解，加活性炭脱色，趁热过滤。滤液用 15%NaOH 溶液调至 pH9.3，析出结晶。再在 30～35℃保温 10min，抽滤，用蒸馏水洗至中性，抽干，干燥，得白色结晶，m.p. 160～162℃。

3. 旋光测定

取本品 2.4g，精密称量，置 100mL 容器中加 $1mol \cdot L^{-1}$ 盐酸（不需标定）至刻度，按照旋光度测定法测定（《中华人民共和国药典》1995 版二部附录 38 页），应为（＋）/（－）1.36°～(＋)/(－）1.40°。

根据旋光度计算：

$$含量=\frac{\alpha}{2\times 2.4\%\times 29.5}\times 100\%$$

式中 α——旋光度；

29.5——换算系数；

2——管长，2dm；

2.4%——样品的百分含量。

【注意事项】

1. DL-氨基物盐酸盐的制备：在 250mL 烧杯中放置 DL-氨基物 30g，搅拌下加入 20%盐酸 39mL（浓盐酸 22mL，水 17mL）。加毕，置水浴中加热至完全溶解，放置，自然冷却，当有固体析出时不断缓慢搅拌，以免结块。最后冷至 5℃，放置 1h，过滤，滤饼用 95%乙醇洗涤，干燥，即得 DL-氨基物盐酸盐。

2. 固体必须全溶，否则结晶提前析出。

3. 严格控制降温速度，仔细观察初析点和全析点，正常情况下初析点为 45～47℃。

（九）氯霉素的制备

在装有搅拌器、回流冷凝器、温度计的 100mL 三颈瓶中，加入 D-氨基物 4.5g，甲醇 10mL 和二氯乙酸甲酯 3mL。在 60～65℃搅拌反应 1h，随后加入活性炭 0.2g，保温脱色 3min，趁热过滤，向滤液中滴加蒸馏水（每分钟约 1mL 的速度滴加）至有少量结晶析出时停止加水，稍停片刻，继续加入剩余蒸馏水（共 33mL）。冷至室温，放置 30min，抽滤，滤饼用 4mL 蒸馏水洗涤，抽干，105℃干燥，即得氯霉素，m. p. 149.5～153℃。

【注意事项】

1. 反应必须在无水条件下进行，有水存在时，二氯乙酸甲酯水解成二氯乙酸，与氨基物成盐，影响反应的进行。

2. 二氯乙酰化除用二氯乙酸甲酯作为酰化剂外，二氯乙酸酐、二氯乙酸胺、二氯乙酰氯均可作酰化剂，但用二氯乙酸甲酯成本低，酰化收率高。

3. 二氯乙酸甲酯的质量直接影响产品的质量，如有一氯或三氯乙酸甲酯存在，同样能与氨基物发生酰化反应，形成的副产物带入产品，致使熔点偏低。

4. 二氯乙酸甲酯的用量略多于理论量，以弥补因少量水分水解的损失，保证反应完全。

【思考题】

1. 二氯乙酰化反应除用二氯乙酸甲酯外，还可用哪些试剂，生产上为何采用二氯乙酸甲酯?

2. 二氯乙酸甲酯的质量和用量对产物有何影响?

3. 试对我国生产氯霉素的合成路线和其他合成路线作一评价。

（十）结构确证

1. 红外吸收光谱法、标准物 TLC 对照法。

2. 核磁共振波谱法、质谱法（图 1）。

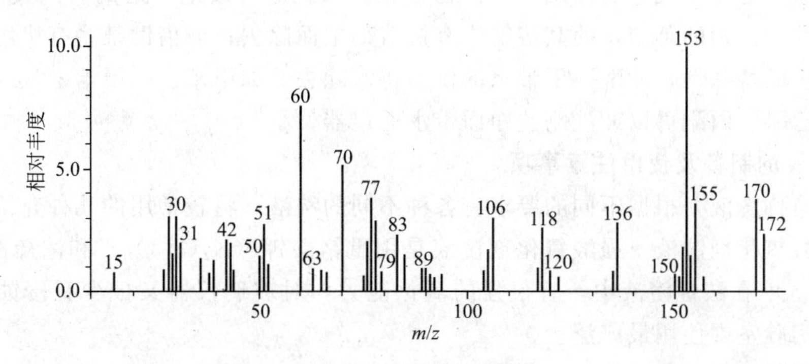

图 1　氯霉素质谱

附　　录

附录1　常用玻璃仪器的洗涤和干燥

在实验室中，洗涤玻璃仪器不仅是一项必须做的实验前的准备工作，也是一项技术性的工作。仪器洗涤是否符合要求，对实验结果有很大影响。

1. 洁净剂及使用范围

最常用的洁净剂是肥皂、肥皂液（特制商品）、洗衣粉、去污粉、洗液、有机溶剂等。

肥皂、肥皂液、洗衣粉、去污粉，用于可以用刷子直接刷洗的仪器，如烧杯、三角瓶、试剂瓶等；洗液多用于不便用于刷子洗刷的仪器，如滴定管、移液管、容量瓶、蒸馏器等特殊形状的仪器，也用于洗涤长久不用的仪器和刷子刷不下的结垢。用洗液洗涤仪器，是利用洗液本身与污物起化学反应的作用，将污物去除。因此需要浸泡一定的时间使其充分作用。有机溶剂是针对污物的类型，使其溶解于有机溶剂中而除去；或借助某些有机溶剂能与水混合而又发挥快的特殊性，冲洗一下带水的仪器将水除去。如甲苯、二甲苯、汽油等可以洗油垢，酒精、乙醚、丙酮可以冲洗刚洗净而带水的仪器。

2. 洗涤液的制备及使用注意事项

洗涤液简称洗液，根据不同的要求有各种不同的洗液。将较常用的几种介绍如下。

（1）强酸氧化剂洗液　强酸氧化剂洗液是用重铬酸钾（$K_2Cr_2O_7$）和浓硫酸（H_2SO_4）配成。$K_2Cr_2O_7$ 在酸性溶液中，有很强的氧化能力，对玻璃仪器又极少有侵蚀作用。所以这种洗液在实验室内使用最广泛。

酸性洗液的浓度可从 5%～12%。配制方法为：取一定量的工业用 $K_2Cr_2O_7$，先用1～2倍的水加热溶解，稍冷后，将所需体积的工业用浓 H_2SO_4 徐徐加入 $K_2Cr_2O_7$ 溶液中（千万不能将水或溶液加入 H_2SO_4 中），边加边用玻璃棒搅拌，并注意不要溅出，混合均匀，待冷却后，装入洗液瓶备用。新配制的洗液为红褐色，氧化能力很强。当洗液用久后变为黑绿色，即说明洗液无氧化洗涤力。

例如，配制 12%的洗液 500mL。取 60g 工业品 $K_2Cr_2O_7$ 置于 100mL 水中（加水量不是固定不变的，以能溶解为度），加热溶解，冷却，徐徐加入浓 H_2SO_4 340mL，边加边搅拌，冷后装瓶备用。

这种洗液在使用时要切实注意不能溅到身上，以防"烧"破衣服和损伤皮肤。洗液倒入要洗的仪器中，应使仪器周壁全浸洗后稍停一会再倒回洗液瓶。第一次用少量水冲洗刚浸洗过的仪器后，废液应倒入废液缸中，不要倒在水池里和下水道里，以免腐蚀水池和下水道。

（2）碱性洗液　碱性洗液用于洗涤有油污物的仪器，用此洗液是采用长时间（24h 以上）浸泡法，或者浸煮法。从碱洗液中捞取仪器时，要戴乳胶手套，以免烧伤皮肤。

常用的碱洗液有：碳酸钠（Na_2CO_3，即纯碱）液，碳酸氢钠（Na_2HCO_3，小苏打）液，磷酸钠（Na_3PO_4，磷酸三钠）液，磷酸氢二钠（Na_2HPO_4）液等。

（3）碱性高锰酸钾洗液　用碱性高锰酸钾作洗液，作用缓慢，适合用于洗涤有油污的器皿。配法：取高锰酸钾（$KMnO_4$）4g 加少量水溶解后，再加入 10% 氢氧化钠（NaOH）100mL。

（4）纯酸、纯碱洗液　根据器皿污垢的性质，直接用浓盐酸（HCl）或浓硫酸（H_2SO_4）、浓硝酸（HNO_3）浸泡或浸煮器皿（温度不宜太高，否则浓酸挥发刺激人）。纯碱洗液多采用10%以上的浓烧碱（NaOH）、氢氧化钾（KOH）或碳酸钠（Na_2CO_3）液浸泡或浸煮器皿（可以煮沸）。

（5）有机溶剂　带有脂肪性污物的器皿，可以用汽油、甲苯、二甲苯、丙酮、酒精、三氯甲烷、乙醚等有机溶剂擦洗或浸泡。但用有机溶剂作为洗液浪费较大，能用刷子洗刷的大件仪器尽量采用碱性洗液。只有无法使用刷子的小件或特殊形状的仪器才使用有机溶剂洗涤，如活塞内孔、移液管尖头、滴定管尖头、滴定管活塞孔、滴管、小瓶等。

（6）洗消液　盛放过致癌性化学物质的器皿，为了防止对人体的侵害，在洗刷之前应使用对这些致癌性物质有破坏分解作用的洗消液进行浸泡，然后再进行洗涤。

经常使用的洗消液有：1%或5%次氯酸钠（NaOCl）溶液、20%HNO_3 和 2%$KMnO_4$ 溶液。

1%或5%NaOCl 溶液对黄曲霉素有破坏作用。用 1%NaOCl 溶液对污染的玻璃仪器浸泡半天或用 5%NaOCl 溶液浸泡片刻后，即可达到破坏黄曲霉素的作用。配法：取漂白粉 100g，加水 500mL，搅拌均匀，另将工业用 Na_2CO_3 80g 溶于温水 500mL 中，再将两液混合，搅拌，澄清后过滤，此滤液含 NaOCl 为 2.5%；若用漂粉精配制，则 Na_2CO_3 的质量应加倍，所得溶液浓度约为 5%。如需要 1%NaOCl 溶液，可将上述溶液按比例进行稀释。

20%HNO_3 溶液和 2%$KMnO_4$ 溶液对苯并芘有破坏作用，被苯并芘污染的玻璃仪器可用 20%HNO_3 浸泡 24h，取出后用自来水冲去残存酸液，再进行洗涤。被苯并芘污染的乳胶手套及微量注射器等可用 2%$KMnO_4$ 溶液浸泡 2h 后，再进行洗涤。

3. 洗涤玻璃仪器的步骤与要求

① 常法洗涤仪器。洗刷仪器时，应首先将手用肥皂洗净，免得手上的油污附在仪器上，增加洗刷的困难。如仪器长久存放附有尘灰，先用清水冲去，再按要求选用洁净剂洗刷或洗涤。如用去污粉，将刷子蘸上少量去污粉，将仪器内外全刷一遍，再边用水冲边刷洗至肉眼看不见有去污粉时，用自来水洗 3～6 次，再用蒸馏水冲三次以上。一个洗干净的玻璃仪器，应该以挂不住水珠为度。如仍能挂住水珠，仍然需要重新洗涤。用蒸馏水冲洗时，要用顺壁冲洗方法并充分震荡，经蒸馏水冲洗后的仪器，用指示剂检查应为中性。

② 作痕量金属分析的玻璃仪器，使用（1∶1）～（1∶9）HNO_3 溶液浸泡，然后进行常法洗涤。

③ 进行荧光分析时，玻璃仪器应避免使用洗衣粉洗涤（因洗衣粉中含有荧光增白剂，会给分析结果带来误差）。

4. 玻璃仪器的干燥

做实验经常要用到的仪器应在每次实验完毕后洗净干燥备用。用于不同实验对干燥有不同的要求。

（1）晾干　不急等用的仪器，可在蒸馏水冲洗后在无尘处倒置控去水分，然后自然干燥。可用安有木钉的架子或带有透气孔的玻璃柜放置仪器。

（2）烘干　洗净的仪器控去水分，放在烘箱内烘干，烘箱温度为 105～110℃烘 1h 左右。也可放在红外灯干燥箱中烘干。此法适用于一般仪器。称量瓶等在烘干后要放在干燥器中冷却和保存。带实心玻璃塞的及厚壁仪器烘干时要注意慢慢升温并且温度不可过高，以免破裂。量器不可放于烘箱中烘。

硬质试管可用酒精灯加热烘干，要从底部烤起，把管口向下，以免水珠倒流把试管炸裂，烘到无水珠后把试管口向上赶净水气。

(3) 热（冷）风吹干　对于急于干燥的仪器或不适于放入烘箱的较大的仪器可用吹干的办法。通常用少量乙醇、丙酮（或最后再用乙醚）倒入已控去水分的仪器中摇洗，然后用电吹风机吹，开始用冷风吹 1～2min，当大部分溶剂挥发后吹入热风至完全干燥，再用冷风吹去残余蒸气，不使其又冷凝在容器内。

附录 2　常用溶剂的沸点、溶解性和毒性

溶剂名称	沸点[①]/℃	溶解性	毒　性
液氨	−33.35	特殊溶解性：能溶解碱金属和碱土金属	剧毒性、腐蚀性
液态二氧化硫	−10.08	溶解胺、醚、醇、苯酚、有机酸、芳香烃、溴、二硫化碳，多数饱和烃不溶	剧毒
甲胺	−6.3	是多数有机物和无机物的优良溶剂，液态甲胺与水、醚、苯、丙酮、低级醇混溶，其盐酸盐易溶于水，不溶于醇、醚、酮、氯仿、乙酸乙酯	中等毒性，易燃
二甲胺	7.4	是有机物和无机物的优良溶剂，溶于水、低级醇、醚、低极性溶剂	强烈刺激性
石油醚		不溶于水，与丙酮、乙醚、乙酸乙酯、苯、氯仿及甲醇以上高级醇混溶	与低级烷相似
乙醚	34.6	微溶于水，易溶于盐酸，与醇、醚、石油醚、苯、氯仿等多数有机溶剂混溶	麻醉性
戊烷	36.1	与乙醇、乙醚等多数有机溶剂混溶	低毒性
二氯甲烷	39.75	与醇、醚、氯仿、苯、二硫化碳等有机溶剂混溶	低毒，麻醉性强
二硫化碳	46.23	微溶于水，与多种有机溶剂混溶	麻醉性，强刺激性
溶剂石油脑		与乙醇、丙酮、戊醇混溶	较其他石油系溶剂大
丙酮	56.12	与水、醇、醚、烃混溶	低毒，类乙醇，但较大
1,1-二氯乙烷	57.28	与醇、醚等大多数有机溶剂混溶	低毒、局部刺激性
氯仿	61.15	与乙醇、乙醚、石油醚、卤代烃、四氯化碳、二硫化碳等混溶	中等毒性，强麻醉性
甲醇	64.5	与水、乙醚、醇、酯、卤代烃、苯、酮混溶	中等毒性，麻醉性
四氢呋喃	66	优良溶剂，与水混溶，很好的溶解乙醇、乙醚、脂肪烃、芳香烃、氯化烃	吸入微毒，经口低毒
己烷	68.7	甲醇部分溶解，比乙醇高的醇、醚、丙酮、氯仿混溶	低毒。麻醉性，刺激性
三氟代乙酸	71.78	与水、乙醇、乙醚、丙酮、苯、四氯化碳、己烷混溶，溶解多种脂肪族、芳香族化合物	
1,1,1-三氯乙烷	74.0	与丙酮、甲醇、乙醚、苯、四氯化碳等有机溶剂混溶	低毒类溶剂
四氯化碳	76.75	与醇、醚、石油醚、石油脑、冰醋酸、二硫化碳、氯代烃混溶	氯代甲烷中，毒性最强
乙酸乙酯	77.112	与醇、醚、氯仿、丙酮、苯等大多数有机溶剂混溶，能溶解某些金属盐	低毒，麻醉性
乙醇	78.3	与水、乙醚、氯仿、酯、烃类衍生物等有机溶剂混溶	微毒类，麻醉性

续表

溶剂名称	沸点[①]/℃	溶解性	毒性
丁酮	79.64	与丙酮相似，与醇、醚、苯等大多数有机溶剂混溶	低毒，毒性强于丙酮
苯	80.10	难溶于水，与甘油、乙二醇、乙醇、氯仿、乙醚、、四氯化碳、二硫化碳、丙酮、甲苯、二甲苯、冰醋酸、脂肪烃等大多有机物混溶	强烈毒性
环己烷	80.72	与乙醇、高级醇、醚、丙酮、烃、氯代烃、高级脂肪酸、胺类混溶	低毒，中枢抑制作用
乙腈	81.60	与水、甲醇、乙酸甲酯、乙酸乙酯、丙酮、醚、氯仿、四氯化碳、氯乙烯及各种不饱和烃混溶，但不与饱和烃混溶	中等毒性，大量吸入蒸气，引起急性中毒
异丙醇	82.40	与乙醇、乙醚、氯仿、水混溶	微毒，类似乙醇
1,2-二氯乙烷	83.48	与乙醇、乙醚、氯仿、四氯化碳等多种有机溶剂混溶	高毒性、致癌
乙二醇二甲醚	85.2	溶于水，与醇、醚、酮、酯、烃、氯代烃等多种有机溶剂混溶。能溶解各种树脂，还是二氧化硫、氯代甲烷、乙烯等气体的优良溶剂	吸入和经口低毒
三氯乙烯	87.19	不溶于水，与乙醇、乙醚、丙酮、苯、乙酸乙酯、脂肪族氯代烃、汽油混溶	有机有毒品
三乙胺	89.6	与水在18.7℃以下混溶，以上微溶。易溶于氯仿、丙酮，溶于乙醇、乙醚	易爆，皮肤黏膜刺激性强
丙腈	97.35	溶解醇、醚、DMF、乙二胺等有机物，与多种金属盐形成加成有机物	高毒性，与氢氰酸相似
庚烷	98.4	与己烷类似	低毒，刺激性、麻醉性
硝基甲烷	101.2	与醇、醚、四氯化碳、DMF等混溶	麻醉性，刺激性
1,4-二噁烷	101.32	能与水及多数有机溶剂混溶，溶解能力很强	微毒，强于乙醚2～3倍
甲苯	110.63	不溶于水，与甲醇、乙醇、氯仿、丙酮、乙醚、冰醋酸、苯等有机溶剂混溶	低毒类，麻醉作用
硝基乙烷	114.0	与醇、醚、氯仿混溶，溶解多种树脂和纤维素衍生物	局部刺激性较强
吡啶	115.3	与水、醇、醚、石油醚、苯、油类混溶。能溶多种有机物和无机物	低毒，皮肤黏膜刺激性
4-甲基-2-戊酮	115.9	能与乙醇、乙醚、苯等大多数有机溶剂和动植物油相混溶	毒性和局部刺激性较强
乙二胺	117.26	溶于水、乙醇、苯和乙醚，微溶于庚烷	刺激皮肤、眼睛
丁醇	117.7	与醇、醚、苯混溶	低毒，大于乙醇3倍
乙酸	118.1	与水、乙醇、乙醚、四氯化碳混溶，不溶于二硫化碳及C_{12}以上高级脂肪烃	低毒，浓溶液毒性强
乙二醇一甲醚	124.6	与水、醛、醚、苯、乙二醇、丙酮、四氯化碳、DMF等混溶	低毒类
辛烷	125.67	几乎不溶于水，微溶于乙醇，与醚、丙酮、石油醚、苯、氯仿、汽油混溶	低毒性，麻醉性
乙酸丁酯	126.11	优良有机溶剂，广泛应用于医药行业，还可以用做萃取剂	一般条件毒性不大
吗啉	128.94	溶解能力强，超过二噁烷、苯、吡啶，与水混溶，溶解丙酮、苯、乙醚、甲醇、乙醇、乙二醇、2-己酮、蓖麻油、松节油、松脂等	腐蚀皮肤，刺激眼和结膜，蒸气引起肝肾病变
氯苯	131.69	能与醇、醚、脂肪烃、芳香烃和有机氯化物等多种有机溶剂混溶	低于苯，损害中枢系统
乙二醇一乙醚	135.6	与乙二醇一甲醚相似，但是极性小，与水、醇、醚、四氯化碳、丙酮混溶	低毒类，二级易燃液体
对二甲苯	138.35	不溶于水，与醇、醚和其他有机溶剂混溶	一级易燃液体

续表

溶剂名称	沸点①/℃	溶解性	毒性
二甲苯	138.5～141.5	不溶于水，与乙醇、乙醚、苯、烃等有机溶剂混溶，乙二醇、甲醇、2-氯乙醇等极性溶剂部分溶解	一级易燃液体，低毒类
间二甲苯	139.10	不溶于水，与醇、醚、氯仿混溶，室温下溶解乙腈、DMF等	一级易燃液体
乙酸酐	140.0		
邻二甲苯	144.41	不溶于水，与乙醇、乙醚、氯仿等混溶	一级易燃液体
N，*N*-二甲基甲酰胺	153.0	与水、醇、醚、酮、不饱和烃、芳香烃烃等混溶，溶解能力强	低毒
环己酮	155.65	与甲醇、乙醇、苯、丙酮、己烷、乙醚、硝基苯、石脑油、二甲苯、乙二醇、乙酸异戊酯、二乙胺及其他多种有机溶剂混溶	低毒类，有麻醉性，中毒概率比较小
环己醇	161	与醇、醚、二硫化碳、丙酮、氯仿、苯、脂肪烃、芳香烃、卤代烃混溶	低毒，无血液毒性，刺激性
N，*N*-二甲基乙酰胺	166.1	溶解不饱和脂肪烃，与水、醚、酯、酮、芳香族化合物混溶	微毒类
糠醛	161.8	与醇、醚、氯仿、丙酮、苯等混溶，部分溶解低沸点脂肪烃，无机物一般不溶	有毒品，刺激眼睛，催泪
N-甲基甲酰胺	180～185	与苯混溶，溶于水和醇，不溶于醚	一级易燃液体
苯酚(石炭酸)	181.2	溶于乙醇、乙醚、乙酸、甘油、氯仿、二硫化碳和苯等，难溶于烃类溶剂，65.3℃以上与水混溶，65.3℃以下分层	高毒类，对皮肤、黏膜有强烈腐蚀性，可经皮吸收中毒
1,2-丙二醇	187.3	与水、乙醇、乙醚、氯仿、丙酮等多种有机溶剂混溶	低毒，吸湿，不宜静注
二甲亚砜	189.0	与水、甲醇、乙醇、乙二醇、甘油、乙醛、丙酮、乙酸乙酯、吡啶、芳烃混溶	微毒，对眼有刺激性
邻甲酚	190.95	微溶于水，能与乙醇、乙醚、苯、氯仿、乙二醇、甘油等混溶	参照甲酚
N,*N*-二甲基苯胺	193	微溶于水，能随水蒸气挥发，与醇、醚、氯仿、苯等混溶，能溶解多种有机物	抑制中枢和循环系统，经皮肤吸收中毒
乙二醇	197.85	与水、乙醇、丙酮、乙酸、甘油、吡啶混溶，与氯仿、乙醚、苯、二硫化碳等难溶，对烃类、卤代烃不溶，溶解食盐、氯化锌等无机物	低毒类，经皮肤吸收中毒
对甲酚	201.88	参照甲酚	参照甲酚
N-甲基吡咯烷酮	202	与水混溶，除低级脂肪烃可以溶解大多无机物、有机物、极性气体、高分子化合物	毒性低，不可内服
间甲酚	202.7	参照甲酚	与甲酚相似，参照甲酚
苄醇	205.45	与乙醇、乙醚、氯仿混溶，20℃在水中溶解3.8%(质量分数)	低毒，黏膜刺激性
甲酚	210	微溶于水，能于乙醇、乙醚、苯、氯仿、乙二醇、甘油等混溶	低毒类，腐蚀性，与苯酚相似
甲酰胺	210.5	与水、醇、乙二醇、丙酮、乙酸、二噁烷、甘油、苯酚混溶，几乎不溶于脂肪烃、芳香烃、醚、卤代烃、氯苯、硝基苯等	皮肤、黏膜刺激性，经皮肤吸收
硝基苯	210.9	几乎不溶于水，与醇、醚、苯等有机物混溶，对有机物溶解能力强	剧毒，可经皮肤吸收
乙酰胺	221.15	溶于水、醇、吡啶、氯仿、甘油、热苯、丁酮、丁醇、苄醇，微溶于乙醚	毒性较低
六甲基磷酸三酰胺(HMTA)	233	与水混溶，与氯仿络合，溶于醇、醚、酯、苯、酮、烃、卤代烃等	较大毒性

续表

溶剂名称	沸点①/℃	溶解性	毒性
喹啉	237.10	溶于热水、稀酸、乙醇、乙醚、丙酮、苯、氯仿、二硫化碳等	中等毒性，刺激皮肤和眼
乙二醇碳酸酯	238	与热水、醇、苯、醚、乙酸乙酯、乙酸混溶，干燥醚、四氯化碳、石油醚、CCl_4 中不溶	毒性低
二甘醇	244.8	与水、乙醇、乙二醇、丙酮、氯仿、糠醛混溶，与乙醚、四氯化碳等不混溶	微毒，经皮吸收，刺激性小
丁二腈	267	溶于水，易溶于乙醇和乙醚，微溶于二硫化碳、己烷	中等毒性
环丁砜	287.3	几乎能与所有有机溶剂混溶，除脂肪烃外能溶解大多数有机物	
甘油	290.0	与水、乙醇混溶，不溶于乙醚、氯仿、二硫化碳、苯、四氯化碳、石油醚	食用对人体无毒

① 沸点均为 101.3kPa 下的测定值。

附录 3　关于有毒化学药品的知识

1. 高毒性固体

很少量就能使人迅速中毒甚至致死。

名称	TLV/mg·m^{-3}	名称	TLV/mg·m^{-3}
三氧化锇	0.002	砷化合物	0.5(按 As 计)
汞化合物(特别是烷基汞)	0.01	五氧化二钒	0.5
铊盐	0.1(按 Tl 计)	草酸和草酸盐	1
硒和硒化合物	0.2(Se 计)	无机氰化物	5(按 CN 计)

2. 毒性危险气体

名称	TLV/μg·g^{-1}	名称	TLV/μg·g^{-1}
氟	0.1	氟化氢	3
光气	0.1	二氧化氮	5
臭氧	0.1	硝酰氯	5
重氮甲烷	0.2	氰	10
磷化氢	0.3	氰化氢	10
三氟化硼	1	硫化氢	10
氯	1	一氧化碳	50

3. 毒性危险液体和刺激性物质

长期少量接触可能引起慢性中毒，其中许多物质的蒸气对眼睛和呼吸道有强刺激性。

名称	TLV/μg·g^{-1}	名称	TLV/μg·g^{-1}
羰基镍	0.001	硫酸二甲酯	1
异氰酸甲酯	0.02	硫酸二乙酯	1
丙烯醛	0.1	四溴乙烷	1
溴	0.1	烯丙醇	2
3-氯丙烯	1	2-丁烯醛	2
苯氯甲烷	1	氢氰酸	3
苯溴甲烷	1	四氯乙烷	5
三氯化硼	1	苯	10
三溴化硼	1	溴甲烷	15
2-氯乙醇	1	二硫化碳	20

4. 其他有害物质

(1) 许多溴代烷和氯代烷，以及甲烷和乙烷的多卤衍生物，特别是下列化合物。

名　称	TLV/$\mu g \cdot g^{-1}$	名　称	TLV/$\mu g \cdot g^{-1}$
溴仿	0.5	1,2-二溴乙烷	20
碘甲烷	5	1,2-二氯乙烷	50
四氯化碳	10	溴乙烷	200
氯仿	10	二氯甲烷	200

(2) 芳胺和脂肪族胺类的低级脂肪族胺的蒸气有毒。全部芳胺，包括它们的烷氧基、卤素、硝基取代物都有毒性。下面是一些代表性例子。

名　称	TLV/$\mu g \cdot g^{-1}$	名　称	TLV/$\mu g \cdot g^{-1}$
对苯二胺(及其异构体)	0.1mg/m^3	苯胺	5
甲氧基苯胺	0.5mg/m^3	邻甲苯胺(及其异构体)	5
对硝基苯胺(及其异构体)	1	二甲胺	10
N-甲基苯胺	2	乙胺	10
N,*N*-二甲基苯胺	5	三乙胺	25

(3) 酚和芳香族硝基化合物

名　称	TLV	名　称	TLV
苦味酸	$0.1mg \cdot m^{-3}$	硝基苯	$1\mu g \cdot g^{-1}$
二硝基苯酚,二硝基甲苯酚	$0.2mg \cdot m^{-3}$	苯酚	$5\mu g \cdot g^{-1}$
对硝基氯苯(及其异构体)	$1mg \cdot m^{-3}$	甲苯酚	$5\mu g \cdot g^{-1}$
间二硝基苯	$1mg \cdot m^{-3}$		

5. 致癌物质

下面列举一些已知的危险致癌物质：

(1) 芳胺及其衍生物

联苯胺（及某些衍生物）、β-萘胺、二甲氨基偶氮苯、α-萘胺。

(2) *N*-亚硝基化合物

N-甲基-*N*-亚硝基苯胺、*N*-亚硝基二甲胺、*N*-甲基-*N*-亚硝基脲、*N*-亚硝基氢化吡啶。

(3) 烷基化剂

双（氯甲基）醚、硫酸二甲酯、氯甲基甲醚、碘甲烷、重氮甲烷、β-羟基丙酸内酯。

(4) 稠环芳烃

苯并[*a*]芘、二苯并[*c*,*g*]咔唑、二苯并[*a*,*h*]蒽、7,12-二甲基苯并[*a*]蒽。

(5) 含硫化合物

硫代乙酸胺（thioacetamide）、硫脲。

(6) 石棉粉尘

6. 具有长期积累效应的毒物

这些物质进入人体不易排出，在人体内累积，引起慢性中毒。这类物质主要有：

(1) 苯。

(2) 铅化合物，特别是有机铅化合物。

(3) 汞和汞化合物，特别是二价汞盐和液态的有机汞化合物。

在使用以上各类有毒化学药品时，都应采取妥善的防护措施。避免吸入其蒸气和粉尘，不要使它们接触皮肤。有毒气体和挥发性的有毒液体必须在效率良好的通风橱中操作。汞的表面应该用水掩盖，不可直接暴露在空气中。装盛汞的仪器应放在一个搪瓷盘上以防溅出的汞流失。溅洒汞的地方应迅速撒上硫黄石灰糊。

附录 4　危险化学药品的使用与保存

化学工作者经常使用各种各样的化学药品进行工作。根据常用的一些化学药品的危险性，大体可分为易燃、易爆和有毒三类，现分述如下。

（一）易燃化学药品

可燃气体：氢、乙胺、氯乙烷、乙烯、煤气、氢气、氧气、硫化氢、甲烷、氯甲烷、二氧化硫等。

易燃液体：汽油、乙醚、乙醛、二硫化碳、石油醚、苯、甲苯、二甲苯、丙酮、乙酸乙酯、甲醇、乙醇等。

易燃固体：红磷、三硫化二磷、萘、铝粉等。黄磷为能自燃固体。

从上可以看出，大部分有机溶剂，均为易燃物质，如使用或保管不当，极易引起燃烧事故，故需特别注意，有关注意事项，本书实验室一般安全知识部分及有关章节已经叙述。

（二）易爆炸化学药品

气体混合物的反应速率随成分而异，当反应速率达到一定限度时，即会引起爆炸。经常使用的乙醚，不但其蒸气能与空气或氧混合，形成爆炸混合物，放置陈久的乙醚被氧化生成的过氧化物在蒸馏时也会引起爆炸。此外四氢呋喃亦会因产生过氧化物而引起爆炸。某些以较高速度进行的放热反应，因生成大量气体也会引起爆炸并伴随着发生燃烧。

一般说来，易爆物质大多含有以下结构或官能团：臭氧、过氧化物氯酸盐、高氯酸盐氮的氯化物、亚硝基化合物重氮及叠氮化合物、雷酸盐、硝基化合物（三硝基甲苯、苦味酸盐）、乙炔化合物（乙炔金属盐）。即 OO、OCl、NCl、NO、NN、NC、NO_2、CC 等。

自行爆炸的有：高氯酸铵、硝酸铵、浓高氯酸、雷酸汞、三硝基甲苯等。

混合发生爆炸的有：

（1）高氯酸＋乙醇或其他有机物；

（2）高锰酸钾＋甘油或其他有机物；

（3）高锰酸钾＋硫酸或硫；

（4）硝酸＋镁或碘化氢；

（5）硝酸铵＋醋类或其他有机物；

（6）硝酸铵＋锌粉＋水；

（7）硝酸盐＋氯化亚锡；

（8）过氧化物＋铝＋水；

（9）硫＋氧化汞；

（10）金属钠或钾＋水。

氧化物与有机物接触，极易引起爆炸。在使用浓硝酸、高氯酸及过氧化氢等时，必须特别注意。

防止爆炸除本书前面部分已叙述的知识外，还必须注意以下几点：

（1）进行可能爆炸的实验，必须在特殊设计的防爆炸地方进行；使用可能发生爆炸的化学试剂时，必须做好个人防护，需戴面罩或防护眼镜，在不碎玻璃通风橱中进行操作；并设法减少药品用量或浓度，进行微量或半微量试验。对不了解性能的实验，切勿大意。

(2) 苦味酸须保存在水中，某些过氧化物（如过氧化苯甲酸）必须加水保存。

(3) 易爆炸残渣必须妥善处理，不得任意乱丢。

(三) 有毒化学药品

我们日常接触的化学药品，有的是剧毒物，使用时必须十分谨慎；有的试剂长期接触或接触过多，也会引起急性或慢性中毒，影响健康。但只要掌握使用毒物的规则和防护措施，则可避免或把中毒机会减少到最低程度，并且培养起敢于使用毒物的素养和勇气。

有毒化学药品通常由下列途径侵入人体：

(1) 由呼吸道侵入。故有毒实验必须在通风橱内进行，并经常注意室内空气流畅。

(2) 由皮肤黏膜侵入。眼睛的角膜对化学药品非常敏感，故进行实验时，必须戴防护眼镜；进行实验操作时，注意勿使试剂直接接触皮肤，手或皮肤有伤口时更须特别小心。

(3) 由消化道侵入。这种情况不多，为防止中毒，任何药品不得用口尝味，严禁在实验室进食，实验结束后必须洗手。

严禁将毒物带出实验室。

附录 5　常用试剂的性质与制备纯化

有机化学实验经常用到大量的试剂，包括无机试剂和有机试剂，市售的试剂有分析纯 (A. R.)、化学纯 (C. P.)、工业级 (T. P.) 等级别，其中分析纯的纯度较高，工业级则带有较多的杂质。在某些有机反应中，对试剂或溶剂的要求较高，即使微量的杂质或水分的存在，也会对反应的速率、产率和产品纯度带来一定的影响，因此掌握一些必要的试剂的纯化方法是十分必要的。

在实际工作中还会经常遇到无法买到某种试剂或买不到高纯度试剂的情况，影响实验工作正常进行，因此，了解一些常用试剂的制备方法也是十分必要的。在这部分中给出了常用有机和无机试剂的制备与纯化方法，希望能给实验工作带来一些方便。

1. 苯

沸点 80.1℃，相对密度 0.8791，不溶于水，能与乙醇互溶。熔点为 5.2℃。工业苯中常含有噻吩，而噻吩的沸点 (84℃) 与苯接近，不能用蒸馏方法分离。检查苯中有无噻吩，可取 5mL 苯加入 10mL 靛红和 10mL 浓硫酸组成溶液，振摇片刻，当有噻吩存在时，酸层呈现浅蓝色。

要制取无水无噻吩的苯一般可采用在室温下用浓硫酸洗涤的方法。取体积相当于苯体积 15%的浓硫酸洗涤，可重复操作直至酸层呈现无色或淡黄色为止，然后用水洗至中性，用无水氯化钙干燥后，蒸馏，收集 79～81℃馏分，最后以金属钠脱水成无水苯。

2. 吡啶

沸点 115.5℃，相对密度 1.5095，折射率 $n_D^{20}=0.9819$。分析纯吡啶含有少量水，如要制备无水吡啶，可将吡啶和粒状氢氧化钾一起回流，然后隔绝潮气蒸出备用。干燥的吡啶吸水性很强，保存时应将容器口用石蜡封好。

3. 丙酮

沸点 56℃，相对密度 0.7898，能与水、乙醇、乙醚互溶。工业丙酮含有甲醇、乙醇、酸、水等杂质。一般丙酮的纯化是将丙酮和高锰酸钾一起回流，直至加入的高锰酸钾的紫色不再退去为止，然后将丙酮蒸出，用无水碳酸钾干燥，再进行蒸馏。

4. 冰醋酸

沸点117℃，将市售乙酸在4℃下缓慢结晶，过滤，压干。少量的水可用五氧化二磷回流干燥几小时除去。冰醋酸对皮肤有腐蚀作用，触及皮肤或溅到眼睛时，要用大量水冲洗。

5. *N*,*N*-二甲基甲酰胺（DMF）

沸点149～156℃，相对密度0.9487，折射率$n_D^{20}=1.4305$，无色液体，能与多数有机溶剂和水互溶，是优良的有机溶剂。市售的DMF含有少量水、胺和甲醛等杂质。在常压蒸馏时有些分解，产生二甲胺与一氧化碳，若有酸或碱存在时，分解加快，在加入固体氢氧化钾或氢氧化钠后，在室温放置数小时，即有部分分解。因此最好用硫酸钙、硫酸镁、氧化钡、硅胶或分子筛干燥，然后减压蒸馏，收集76℃/4.79kPa（36mmHg）的馏分。如其中含水较多时，可加入1/10体积的苯，在常压及80℃以下蒸去水和苯，然后用硫酸镁或氧化钡干燥，再进行减压蒸馏。

6. 二甲亚砜

沸点189℃，熔点18.5℃，相对密度1.100，折射率$n_D^{20}=1.4783$。二甲亚砜能与水互溶，可用分子筛长期放置加以干燥。然后减压蒸馏，收集76℃/1.6kPa馏分。蒸馏时温度不可超过90℃，否则会发生歧化反应生成二甲砜和二甲硫醚。也可用氧化钙、氧化钡或无水硫酸钡等来干燥，然后减压蒸馏。二甲亚砜与某些物质混合时可能发生爆炸，如氢化钠、高碘酸或高氯酸镁等，使用时应注意。

7. 过氧化氢

市售过氧化氢的浓度一般为28%和70%。也有高浓度的过氧化氢，如浓度为86%。浓过氧化氢与有机物或过渡金属接触会发生爆炸，因此必须小心。

只要采用一定的安全防范，即使是高浓度的过氧化氢（大于50%），也可以进行处理。首先，最好戴上防护镜和橡胶或塑料手套，因为高浓度的溶液会使纺织品燃烧，而且必须穿上橡胶或塑料围裙。所有涉及该溶液的操作均应在通风橱中进行，并且反应装置应安装在装有水的塑料盘中，以防止过氧化氢溢出。

吸入高浓度的过氧化氢的蒸气会使鼻子和喉咙疼痛，眼睛接触后会使角膜溃烂。皮肤上溅到过氧化氢溶液，应立即用自来水冲洗。操作前应准备好水，用于冲洗溅出和泄露的过氧化氢。

可以根据含氧量粗略测得过氧化氢溶液的浓度，在标准状况下1mL 30%的过氧化氢溶液加热完全分解会得到100mL氧。过氧化氢水溶液用酸性碘化钾处理释放出碘，再用标准硫代硫酸钠滴定，这种方法也可测得过氧化氢水溶液的浓度。

8. 氯仿

氯仿的沸点61.2℃，相对密度1.4916，不溶于水，在日光下易分解为Cl_2、HCl、CO_2和光气（剧毒），故应保存在棕色瓶中，市场上供应的氯仿多加有1%的乙醇以消除光气，氯仿中的乙醇的检验可用碘仿反应，游离氯化氢的检验可用$AgNO_3$的醇溶液。

氯仿的纯化：先用浓硫酸除去乙醇，再用无水氯化钙干燥，最后进行蒸馏。氯仿遇金属钠会发生爆炸，不可用金属钠干燥。

9. 钠

处理钠时必须非常小心，在任何条件下都不能与水接触，钠应存放在煤油或石蜡中。不能用手接触金属钠，不用的钠块应放在装有煤油或石蜡的容器中，不能扔在水槽或垃圾桶中。如果要将小钠块处理掉，可将小钠块分批投入到大量的工业酒精中。钠表面总是覆盖有一层非金属层，在使用前要在惰性溶剂（如乙醚，二甲苯）中用小刀将它刮掉，但这样相当浪费；也可将钠块浸没于装有二甲苯的大口锥形瓶中，小心加热，轻轻搅拌，直到钠熔化并与表面的氧化层分开时，将锥形瓶从电热板上取下，冷却。熔融钠固化为小球状，然后用小铲取出，浸没于新制备的惰性溶剂中。用二甲苯洗涤后的残渣层，可浸没于工业酒精中安全分解。

钠砂的制备是在装有回流冷凝管（装有碱石灰干燥管）、密封搅拌和滴液漏斗的1L三颈瓶中，加入23g干净的钠和150～200mL干燥的二甲苯，加热至微微回流，开始搅拌，直到钠成为粒状，将烧瓶冷却到室温，停止搅拌，倾析出二甲苯，用2份100mL的干燥乙醚洗涤钠砂以除去残留的二甲苯，用这种方法可得到大量的钠砂。

石油醚是石油分馏出来的多种烃类的混合物，实验室使用的石油醚依据沸点的高低常分为30～60℃、60～90℃、90～120℃等几个馏分，其相对密度分别为0.59～0.62、0.52～0.66、0.66～0.72。易燃，不溶于水。主要杂质为不饱和烃类，除去的方法是：取100g石油醚用5～20g浓硫酸振摇，放置1h后分出，再用水洗，用无水氯化钙干燥，蒸馏。

10. 四氯化碳

沸点76.8℃，相对密度1.595，折射率$n_D^{20}=1.4603$。四氯化碳不溶于水，但溶于有机溶剂。不易燃，能溶解油脂类物质，吸入或皮肤接触都可导致中毒。纯化时，可将100mL四氯化碳加入6g氢氧化钠溶于6mL水和10mL乙醇的溶液中，在50～60℃振摇30min，然后水洗，再重复操作一次（氢氧化钾的量减半）。四氯化碳中残余的乙醇可以用氯化钙除掉。最后用氯化钙干燥，过滤，蒸馏收集76.7℃的馏分。四氯化碳不能用金属钠干燥，否则会有爆炸危险。

11. 四氢呋喃

沸点67℃，相对密度0.8892，折射率$n_D^{20}=1.4050$。四氢呋喃能与水互溶，常含有少量水分及过氧化物。要制备无水四氢呋喃，可用氢化铝锂在隔绝潮气下回流（通常1000mL需2～4g氢化铝锂），除去其中的水和过氧化物，然后蒸馏，收集66℃的馏分，由于久置的四氢呋喃易产生过氧化物，蒸馏时注意不要蒸干，以免发生爆炸。精制后的四氢呋喃加入钠丝并用氮气保护。如长期放置，应加0.025%的2,6-二叔丁基-4-甲基苯酚作抗氧化剂。

处理四氢呋喃时，应先取少量进行实验。在确定其中只有少量水和过氧化物（作用不会过于激烈）时，方可进行纯化。四氢呋喃中的过氧化物可用酸化的碘化钾溶液来检验。如过氧化物较多，需先除去过氧化物再进行纯化。

12. 铜粉

在磁力搅拌下，取100g经过重结晶后的硫酸铜和350mL的热水于1L烧杯中，溶解后冷却到室温，将搅拌减缓，缓慢加入35g纯锌粉（如果需要可以多加），直到溶液退色，铜沉淀用水洗滴。向沉淀中加入5%的稀盐酸，以除去剩余的锌。继续搅拌直到不再产生氢气，将铜粉过滤出来，用水洗涤，然后存放在有塞的瓶中，置于潮湿的环境中。

13. 无水三氯化铝

三氯化铝一般为粉状，有时也有块状，容易和潮湿的空气反应而变质。在使用前要认真检验是否变质。在一些反应中需要用高质量的无水三氯化铝，可用如下步骤制备：先将块状的三氯化铝研碎装入大小合适的圆底烧瓶中，安装蒸馏头，蒸馏头直接与接收瓶相连，接收瓶用两颈圆底烧瓶，接收瓶的另一个出口通过干燥塔和水泵相连。干燥塔中装有颗粒状的氯化钙，用煤气灯火焰小心加热蒸馏瓶，减压，三氯化铝便升华出来，收集在接收瓶中。

14. 溴

溴具有强烈的腐蚀性，通常要在通风橱中非常小心的操作，液态溴会对皮肤产生严重的烧伤，最好戴上胶皮手套；气态溴的刺激性特别强，注意不要吸入溴的蒸气。溴烧伤应立即用大量的甘油处理。纯溴的沸点为59℃/100kPa，但一般不用蒸馏法提纯。商品溴可通过和同体积的硫酸一起振荡，然后分离掉酸来进行干燥。

15. *N*-溴代丁二酰亚胺（NBS）

这是一种常用的溴代试剂，*N*-溴代丁二酰亚胺可由丁二酰亚胺来制备：将丁二酰亚胺溶于稍过量的冷的氢氧化钠溶液中（大约为 $3mol \cdot L^{-1}$），剧烈搅拌下快速加入溶于同体积四氯化碳的1mol的溴（小心），溶液析出白色晶体，过滤收集，用冷水洗涤，可用十倍量的热水或冰醋酸进行重结晶。

16. 溴化氢

由溴和四氢化萘反应可以制备溴化氢。

$$C_{10}H_{12}+4Br_2 \longrightarrow C_{10}H_8Br_4+4HBr$$

加入的溴只有一半转化为溴化氢，按溴的质量算，溴化氢的产率为45%。四氢萘必须干燥，可用无水硫酸镁或无水硫酸钙干燥，过滤，减压蒸馏后使用。将四氢化萘装在一细颈的圆底烧瓶中，圆底烧瓶安一“T”形接头和恒压滴液漏斗。将溴从滴液漏斗中滴入烧瓶，轻轻搅拌溶液，确保溴化氢稳定生成。被气体带出的溴可通过装有四氢化萘的吸收塔进行吸收，在干燥器和反应装置之间装置一安全瓶，防止倒吸。

17. 乙醇

无水乙醇的沸点为78.5℃，折射率 $n_D^{20}=1.3611$，相对密度0.7893，可用本书实验部分的方法制备。检验乙醇中是否含有水分，常用的方法有下列两种：①取一支干净试管，加入制得的无水乙醇2mL，随即加入少量的无水硫酸铜粉末，如果乙醇中含有水分，则无水硫酸铜变为蓝色；②取一只干净的试管，加入制得的无水乙醇2mL，随即加入几粒干燥的高锰酸钾，若乙醇中含有水分，则溶液显紫红色。

18. 乙醇钠

乙醇钠是易燃、易潮解的固体。许多反应要求用乙醇钠的乙醇溶液，该溶液可用钠与乙醇反应制备。

19. 乙醚

乙醚的沸点34.51℃，相对密度0.7315，是常用的有机溶剂，久置的乙醚容易产生过氧化物，蒸馏乙醚和制备无水乙醚时，首先必须检验有无过氧化物的存在，不然，容易发生危险。可取少量乙醚和等体积的2%碘化钾溶液，加入数滴稀盐酸，振摇，如能使淀粉溶液呈蓝色或紫色，说明有过氧化物存在。除去乙醚中过氧化物：把乙醚置于分液漏斗中，加入相当于乙醚体积1/5的新配的硫酸亚铁溶液，用力振荡后，分去水层即可（硫酸亚铁溶液的制备：取100mL水，慢慢加入6mL浓硫酸，再加入60g硫酸亚铁溶解即可）。有些反应需要无水乙醚或绝对乙醚，可先用氯化钙干燥，再用金属钠干燥来制备。

附录6　有机化学实验常用资料文献与网络资源

查阅文献资料是化学工作者的基本功，特别是在科研工作中，通过文献可以了解相关科研方向的研究现状与最新进展，目前与有机化学相关的文献资料已经相当丰富，许多文献如化学辞典、手册、理化数据和光谱资料等，其数据来源可靠，查阅简便，并不断进行补充更新，是有机化学的知识宝库，也是化学工作者学习和研究的有力工具。随着计算机技术与互联网技术的发展，网上文献资源将发挥越来越重要的作用，了解一些与有机化学有关的网上资源对于我们做好有机化学实验是非常有帮助的。文献资料和网络化学资源不仅可以帮助了解有机物的物理性质、解释实验现象、预测实验结果和选择正确的合成方法，而且还可使实验人员避免重复劳动，取得事半功倍的实验效果。

1. 常用工具书

(1)《有机合成事典》

樊能廷编著，北京理工大学出版社出版。该书依据经典有机合成反应的应用和进展，收入生产、教学、科研常用的1700余种有机化合物，按反应类型分章编写。对于每一种有机化合物，介绍品名、化学文摘登记号、英文名、别名、分子式、相对分子质量、理化性质、合成反应、操作步骤和参考文献等内容。理化性质尽量引用最新资料记载的数据，操作步骤的资料较为翔实可靠，书后附有分子式索引，全书图文采用电脑编排。该书实用性强，可供从事医药、农药、染料、颜料、日化、助剂、试剂等有关化学、化工行业的生产、科研、教学、实验室工作者及大专学生、研究生使用。

(2)《精细化学品制备手册》

章思规，辛忠主编，科学技术文献出版社出版，1994年第1版。单元反应部分共十二章，分章介绍磺化、硝化、卤化、还原、胺化、烷基化、氧化、酰化、羟基化、酯化、成环缩合、重氮化与偶合，从工业实用角度介绍这些单元反应的一般规律和工业应用。实例部分收入大约1200个条目，大体上按上述单元反应的顺序编排。实例条目以产品为中心，每一条目按条目标题（中文名称、英文名称）、结构式、分子式和分子量、别名、性状、生产方法、产品规格、原料消耗、用途、危险性质、国内生产厂和参考文献等顺序作介绍，便于读者查阅。

(3) Handbook of Chemistry and Physics

这是美国化学橡胶公司出版的一本（英文）化学与物理手册。它初版于1913年，每隔一至二年再版一次。过去都是分上、下两册，从51版开始变为一册。该书内容分六个方面：数学用表、元素和无机化合物、有机化合物、普通化学、普通物理常数和其他。

在“有机化合物”部分中，按照1979年国际纯粹和应用化学联合会对化合物命名的原则，列出了15031条常见有机化合物的物理常数，并按照有机化合物英文名字的字母顺序排列。查阅时首先要知道化合物的英文名称，便可很快查出所需要的化合物分子式及其物理常数，如果不知道该化合物的英文名称，也可在分子式索引（Formula Index）中查取（61版无分子式索引）。分子式索引是按碳、氢、氧的数目顺序排列的。例如乙醇的分子式为C_2H_6O，则在C_2部分即可找到C_2H_6O。如果化合物分子式中碳、氢、氧的数目较多，在该分子式后面附有不同结构的化合物的编号，再根据编号则可以找出要查的化合物。由于有机化合物有同分异构现象，因此在一个分子式下面常有许多编号，需要逐条去查。

(4) Aldrich

美国Aldrich化学试剂公司出版。这是一本化学试剂目录，它收集了1.8万余个化合物。一个化合物作为一个条目，内含相对分子质量、分子式、沸点、折射率、熔点等数据。较复杂的化合物还附了结构式，并给出了部分化合物核磁共振和红外光谱谱图的出处。每个化合物都给出了不同包装的价格，这对有机合成、订购试剂和比较各类化合物的价格很有好处。书后附有分子式索引，便于查找，还列出了化学实验中常用仪器的名称、图形和规格。每年出一本新书，免费赠阅。

(5) Acros Catalogue of Fine Chemicals

Acros 公司的化学试剂手册，与 Aldrich 类似，也是化学试剂目录，包含熔点、沸点等常用物理常数，2005 年版新增了以人民币计算的试剂价格，每年出一册，国内可向百灵威公司索取。

(6) The Merk Index，9th ed.

是一本非常详尽的化工工具书。主要是有机化合物和药物。它收集了近一万种化合物的性质、制法和用途，4500 多个结构式及 4.2 万条化学产品和药物的命名。化合物按名称字母的顺序排列，冠有流水号，依次列出 1972～1976 年汇集的化学文摘名称以及可供选用的化学名称、药物编码、商品名、化学式、相对分子质量、文献、结构式、物理数据、标题化合物和衍生物的普通名称与商品名。在 Organic Name Reactions 部分中，对在国外文献资料中以人名来称呼的反应作了简单的介绍。一般是用方程式来表明反应的原料、产物及主要反应条件，并指出最初发表论文的作者和出处，同时将有关这个反应的综述性文献资料的出处一并列出，便于进一步查阅。

(7) Dictionary of Organic Compounds，6th ed.

本书收集常见的有机化合物近 3 万条，连同衍生物在内共约 6 万余条。内容为有机化合物的组成、分子式、结构式、来源、性状、物理常数、化合物性质及其衍生物等，并给出了制备化合物的主要文献资料。各化合物按名称的英文字母顺序排列。本书自第 6 版以后，每年出一补编，到 1988 年已出了第 6 补编。该书已有中文译本名为《汉译海氏有机化合物辞典》，中文译本仍按化合物英文名称的字母顺序排列，在英文名称后面附有中文名称。因此，在使用中文译本时，仍然需要知道化合物的英文名称。

(8) Beilstein Handbuch der Organiscben Chemie（贝尔斯坦有机化学大全）

贝尔斯坦有机化学大全从性质上讲是一个手册，它从期刊、会议论文集和专利等方面收集有确定结构的有机化合物的最新资料汇编成的，对于有机化学工作者是一套重要的工具书，对物理化学及其他化学工作者也是非常有用的。贝尔斯坦有机化学大全是由留学德国的俄国人贝尔斯坦（F. K. Beilstein）所编，由此得名。创刊于 1881 年，后几次再版，现在使用的是 1918 年开始发行的第四版共 31 卷，称为正篇（Hauptwerk，简称 H），收集内容到 1909 年为止，第 1～27 卷为正篇的主要内容，第 28～29 卷为索引，第 30 卷为多异戊二烯，第 31 卷为糖（以后此两卷内容并入其他各卷，取消此两卷）。收集 1910～1919 年间资料补充正篇的内容为第一补篇（Erganzungswerk，简称 E，E1 表示第一补篇）。

(9) Organic Synthesis

本书最初由 R. Adams 和 H. Gilman 主编，后由 A. H. Blatt 担任主编。于 1921 年开始出版，每年一卷，1988 年为 66 卷。本书主要介绍各种有机化合物的制备方法；也介绍了一些有用的无机试剂制备方法。书中对一些特殊的仪器、装置往往是同时用文字和图形来说明。书中所选实验步骤叙述得非常详细，并有附注介绍作者的经验及注意点。书中每个实验步骤都经过其他人的核对，因此内容成熟可靠，是有机制备的优秀参考书。

另外，本书每十卷有合订本（collective volume），卷末附有分子式、反应类型、化合物类型、主题等索引。在 1976 年还出版了合订本 1～5 集（即 1～49 卷）的累积索引，可供阅读时查考。54 卷、59 卷、64 卷的卷末附有包括本卷在内的前 5 卷的作者和主题累积索引；每卷末也有本卷的作者和主题索引。另外，该书合订本的第 1、2、3 集已分别译成中文。

(10) Organic Reactions

本书由 R. Adams 主编，自 1951 年开始出版，刊期不固定，约为一年半出一卷，1988 年已出 35 卷。本书主要是介绍有机化学有理论价值和实际意义的反应。每个反应都分别由在该方面有一定经验的人来撰写。书中对有机反应的机理、应用范围、反应条件等都作了详尽的讨论。并用图表指出在这个反应的研究工作中做过哪些工作。卷末有以前各卷的作者索引、章节和题目索引。

(11) Textbook of Practical Organic Chemistry，5th ed.

由 B. S. Furniss、A. J. Hannaford、P. W. G. Smith、A. R. Tachell 编写，由 Longman scientific & technical 于 1989 年出版，内容包括有机化学实验的安全常识、有机化学基本知识、常用仪器、常用试剂的制备方法、常用的合成技术以及各类典型有机化合物的制备方法，所列出的典型反应数据可靠，是一本比较好的实验参考书。

2. 常用期刊文献

① 中国科学，月刊，于 1951 年创刊。原为英文版，自 1972 年开始出中文和英文两种文字版本。刊登我国各个自然科学领域中有水平的研究成果。中国科学分为 A、B 两辑，B 辑主要包括化学、生命科学、地学方面的学术论文。

② 科学通报，半月刊（1950 年创刊），它是自然科学综合性学术刊物，有中、外文两种版本。

③ 化学学报，月刊（1933 年创刊）。原名中国化学会会志。主要刊登化学方面有创造性的、高水平的学术论文。

④ 高等学校化学学报，月刊（1980 年创刊）。是化学学科综合性学术期刊。除重点报道我国高校师生创造性的研究成果外，还反映我国化学学科其他各方面研究人员的最新研究成果。

⑤ 有机化学，双月刊（1981 年创刊）。刊登有机化学方面的重要研究成果。

⑥ 化学通报，月刊（1952 年创刊）。以报道知识介绍、专论、教学经验交流等为主，也有研究工作报道。

⑦ Journal of Chemical Society（简称 J. Chem. Soc.，1841 年创刊）。本刊为英国化学会会志，月刊。由 1962 年起取消了卷号，按公元纪元编排。本刊为综合性化学期刊，研究论文包括无机化学、有机化学、生物化学、物理化学。全年末期有主题索引及作者索引。从 1970 年起分四辑出版，均以公元纪元编排，不另设卷号。

a. Dalton Transactions 主要刊载无机化学、物理化学及理论化学方面的文章。

b. Perkin Transactions Ⅰ：有机化学与生物有机化学，Ⅱ：物理有机化学。

c. Faraday Transactions Ⅰ：物理化学，Ⅱ：化学物理。

d. Chemical Communication。

⑧ Journal of the American Chemical Society（简称 J. Am. Chem. Soc.），美国化学会会志，是自 1879 年开始的综合性双周期刊。主要刊载研究工作的论文，内容涉及无机化学、有机化学、生物化学、物理化学、高分子化学等领域，并有书刊介绍。每卷末有作者索引和主题索引。

⑨ Journal of the Organic Chemistry（简称 J. Org. Chem.）。创刊于 1936 年，为月刊。

主要刊载有机化学方面的研究工作论文。

⑩ Chemical Reviews（简称 Chem. Rev.）。创刊于 1924 年，为双月刊。主要刊载化学领域中的专题及发展近况的评论。内容涉及无机化学、有机化学、物理化学等各方面的研究成果与发展概况。

⑪ Tetrahedron，创刊于 1957 年，它主要是为了迅速发表有机化学方面的研究工作和评论性综述文章。大部分论文是用英文写的，也有用德文或法文写的论文。原为月刊，自 1968 年起改为半月刊。

⑫ Tetrahedron letters，主要是为了迅速发表有机化学方面的初步研究工作。大部分论文是用英文写的，也有用德文或法文写的论文。

⑬ Synthesis。这本国际性的合成杂志创刊于 1973 年，主要刊载有机化学合成方面的论文。

⑭ Journal of Organmetallic Chemistry（简称 J. Organomet. Chem.，1963 年创刊）。主要报道金属有机化学方面的最新进展。

⑮ Chemical Abstracts，美国化学文摘，简称 C. A，是化学化工方面最主要的二次文献，创刊于 1907 年。自 1962 年起每年出二卷。自 1967 年上半年即 67 卷开始，每逢单期号刊载生化类和有机化学类内容；而逢双期号刊载大分子类、应化与化工、物化与分析化学类内容。有关有机化学方面的内容几乎都在单期号内。

3. 网络资源

(1) 美国化学学会（ACS）数据库（http://pubs.acs.org）

美国化学学会 ACS（American Chemical Society）成立于 1876 年，现已成为世界上最大的科技协会之一，其会员数超过 16 万。多年以来，ACS 一直致力于为全球化学研究机构、企业及个人提供高品质的文献资讯及服务，在科学、教育、政策等领域提供了多方位的专业支持，成为享誉全球的科技出版机构。ACS 的期刊被 ISI 的 Journal Citation Report（JCR）评为：化学领域中被引用次数最多的化学期刊。

ACS 出版 34 种期刊，内容涵盖以下领域：生化研究方法、药物化学、有机化学、普通化学、环境科学、材料学、植物学、毒物学、食品科学、物理化学、环境工程学、工程化学、应用化学、分子生物化学、分析化学、无机与原子能化学、资料系统计算机科学、学科应用、科学训练、燃料与能源、药理与制药学、微生物应用生物科技、聚合物、农业学。

网站除具有索引与全文浏览功能外，还具有强大的搜索功能，查阅文献非常方便。

美国化学学会（ACS）数据库包括以下杂志：

Accounts of Chemical Research

Analytical Chemistry

Biochemistry

Bioconjugate Chemistry

Biomacromolecules

Biotechnology Progress

Chemical & Engineering News

Chemical Research in Toxicology

Chemical Reviews

Chemistry of Materials

Crystal Growth & Design
Energy & Fuels
Environmental Science & Technology
Inorganic Chemistry
Journal of Agricultural and Food Chemistry
Journal of the American Chemical Society
Journal of Chemical & Engineering Data
Journal of Chemical Information and Computer Sciences
Journal of Chemical Theory and Computation 将于 2005 年开始发行
Journal of Combinatorial Chemistry
Journal of Medicinal Chemistry
Journal of Natural Products
The Journal of Organic Chemistry
The Journal of Physical Chemistry A
The Journal of Physical Chemistry B
Journal of Proteome Research
Langmuir
Macromolecules
Modern Drug Discovery
Molecular Pharmaceutics
Nano Letters
Organic Letters
Organic Process Research & Development
Organometallics

(2) 英国皇家化学学会（RSC）期刊及数据库（http://www. rsc. org）

英国皇家化学学会（Royal Society of Chemistry）出版的期刊及数据库是化学领域的核心期刊和权威性数据库，与有机化学有关的期刊有：

Chemical Communications
Chemical Society Reviews
J. Chem. Soc.，Dalton Transactions
J. Chem. Soc.，Perkin Transactions 1
J. Chem. Soc.，Perkin Transactions 2
Journal of Materials Chemistry
Natural Product Reports
New Journal of Chemistry
Pesticide Outlook
Photochemical & Photobiological Sciences

数据库 Methods in Organic Synthesis（MOS），提供有机合成方面最重要进展的通告服务，提供反应图解，涵盖新反应、新方法，包括新反应和试剂、官能团转化、酶和生物转化等内容，只收录在有机合成方法上具新颖性特征的条目。数据库 Natural Product Updates

(NPU)，有关天然产物化学方面最新发展的文摘，内容选自 100 多种主要期刊。包括分离研究、生物合成、新天然产物以及来自新来源的已知化合物、结构测定，以及新特性和生物活性等。

(3) Belstein/Gmelin Crossfire 数据库（http://www.mdli.com/products/products.htmL）

数据库包括贝尔斯坦有机化学资料库及盖莫林（Gmelin）无机化学资料库，含有七百多万个有机化合物的结构资料和一千多万个化学反应资料以及两千万有机物性质和相关文献，内容相当丰富。

CrossFire Beilstein 数据来源为 1779 年至 1959 年 Beilstein Handbook 从正编到第四补编的全部内容和 1960 年以来的原始文献数据。原始文献数据包括熔点、沸点、密度、折射率、旋光性、从天然产物或衍生物分离方法。该数据库包含八百万种有机化合物和五百多万个反应。用户可以用反应物或产物的结构或亚结构进行检索，更可以用相关的化学、物理、生态、毒物学、药理学特性以及书目信息进行检索。在反应式、文献和引用化合物之间有超级链接，使用十分方便。

CrossFire Gmelin 是一个无机和金属有机化合物的结构及相关化学、物理信息的数据库。现在由 MDL Information Systems 发行维护。该数据库的信息来源有两个，其一是 1817 年至 1975 年 Gmelin Handbook 主要卷册和补编的全部内容，另一个是 1975 年至今的 111 种涉及无机、金属有机和物理化学的科学期刊。记录内容为事实、结构、理化数据（包括各种参数)、书目数据等信息。

(4) 美国专利商标局网站数据库（http://www.uspto.gov）

该数据库用于检索美国授权专利和专利申请，免费提供 1790 年至今的图像格式的美国专利说明书全文，1976 年以来的专利还可以看到 HTML 格式的说明书全文。专利类型包括：发明专利、外观设计专利、再公告专利、植物专利等。该系统检索功能强大，可以免费获得美国专利全文。

(5) John Wiley 电子期刊（http://www.interscience.wiley.com）

目前 JohnWiley 出版的电子期刊有 363 种，其学科范围以科学、技术与医学为主。该出版社期刊的学术质量很高，是相关学科的核心资料，其中被 SCI 收录的核心期刊近 200 种。学科范围包括：生命科学与医学、数学统计学、物理、化学、地球科学、计算机科学、工程学等，其中化学类期刊 110 种。

(6) Elsevier Science 电子期刊全文库（http://www.sciencedirect.com）

Elsevier Science 公司出版的期刊是世界上公认的高品位学术期刊。清华大学与荷兰 Elsevier Science 公司合作在清华图书馆已设立镜像服务器，访问网址：http://elsevier.lib.tsinghua.edu.cn

(7) 中国期刊全文数据库（http://www.cnki.net）

收录 1994 年至今的 5300 余种核心与专业特色期刊全文，累积全文 600 多万篇，题录 600 多万条。分为理工 A（数理科学)、理工 B（化学化工能源与材料)、理工 C（工业技术)、农业、医药卫生、文史哲、经济政治与法律、教育与社会科学综合、电子技术与信息科学 9 大专辑，126 个专题数据库，网上数据每日更新。

(8) 中国化学、有机化学、化学学报联合网站（http://sioc-journal.cn/index.htm）

提供中国化学（Chinese Journal of Chemistry)、有机化学、化学学报 2000 年至今发表的论文全文和相关检索服务。

参 考 文 献

[1] 王清廉，沈风嘉. 有机化学实验. 第2版. 北京：高等教育出版社，1994.

[2] 兰州大学，复旦大学化学系有机教研室. 有机化学实验. 北京：高等教育出版社，1994.

[3] 周科衍，吕俊民. 有机化学实验. 第2版. 北京：高等教育出版社，1984.

[4] 李霁良. 微型半微型有机化学实验. 北京：高等教育出版社，2003.

[5] 张景文，杨乃峰. 有机化学实验. 长春：吉林大学出版社，1992.

[6] 北京大学化学系有机教研室编. 有机化学实验. 北京：北京大学出版社，1990.

[7] 曾昭琼. 有机化学实验. 第2版. 北京：高等教育出版社，1987.

[8] 方珍发. 有机化学实验. 南京：南京大学出版社，1992.

[9] 张毓凡，曹玉蓉. 有机化学实验. 天津：南开大学出版社，1999.

[10] 北京大学有机教研室. 有机化学实验. 北京：北京大学出版社，1990.

[11] 黄涛. 有机化学实验. 北京：高等教育出版社，1998.

[12] 焦家俊. 有机化学实验. 上海：上海交通大学出版社，2000.

[13] 谷珉珉等. 有机化学实验. 上海：复旦大学出版社，1991

[14] 兰州大学，复旦大学编. 有机化学实验. 北京：高等教育出版社，1994.

[15] 高占先主编. 有机化学实验. 北京：高等教育出版社，2004.

[16] 丁长江主编. 有机化学实验. 北京：科学出版社，2006.

[17] Furniss B S，Hannaord A G，Smith P W. Textbook of Practical Organic Chemistry. 5th ed. Longman Scientific & Technical Press，1989.

[18] 樊能廷. 有机合成事典. 北京：北京理工大学出版社，1992.